U0805561

第三次新疆综合科学考察研究丛书

吐哈盆地清洁能源资源考察与开发潜力评估

王维庆　何　山　钟玉婷　编著

科学出版社
北京

内 容 简 介

本书系统地考察了吐哈盆地的清洁能源资源，并对其开发潜力进行了全面评估。本书涵盖传统能源与清洁能源对照、主要清洁能源监测评估、吐哈盆地清洁能源资源考察及开发潜力分析评估等内容，主要从风能、太阳能、地热能资源入手，探讨了风电光伏项目规划、抽水蓄能电站建设及能源耦合利用等关键问题，为吐哈盆地清洁能源的开发利用提供了科学依据和切实建议。

本书适合清洁能源领域的研究人员、相关从业者、政府部门决策人员，以及对清洁能源发展感兴趣的学生及大众读者阅读，能够帮助其深入了解吐哈盆地清洁能源资源状况，为推动区域能源转型和可持续发展提供有益参考。

图书在版编目（CIP）数据

吐哈盆地清洁能源资源考察与开发潜力评估 / 王维庆，何山，钟玉婷编著. -- 北京 : 科学出版社，2025. 6. --（第三次新疆综合科学考察研究丛书）. -- ISBN 978-7-03-082212-3

Ⅰ. X382

中国国家版本馆 CIP 数据核字第 2025KL8563 号

责任编辑：黄　桥 / 责任校对：韩卫军
责任印制：罗　科 / 封面设计：墨创文化

科学出版社 出版
北京东黄城根北街 16 号
邮政编码：100717
http://www.sciencep.com
成都锦瑞印刷有限责任公司 印刷
科学出版社发行　各地新华书店经销
*
2025 年 6 月第　一　版　开本：787×1092　1/16
2025 年 6 月第一次印刷　印张：14
字数：332 000
定价：198.00 元
（如有印装质量问题，我社负责调换）

第三次新疆综合科学考察研究丛书

指导委员会

工作组组长：肖文交

工作组副组长：陈　曦　张元明　葛全胜

咨询组专家：陈宜瑜　秦大河　傅伯杰

万建民　张建云　魏辅文

邓铭江　李根生　安黎哲

廖小军　张小雷

陈宜瑜丛书序

新疆维吾尔自治区是中国陆地面积最大的省级行政区，超166万平方千米，约占全国陆地总面积的六分之一。新疆地处亚欧大陆腹地，陆地边境线长5700多千米，周边与八国接壤，历史上是古丝绸之路和东西文化交流的重要通道，如今是第二座亚欧大陆桥的必经之地，丝绸之路经济带核心区，连接中亚、南亚、西亚的枢纽。随着我国扩大对外开放、西部大开发、共建“一带一路”等深入推进，新疆从相对封闭的内陆变成对外开放的前沿。

党和国家始终关注和大力支持新疆发展，早在1956～1960年、1985～1989年分别在新疆开展了以资源本底调查、资源开发和生产布局为主题的两次大规模综合科学考察，为服务国家需求和促进新疆发展做出了奠基性和开拓性的重大贡献。

近30年来，新疆经济社会发展和民生改善取得了前所未有的成就，但同时资源生态环境也随之发生了显著变化。作为我国西北屏障，新疆正面临气候变化带来的不确定风险加剧和全方位开放带来的极大挑战，对生态环境保护与资源高效利用的要求愈加迫切，资源与生态环境承载力如何支撑国家的新疆重大战略实施，成为当前亟待解决的重大科技问题。

第三次新疆综合科学考察（以下简称第三次新疆科考）是落实新时代党的治疆方略和第三次中央新疆工作座谈会精神的重要举措。第三次新疆科考主要以资源可持续利用和生态环境保护为基础，以促进新疆高质量发展与丝绸之路经济带核心区建设为目标，重点是将新疆放在“一带一路”建设的大局中，为未来10～30年的绿色发展战略提供科学参考。

第三次新疆科考围绕区域水资源与水安全、土地资源与农业发展、生态环境保护、生物资源与生物多样性保育、优势关键矿产和能源资源开发等重点领域，共部署实施了30个项目。

在地域上将新疆划分为塔里木河流域、伊犁河流域、额尔齐斯河流域、天山北坡经济带以及吐哈盆地五大片区，并辐射周边国家和地区，针对各流域片区经济社会发展存在的现实问题开展基础性调查，强化野外观测体系建设、科考数据和成果集成，着重产出科学考察报告成果、科学传播成果、支撑国家需求与新疆高质量发展成果、国际科技前沿成果四大体系科考成果。同时，在分析方法、数字计算、建模方式等基础理论研究上寻求突破，提升科考成果的层次和水平。

与前两次新疆综合科学考察以及各专题科考相比，第三次新疆科考不仅涵盖了更广泛的地域，还采用更先进的高科技手段，力求丰富科考内容，提升考察深度：一是采用自组网、4G、5G、卫星通信等物联网技术，构建“空-天-地-网”一体化监测体系，实现监测网络互联互通和快速稳定获取数据；二是采用新的同位素、DNA 分子测序和模型等技术和手段，建立先进的样品检测体系，同时依赖生物资源收集保育平台，对样品或种质资源进行长期保存；三是建设科考大数据平台，整合新疆科考基础地理信息数据、各部门行业历史和现状专题数据、科考观测与监测动态数据等，提供大数据产品和服务。

“第三次新疆综合科学考察研究丛书”汇聚了各科考团队的辛勤努力和智慧结晶，是第三次新疆科考四大成果体系的重要组成部分，系统阐述新疆资源生态环境本底与变化过程，科学评估气候变化和人类活动对生态环境的影响，并提出科学应对方案，为学术界提供详尽、权威的科考数据和分析报告。希望丛书的出版能全方位展示第三次新疆科考的最新成果，能为推动新疆生态环境保护和可持续发展、推进美丽新疆建设作出应有贡献。

前　言

目前，世界范围内的清洁能源资源利用发展迅猛。吐哈盆地传统化石能源和清洁能源资源都很丰富，具有良好的开发利用前景。如何更好地利用清洁能源以及传统化石能源，成为一个重要的课题。第三次新疆综合科学考察选择吐哈盆地作为清洁能源资源考察的典型地点。吐哈盆地风能和太阳能等资源丰富，开发潜力巨大，但底数不清，尚未进行过系统考察。系统了解清洁能源资源特征并充分利用，对能源结构由黑色、高碳逐步转向绿色、低碳，实现碳达峰和碳中和（“双碳”）目标意义重大。

本课题围绕第三次新疆综合科学考察的任务布局，系“吐哈盆地清洁能源考察和能源矿产开发的生态环境效应”项目中的第二个课题，有20余名专家学者和青年骨干参与，专业涵盖电气、风电、应用气象、大气、环境科学等领域；主要开展吐哈盆地风能、太阳能、地热能等清洁能源资源种类、数量、质量、分布特征和活动规律调查，评估其利用潜力与开发途径，为国家能源结构转型提供基础科学数据。

全书共分6章。第1章介绍传统能源资源与清洁能源资源，以及与“双碳”目标实现的关系；第2章介绍清洁能源资源监测手段和评估方法；第3章介绍吐哈盆地清洁能源资源概况；第4章论述吐哈盆地清洁能源资源发展之路；第5章提出吐哈盆地清洁能源资源利用与开发建议；第6章评估吐哈盆地清洁能源资源开发对当地经济社会发展的影响。

希望本书的出版能为清洁能源资源更好地利用奉献一份力量。限于作者水平，书中疏漏之处在所难免，恳请读者批评指正。

生态环境保护面临的新问题、新矛盾，以及绿色发展对科技创新的迫切需求，亟须启动新一轮的新疆综合科学考察，以全面了解资源环境对新疆绿色发展的支撑能力，研究提出丝绸之路经济带核心区的建设路径。

2021 年，根据党中央的决策部署，科技部启动实施了第三次新疆综合科学考察（以下简称第三次新疆科考）。第三次新疆科考以水土平衡与水资源安全为主线，以解决新疆当前及未来面临的资源环境与绿色发展问题为突破口，利用现代先进技术手段，面向新疆全域考察资源、环境、生态本底及支撑经济社会发展的承载能力，研究提出新疆未来 30 年生态建设和绿色发展战略、路线图，培养长期扎根边疆的科技人才队伍，服务于新疆社会稳定和长治久安。

第三次新疆科考实施以来，年轻一代的科技工作者立志学习老一辈科学家艰苦奋斗、不畏艰险的科考精神，发扬前辈们埋头苦干、追求真理的科学精神，持续推动科考工作取得新突破，获得了数以百万字计的原始性第一手科学考察资料，取得了一系列重大发现和研究成果。“第三次新疆综合科学考察研究丛书”将系统展示此次考察成果，多角度综合反映过去 30 年来新疆资源开发的影响以及生态环境演变规律。丛书的出版将为政府决策、学术研究、公众参与提供有力参考和借鉴，也将为推动新疆可持续发展和生态文明建设贡献智慧和力量。

肖文交丛书序

新疆地处亚欧大陆中心,是亚洲中部干旱区的重要组成部分，以干旱少雨、山盆结构为特征，水循环过程特殊、陆表作用强烈，生态环境极度脆弱，是研究干旱区地理学、绿洲生态学和荒漠环境学的天然实验室。新疆干旱的气候条件和特殊的地理环境，孕育了丰富的光热资源、特殊的抗逆生物资源、独具特色的农业资源。

新疆在党和国家工作全局中具有特殊重要的战略地位,为了配合国家开发、建设新疆，中国科学院曾两次组织多学科的科学工作者对新疆进行了大规模的综合科学考察。1956～1960 年，以资源本底调查为主开展了第一次综合科考，初步查明了新疆自然条件与资源状况，提出了新疆总体开发战略和实施方案，所取得的成果为新疆建立了第一代科学资料，同时也填补了我国干旱区许多研究领域的空白，促进了我国地理学科、生物学科的发展和资源科学的形成。1985～1989 年，以新疆资源开发和生产布局研究为主题，开展了历史上新疆第二次综合科考，形成了 16 部专题报告、阶段报告和简报等共约 700 万字的系列成果，研究提出了新疆 1990～2010 年的生产布局和远景规划。

除了上述两次大型科考，在科技部、林草局、水利部等各部门的支持下,相关行业部门也组织了多次不同目的的新疆专项调查，包括水文水资源（冰雪、水利）、气象（灾害）、林草、荒漠化、生物多样性、土地、矿产、环境、社会经济和旅游等，提供了大量的基础数据。

第二次综合考察结束 30 年来，新疆资源生态环境及社会经济状况发生了巨大变化，人口增加了 66%，GDP 增长了 52 倍，水土资源利用矛盾不断加剧，生态系统脆弱性持续加大，生物多样性变化本底不明。聚焦新疆社会经济发展中资源开发与

目　　录

第1章 能 源 资 源

1.1 传统能源资源

传统能源行业已经历了长期发展，我国能源消费与生产仍以煤炭为主导，其次是石油、天然气，而非化石燃料的应用亦逐步扩大。产业链上游主要面向能源开采，中游负责能源加工与利用，是能源结构优化与能效提升的关键环节，下游则涉及工业、电力以及交运行业。现阶段，受到资源空间有限、产品质量参差不齐、污染严重的影响，传统能源行业转型迫在眉睫。

1.1.1 传统能源结构

传统能源行业指以石油、天然气、煤炭等不可再生的一次性能源为主要支柱的行业，涉及工业、电力以及交通运输等领域。传统能源企业具备显著的资源优势，根据国家能源局披露数据，2021年，原煤产量40.7亿t，原油产量19898万t，天然气产量2053亿m^3，是我国化工、制造业、交通等行业的重要能源支柱，更支撑起全国50%以上的发电任务。自我国确定碳达峰、碳中和目标以来，绿色低碳发展已成为各行业共识。我国能源消费与生产以煤炭为主导，其次是石油、天然气。化石燃料是能源消费与生产的主体，但其占比呈逐年下降的趋势，非化石燃料的生产与消费比例逐步扩大。我国能源消费以煤炭为主导，占比长期稳定在55%～60%，其次是石油、天然气。化石燃料是能源消费与生产的主体，但其占比由2000年的92.7%降至2021年的84.1%，呈明显下降趋势，而非化石燃料的生产与消费比例由不足10%的规模扩大至近16%。能源行业作为碳减排的重点领域之一，对我国实现“双碳”目标影响深远，在此背景下，传统能源企业发展成为行业热点话题。

1.1.2 传统能源行业产业链

产业链上游企业在能源开采环节具备资源禀赋，化石燃料高污染特性是能源转型路径的掣肘，龙头企业核心依赖碳捕集与封存、能量系统优化等技术，或提升生产链路的数字化水平实现转型。传统能源主要在产业链上游充当原材料参与生产，其数量有限且化石燃料的高污染特性，成为制约传统能源扩大发展的主要痛点。因此，传统能源行业中的龙头企业，例如煤炭板块的中国神华、电投能源，石油板块的中国石油，天然气板块的中国海油、广汇能源，纷纷踏上转型之路。上游生产环节中，传统能源企业可以通过提高生产数字化水平，采用余热余压梯级利用等手段精细化生产流程，减少能源损耗；

能效领域因其潜力巨大，相关碳捕集与封存及能量系统优化等技术快速发展，逐渐完善，投资规模持续增长。

产业链中游企业面向能源加工环节，是能源结构优化以及能源利用效率提升的关键。产业链中游企业处于能源产业链的中游，是指利用投入原材料做成的工业制成品，如电池材料、氢能、甲醇等，将传统能源转换为这些工业材料或清洁能源，有效实现清洁减碳的效果，优化现有能源结构。其中，兖矿能源在生产工业材料方面极具前瞻性，充分利用矿产优势生产茂金属聚烯烃、光伏电池封装胶膜［主要成分为乙烯-乙酸乙烯酯共聚物（ethylene-vinyl acetate copolymer，EVA）］等高端化工新材料。另一方面，相关企业需提高储能技术水平，弥补清洁能源间歇性、不稳定性的劣势，因此产生了传统能源生产清洁能源所带来的储存、运输等方面的投资机会。产业链下游企业直接面向工业、电力以及交通运输领域，成本叠加技术优势是构建市场壁垒的关键。应用端是直接面向消费者的产品，如纺织产品、交通运输、电力等。传统能源企业具有资源优势且叠加市场壁垒，转向制造业的成本较低，具备扩大生产的资源基础，这一选择将行业竞争由资源竞争推向制造竞争。同时，在这一环节的电力与清洁能源生产中，不仅要优化生产流程，还要提高运输效率，解决存储与运输两大难题。

1.1.3 传统能源发展现状

煤炭行业存在产煤地区逐渐集中、产品质量参差不齐以及污染严重等问题。一方面，伴随煤炭资源高强度开采，中东部地区资源逐渐枯竭，煤炭生产中心加快向资源开采条件相对较好的地区集中。然而，煤炭资源的质量差异导致我国煤炭企业两极分化严重，既拥有一批世界一流矿井，也有部分水平相对较差的矿井。而煤炭资源储存条件的优劣直接影响煤炭企业的经济效益，我国大部分煤矿产地赋存条件不佳（以省属、地方国有矿为主），用工多，产能低，经营质量普遍低下，仅能维持最简单再生产，企业发展后劲严重不足，亟待企业寻找能源转型的方法，寻找新的利润增长点。另一方面，由于煤炭企业准入标准低，国家的煤炭产品质量管控标准未统一。我国煤炭企业生产的原煤质量不高，原煤入洗率较低。煤炭生产企业普遍缺乏对产品煤质量的管控，直接将生产的原煤投入市场，造成下游运力、设备、环保等环节的污染以及资源配置效率低下，对企业的能效提升和清洁生产加工与应用提出了挑战。

石油行业面临国内存量有限的挑战，石油生产与消耗不匹配导致成品油过剩。现阶段，我国石油行业进入战略转移期，自20世纪90年代初以东部稳定发展、西部发展、开发海洋、开拓国际为战略方针的时期至今，西部和海上油田、海外石油项目正在成为我国现实的油气资源战略接替区。然而，以我国当前的开采技术，可开采的石油总量仅占全球石油总储存量的百分之一。市场普遍存在成品油炼制过剩、供大于求的问题。近年来，我国石油炼制产业日益发展壮大，成为全球第二大石油炼制国，但石油生产与消耗量不匹配，造成成品油过剩的局面。站在全球视角来看，石油的过度使用导致自然环境遭到破坏、石油资源面临枯竭的困境，全球石油的需求量已经呈现出下降的趋势。普遍认为，后石油时代或已来临，积极寻找替代能源，大力调整目前石油企业的产业结构，是石油行业的发展方向。

在“双碳”目标背景下，天然气作为最清洁的低碳化石能源，在能源转型中势必会长期发挥重要桥梁作用和平衡作用。我国天然气行业起步较晚，其开采技术水平无法满足相应的需求，因而天然气消费更多依赖进口。在能源结构转型推动下，天然气行业发展提速，为有效推进大气污染治理，全国开展“煤改气”工程行动，推动工业、取暖等领域天然气替代煤炭利用，天然气在我国能源转型中或将扮演重要角色。

1.2 清洁能源资源

由于气候变化的影响，可再生能源替代化石能源在世界范围内得到广泛认可。2015 年的巴黎联合国气候变化大会成为可再生能源发展的分水岭，再次强调了可再生能源发展的重要性，大会指出，到 2030 年将可再生能源比例增加一倍，即可再生能源占最终能源消耗总量的比例达到 36%，从而控制气候变化、实现可持续发展目标。面对资源约束趋紧、环境污染严重、生态系统退化的严峻形势，我国也大力发展可再生能源，并提出了《中国可再生能源发展路线图 2050》，指出到 2050 年，一次能源供应量为 34 亿 t 标准煤，可再生能源占比达到 62%，逐步摆脱对化石能源的依赖，实现能源结构的调整是不可逆转的前进方向（图 1-1）。

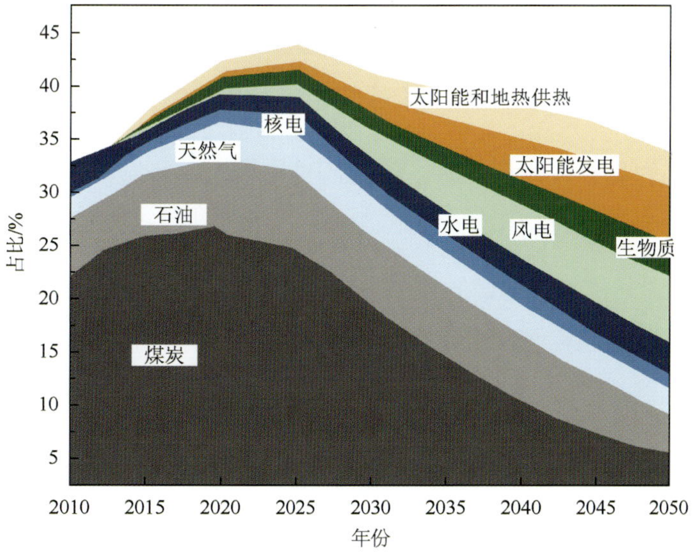

图 1-1 能源占比发展趋势

1.2.1 清洁能源

清洁能源，即绿色能源，是指不排放污染物、能够直接用于生产生活的能源（图 1-2）。狭义的绿色能源是指可再生能源，如水能、生物质能、太阳能、风能、地热能和海洋能。这些能源消耗之后能够恢复补充，很少产生污染。广义的清洁能源则包括在生产及其消费过程中对生态环境低污染或无污染的能源，如天然气、清洁煤、核能等。新能源指近几年发展起来的二次能源技术，如燃料电池、新型二次电池。

图 1-2　传统能源和清洁能源

氢能一直被认为是一种终极能源。首先，氢气相比于其他燃料其燃烧产物最清洁，基本只产生无污染的水，而且燃烧产生的水又可以继续制氢，反复利用。其次，氢气燃烧的比能量高，除核燃料以外氢气的发热值是所有燃料中最高的，是汽油发热值的 3 倍。最后，它“轻如鸿毛”，即使是加压液化后的液态氢，密度也不及钢铁的 1/10，这种低密度的性质使得它可以减轻燃料自重，增大运输工具的有效载荷量，从而有效降低运输成本。

氢能的利用，将使人类告别碳基能源。2000 年，氢的生产成本是石油的 40 倍，到 2010 年，这一比例已降至 15 倍，如今其成本约为石油成本的 2 倍，盈亏平衡在望。

氢能的主要实现方式是依靠氢与氧反应将化学能转化为电能。由于氢氧反应的副产物是水，无环境污染问题，因此人们对氢作为燃料抱有特别大的期望。自 20 世纪 60 年代开始，氢能首先被用于火箭和航天飞机发射等领域，随着科学技术的进步和对环境保护的重视，氢能源的应用领域逐步扩大到汽车、飞机燃料和氢燃料电池等方面。要利用氢作为能源，必须解决氢的储存和运输问题，用高压气瓶储氢或以液态、固态储存都不经济也不安全。据报道，美国能源部在全部氢能研究经费中约有 50%用于氢的储存研究。

燃料电池（fuel cell，FC）是将化学能直接转化为电能的电化学装置。简单地讲，是反应物燃料与空气中的氧发生电化学反应而获得电能和热能的装置。能量的转化过程为化学能直接转化成电能和热能，形成的电能为低压直流电能。燃料和氧化剂分别由两侧经过两极。它的工作过程相当于电解水的逆反应过程，电极是燃料和氧化剂向电、水和能量转化的场所，燃料（以氢气为主）在阳极上放出电子，电子经外电路传到阴极并与氧化剂结合，通过两极之间电解质的离子导体，燃料和氧化剂分别在两个电极/电解质界面上进行化学反应构成回路，产生电流。它是继水力发电、热能发电和核能发电之后的又一种重要的发电技术。

核能。核能是可持续发展的清洁能源，已经被公认为是一种唯一能够大规模取代常规能源的替代能源。核能被列入我国能源政策之中，我国的核电事业有广阔的发展前景，它将是我国实现国民经济发展战略目标所需能源的重要支柱之一。

从环境的角度看，煤和石油的燃烧，造成严重的环境污染，我国一些城市污染浓度达到世界前列。核能是清洁能源，核电站运行不会排出CO_2、SO_2及粉尘。统计结果表明，法国因电力供应主要依靠核能，其CO_2排放量只有周围邻国的15%。

太阳能。与其他能源相比，太阳能具有很多优点，例如：①地球上一年接收的太阳能总量远远大于人类对能源的需求量；②分布广泛，不需要开采和运输；③不存在枯竭问题，可以长期使用；④安全卫生，对环境无污染等。因此太阳能必将在未来的能源结构中占有重要的地位，目前其开发利用已经受到人们高度重视，并取得较大的进展。

在太阳能利用方面主要采用的技术有光电转换和光热转换。在这些技术中起关键作用的是光电转换材料和光热转换材料。曹邵文等（2022）认为主要的光电转换材料是硅和锗半导体材料，新近开发的砷化镓（gallium arsenide，GaAs）和硫化镉（cadmium sulphide，CdS）材料可实现低成本制造大面积太阳能电池，主要产品为太阳能电池板。在欧美等发达国家已有硅太阳能电池板的定型产品，我国由中国科学院等单位研制的硅太阳能电池板也在使用和测试中，但目前转换效率较低（10%～40%），制造成本较高，大面积使用还有许多工作要做。主要的光热转换材料是光吸收材料和相变储能材料，如表面涂黑的金属板，多层光吸收和减反射膜等吸光材料，无机水合盐、氟石和金属合金，以及有机石蜡、多元醇和聚乙烯等固-液和固-固相变储能材料。

风能。风能是空气流动所产生的动能，是太阳能的一种转化形式。太阳辐射造成地球表面各部分受热不均匀，引起大气层中压力分布不平衡，在水平气压梯度的作用下，空气沿水平方向运动形成风。风能资源的总储量巨大，一年中技术可开发的能量约5.3×10^{13}kW·h。风能是可再生的清洁能源，储量大、分布广，但它的能量密度低（只有水能的 1/800），并且不稳定。在一定的技术条件下，风能可作为一种重要的能源得到开发利用。风能利用是综合性的工程技术，通过风力机将风的动能转化成机械能、电能和热能等。

从长期来看，我国的能源形势非常严峻，同时能源生产与环境的矛盾也越来越激烈。从可持续发展的战略眼光来看，开发利用清洁能源势在必行。清洁能源不仅能解决能源短缺的危机，也能解决能源与环境的矛盾。而能源材料又是各类能源中的关键组成部分，因此研究和开发节能、储能、发电、太阳能应用的相关材料，对能源的合理应用，以及对新能源和清洁、无污染可再生能源的开发都将有着重大的理论意义和应用前景。

1.2.2 开发清洁能源的意义

2023 年，中央经济工作会议对深入推进生态文明建设和绿色低碳发展作出部署，要求“加快建设新型能源体系，加强资源节约集约循环高效利用，提高能源资源安全保障能力”。习近平总书记在中共中央政治局第十二次集体学习时强调，能源安全事关经济社会发展全局。积极发展清洁能源，推动经济社会绿色低碳转型，已经成为国际社会应对全球气候变化的普遍共识。清洁能源是支撑第四次工业革命的基石，在人类文明发展进步过程中发挥着不可替代的基础性作用。深化对清洁能源的认识，探索清洁能源高质量发展的路径，对于加强生态文明建设，推动经济社会绿色低碳转型，积极稳妥推进碳达峰、碳中和，具有重要意义。

在人们的认知中，清洁能源是对环境友好、碳排放少、污染程度小的能源，但这只是对能源使用结果的描述，而非对能源性质的描述。清洁能源与传统化石能源不是相对的概念，二者在内涵上存在交叉。一般来说，清洁能源应该包括三层含义：一是零碳排放、无物质消耗的可再生能源，如水能、风能、太阳能、潮汐能、地热能等；二是零碳排放但有物质消耗和废料处理的新型能源，如核能；三是对传统化石能源的清洁使用，如经过净化处理的低碳排放的清洁煤、清洁油、天然气等。发展清洁能源是经济社会绿色低碳转型的客观要求。

从理论逻辑看，“积极发展清洁能源，推动经济社会绿色低碳转型”的提出，既是对马克思主义生态思想的继承和发展，也是对马克思主义生产力理论的拓展和延伸。从马克思主义生态思想看，人类社会包含着人与自然的关系和人与人的关系双重维度的基础性关系。当前国际社会普遍认为，二氧化碳过度排放是引起气候变化的主要原因，人类活动排放的二氧化碳等温室气体导致全球变暖。能源的生态属性意味着绿色转型需以清洁化、融合式的能源体系为动能。强调“推动经济社会绿色低碳转型”，就是为了促进人与自然和谐共生。从马克思主义生产力理论来看，清洁能源必将替代传统化工燃料。根据马克思的论述，生产力可分为自然生产力和社会生产力，二者之间相互渗透、交织，构成生产力发展的整个过程。一方面，自然生产力总是随着社会历史阶段的演进而发生更迭，清洁能源相较于传统化工燃料具有可再生性、清洁性、共享性的特征，不仅可以解决传统能源资源在数量上的匮乏，还可以在替代基础上保护自然环境。另一方面，自然资源作为劳动过程的因素进入现代生产过程，并经过劳动对它们开发和利用，最终成为生产力发展的内在因素。习近平总书记提出“保护生态环境就是保护生产力，改善生态环境就是发展生产力”的论断，丰富了马克思主义的生产力理论。当今世界，很多国家大力推进能源转型，清洁能源对传统化石燃料的替代也是社会生产力进一步发展的必然结果。

从历史逻辑看，能源的清洁化是人类实现可持续发展的历史必然。可以说，历次工业革命也是技术革命、制造业革命和能源革命的聚合。一般来说，一场新的工业革命往往发端于新技术的革命性突破，然后会通过制造业革命使技术在产业部门运用与扩散，并通过能源革命使生产获得新的动力。能源贯穿于人类社会发展过程，根据主导能源的不同，世界能源史大致沿着“薪柴能源→泥炭能源→煤炭能源→油气能源→清洁能源”

演进。随着世界化石能源消费量的不断增大，化石能源对环境的污染和全球气候的影响日趋严重，大力发展清洁能源，已经成为全球共识。可以说，全球能源战略和供需格局已进入深度调整变革期，构建以清洁能源为主体的清洁低碳安全高效的能源体系，已成为新一轮能源革命的必然趋势。

从实践逻辑看，发展清洁能源、实现绿色低碳转型已是大势所趋。国际能源署（International Energy Agency，IEA）指出，全球清洁能源产业已经进入一个快速发展期。各国能源战略的重心正在由能源资源占有向能源清洁利用转变，清洁能源发展已经被各国视为实现碳中和目标的关键性支柱。近年来，在政策支持和成本持续下降的推动下，全球清洁能源部署加速推进，一些关键技术取得突破。

我国是世界上最大的风能市场和制氢国，在太阳能光伏发电量增长贡献上表现突出，锂电池产量持续快速增长，清洁能源产业开发利用规模居世界前列，产业链上中下游均具有显著优势，能源转型成效明显，清洁能源快速发展。未来，还需进一步推动清洁能源高质量发展，为经济社会绿色低碳转型提供有力的能源支撑。

能源的资源属性和产业属性决定了能源是工业生产活动的物质基础。现代化工业体系必然依赖于清洁、高效的新型能源体系，并以此推动制造业绿色转型。从传统化石能源向清洁能源转型是一项复杂的系统工程，不仅关乎能源系统变化，同时也会引发经济、社会、环境等系统的深刻变革。

推进清洁能源产业全产业链优化。清洁能源产业是关系到我国经济社会绿色低碳转型的重点产业，要推动产业链高质量发展。目前，我国清洁能源产业虽然在产能上处于领先地位，但还主要专注于生产工艺流程相关的技术创新，在先进材料、结构等方面的技术创新较为有限，部分核心生产设备仍需要进口。在产业链上，我国头部企业在专利研发实力上与国际巨头仍有较明显差距。因此，要从“研发—生产—消费”全产业链的各个环节入手，制定有效的政策和激励措施，帮助企业降低成本、扩大投入，提高其推进绿色低碳转型的主动性和积极性，依托我国超大规模市场优势和制造业全产业链优势，不断推动清洁能源技术升级和创新。

构建安全稳定多元化的清洁能源供应系统。由于可再生能源存在间歇性大、稳定性不高和可控性不好的技术性短板，没有一个国家选择一次性“连根拔起”的能源替代方式，而是“先立后破”。能源转型应坚守能源保供底线，兼顾能源供应能力与能源需求水平，立足资源禀赋，坚持先立后破、通盘谋划。当前，我国还要发挥煤炭、煤电兜底作用，确保经济社会发展用能需求。实践证明，实施能源多元化战略，有利于实现能源系统的稳定性和安全性。

加快清洁能源领域的技术创新。清洁能源技术进步是能源转型成功的关键。清洁能源技术分为两类。一类是增强型能源技术，如以美国页岩气为代表的非常规能源开发，其调节的是油气时代各行为体之间的供需关系；另一类是颠覆性的技术创新，如石油加工利用技术、可再生能源技术、小型可控核聚变技术等。颠覆性的技术创新，已成为大国能源转型、地缘政治博弈的焦点。近年来，我国在氢能领域及储能技术、节电技术、节油技术等领域的绿色低碳技术发明专利授权量增长较快。然而，核心清洁能源和节能减排技术仍集中在少数发达国家，有的国家还非常重视加强全链条技术储备，在碳捕集、碳封存等方面有较强的技术优势。未来，我国要通过建立清洁能源实验室等，强化关键共性技术和前沿颠覆性技术研发，实现光伏发电、风电、核电关键核心技术自主可控。

提升我国在清洁能源领域的国际话语权。能源转型将重塑全球能源权力结构和世界能源市场秩序，这与能源标准的制定关系密切。清洁能源领域的国际通行标准，由国际标准化组织和国际电工委员会两个国际组织建立，同时区域性组织、非政府组织也参与标准的制定和推广。虽然我国清洁能源产业开发利用规模很大，但在国际标准制定方面的话语权和影响力相对滞后。为提升我国在清洁能源领域的话语权，应着重从以下几方面发力。一是拓展国际标准化交流合作范围。通过与区域性标准化组织加强联络沟通、深化合作，提升我国在标准制定方面的话语权。二是鼓励一流企业将技术创新与标准创制结合起来。研究表明，在能源领域的国际标准形成一般首先来自企业提案。因此，在清洁能源领域，面对西方跨国公司“技术专利化、专利标准化、标准全球化”的竞争趋势，我国的清洁能源企业应将技术创新与标准创制结合起来，大力推进自主创新、原始创新，加大对国际标准的研究和创制，从而在全球清洁能源产业链中占据主导地位。

1.2.3 我国在清洁能源方面的行动

党的十九届五中全会将“碳达峰、碳中和”目标列入“十四五”规划和2035年远景目标。2021年两会首次将“碳达峰、碳中和”目标写入政府工作报告，要求“扎实做好碳达峰、碳中和各项工作”。中央财经委员会第九次会议决定把“碳达峰、碳中和”目标纳入生态文明建设整体布局。这一切表明，“碳达峰、碳中和”是当前工作的重中之重，而实现这一目标，发展清洁能源至关重要，这也是人们实现美好生活在生态环境方面的必然诉求。

“十三五”期间，中国在清洁能源发展方面取得了重大成就：提前完成碳强度减排和非化石能源占能源消费比重的2020年目标；在能源供应方面，构建多元清洁能源供应体系。2020年底，清洁能源发电装机规模已增至10.83亿kW，首度超过煤电装机规模，水电、风电、光伏发电和在建核电装机规模均居世界首位；在科技创新方面，构建绿色能源技术创新体系，建成完整的清洁能源装备制造产业链；在市场发展方面，构建良性竞争的能源市场，以清洁能源为主要业务的在业存续企业约2.69万家，其中注册资本在1000万～3000万元和5000万元以上的企业分别占23%和17%；在惠及百姓民生方面，助力全面建成小康社会和乡村振兴。北方地区清洁取暖比例已超60%，农村地区大电网覆盖范围内均能使用动力电。

以清洁能源推动绿色低碳发展是人类应对全球气候变化的根本路径，也是事关中华民族永续发展和实现美好生活的关键。为此，建议做好以下工作。

大力促进清洁能源市场化。发挥全国碳排放权交易市场的调控作用，利用碳排放配额和碳价，鼓励企业优先使用清洁能源进行节能减排，碳减排量可转化为供交易的碳排放权或企业排放额度。设立碳减排货币政策工具，通过常规货币政策、再融资政策和信贷支持政策，引导企业积极使用清洁能源，达到减排降污的目的。

积极促进清洁能源民用化。鼓励城乡居民使用清洁电力。继续推进水电、风电、光伏发电、核电等清洁电力建设，提升新能源消纳能力，提高电网智能化水平，降低清洁电力价格。打造城市清洁能源公共交通系统，加快新能源汽车研发与生产，降低城市碳排放水平。继续推进北方清洁取暖改造，以天然气、地热能、太阳能、工业余热和清洁化燃煤等清洁能源替代传统燃煤供暖。

自觉践行绿色生活方式。良好的生态环境是人类建设美好生活的必要前提。每个人都必须秉持绿色环保理念，自觉使用清洁能源产品，自觉选择清洁能源动力的出行方式，主动培养绿色低碳的生活习惯，为建设天蓝、地绿、水清的美丽中国和构建人与自然生命共同体做出积极贡献。

1.3 能源与“双碳”目标的实现

2020年9月22日，中国国家主席习近平在第七十五届联合国大会一般性辩论上表示，中国将提高国家自主贡献力度，采取更加有力的政策和措施来面对当下国家能源转型的需要，在国内国际社会引发关注。

全国碳排放权交易市场已经正式启动上线交易，成为全球规模最大的碳市场。建设全国碳市场是利用市场机制控制和减少温室气体排放、推进绿色低碳发展的一项重大创新，有助于推动实现“双碳”目标。

什么是碳达峰和碳中和？通俗来讲，碳达峰指二氧化碳排放量在某一年达到了最大值，之后进入下降阶段；碳中和则指一段时间内，特定组织或整个社会活动产生的二氧化碳，通过植树造林、海洋吸收、工程封存等自然、人为手段被吸收和抵消掉，实现人类活动二氧化碳相对“零排放”。

国际社会普遍认为，二氧化碳过度排放是引起气候变化的主要原因。人类活动排放的二氧化碳等温室气体导致全球变暖，加剧气候系统的不稳定性，导致一些地区干旱、台风、高温热浪、寒潮、沙尘暴等极端天气频繁发生，强度增大。碳排放与能源种类及其加工利用方式密切相关。目前，全球范围内能源及产业发展低碳化的大趋势已经形成，各国纷纷出台碳中和时间表。

我国近年来减排成效显著，2019年碳排放强度比2005年下降48.4%。我国主动提出“双碳”目标，使碳减排迎来历史性转折，这也是促进我国能源及相关工业升级，实现国家经济长期健康可持续发展的必然选择。实现“双碳”目标不是要完全禁止二氧化碳排放，而是在降低二氧化碳排放的同时，促进二氧化碳吸收，用吸收抵消排放，促使能源结构逐步由高碳向低碳甚至无碳转变。实现“双碳”目标，是一场广泛而深刻的系统性变革，而能源革命将是这场系统性变革的重中之重。

就我国而言，当前碳排放主要来源于化石能源的利用过程。据《中华人民共和国气候变化第二次两年更新报告》（2018年12月）显示，能源活动是我国温室气体的主要排放源，约占我国全部二氧化碳排放的86.8%。能源活动中，化石能源又占重要地位。

能不能不用或少用化石能源来解决碳排放问题？人们将目光投向可再生能源。太阳能、风能、水能、地热能等可再生能源，其利用过程不排放二氧化碳，对环境更为友好。近年来，我国积极布局可再生能源产业。相关数据显示，“十三五”期间，我国水电、风电、光伏发电、在建核电装机规模等多项指标保持世界第一；截至2020年底，我国清洁能源发电装机规模增至10.83亿kW，占总装机规模比重接近50%。

虽然发展可再生能源取得了一定成绩，但要替代化石能源，让可再生能源成为我国能源消费结构的主体，还需要时间。目前，可再生能源存在能量密度低、时空分布不均衡、不稳定、利用成本较高等特点，成为其规模化应用的瓶颈。未来一段时间内，化石能源仍将在我国能源结构中发挥重要作用。化石能源清洁高效利用、可再生能源大规模利用，是实现“双碳”目标的必经之路。

煤炭、石油、天然气、可再生能源与核能，是我国现阶段使用最多的五大能源。在“双碳”目标指引下的能源革命，意味着要将以传统的化石能源为主的能源体系转变为以可再生能源为主导、多能互补的能源体系，进而促进我国能源及相关工业升级。

破除能源之间的壁垒，促进多能互补、取长补短，提高能源整体利用率，这是能源变革势在必行之举。以石油和煤炭为例，我国石油资源短缺，且存在基础石化产品不足，制约下游精细化工行业发展的问题；而我国煤炭资源约占化石资源总量95%，如果能以其为原料制取清洁燃料及基础化学品，将成为缓解石油供应压力和弥补石油化工缺陷的补充途径。

发展大规模储能技术，提高可再生能源占比和利用效率。大规模储能是可再生能源充分开发利用的必要技术支撑，能够有效解决电网运行安全、电力电量平衡、可再生能源消纳等方面的问题。以储能“新秀”全钒液流电池为例，其利用不同价态钒离子之间的可逆相互转化，完成充电、放电、再充电的循环过程，即可实现化学能和电能之间的“定制”转化，如同电力“银行”，潜力巨大。只有在大规模储能技术方面取得关键性突破，才能为可再生能源的大规模储用铺平道路。

发展多能融合、规模应用的关键技术。仍然以现代煤化工与石油化工产业为例，通过煤化工生产烯烃、芳烃等大宗化学品，形成对石油化工的有效补充。

发展化石能源清洁高效利用技术。一方面，类似钢铁、水泥、化工等排碳大户，其碳排放主要与工业生产工艺相关，因此必须突破工业流程再造的关键瓶颈及核心技术，方可实现这些行业的碳减排。另一方面，通过技术攻关，将化石能源中宝贵的碳基分子转变为化学品和新材料，寻求化石能源高值、高效、清洁转化的新路线。

我国已积极进行相关领域关键技术的研发与攻关部署。比如，科技部依托国家重点研发计划，在煤炭清洁高效利用和新型节能技术、可再生能源与氢能技术、储能与智能电网技术等方面部署了一系列碳中和相关研究，并启动“碳达峰碳中和关键技术研究与示范”重点专项。中国科学院已经完成“应对气候变化的碳收支认证及相关问题”“低阶煤清洁高效梯级利用关键技术与示范”等项目，并成立洁净能源创新研究院，启动“变革性洁净能源关键技术与示范”先导专项，进一步推进多能融合关键技术示范与应用。在这些部署统筹牵引下，我国已经实现了一些对“双碳”目标共性支撑技术的创新，为各领域减排提供持续支持，如氢能及储能技术、先进安全核能技术以及碳捕集、利用与封存（carbon capture，utilization and storage，CCUS）技术等。2020年10月，千吨级“液态阳光”合成示范项目成功运行，该项目利用太阳能等可再生能源发电、电解水生产“绿色”氢能，并将二氧化碳加氢转化为“绿色”甲醇等液体燃料。凡此种种，均是我国为实现“双碳”目标的有益技术探索。

我国能源应用场景复杂，可选取典型区域，根据地域特征，针对性地推进跨领域集成示范，探索以技术创新引领能源革命的路径与模式，以点带面形成低碳发展新格局。

“双碳”目标的实现是一个循序渐进的过程，也是一项涉及全社会的系统性工程。积极推动技术创新，充分调动科技、产业、金融等要素，通过全社会的齐心协力，一定能够推动能源变革、实现“双碳”目标，将绿色发展之路走得更远更好。

第 2 章　清洁能源资源监测和评估

2.1　清洁能源资源监测

随着清洁能源资源的开发，新型的清洁能源资源监测手段和设备不断涌现，功能不断扩展，性能不断提高，同时清洁能源资源的评估方法也在不断改进和升级。

2.1.1　风能资源监测

用于风电场的测风设备主要有三种：机械式测风仪、超声波测风仪、雷达测风设备。

1. 机械式测风仪

机械式测风仪是一种传统的风速和风向测量设备，主要用于风力发电场等场景。它基于机械测量原理，通过特定结构的风速传感器和风向传感器来实现测量。基于传统的机械测量原理，常见的机械式测风仪包括风杯式风速传感器和风向传感器，如图 2-1 所示。机械式测风仪适用于一些不需要高精度测量的场景，如一般气象观测、风电场初步测量等，通常由气象传感器、采集器、太阳能供电系统、立杆支架等部分组成。机械式测风仪适用于各种场景，如塔吊、索道、船舶、气象、农业和林业等领域，通常具有免调试、可快速布置等特点，广泛用于风能资源测量和风能行业。然而，相比于其他现代化的测风技术，机械式测风仪存在测量精度较低、对环境条件较为敏感等缺点。

图 2-1　机械式测风仪

1）风速传感器

采用三杯旋转架结构，可将风速线性地转换成旋转架的转速。为了减小启动风速，通常使用塑制的轻质风杯，采用锥形轴承支撑。在旋转架的轴上固定有一个齿状的叶片。当旋转架随风旋转时，叶片也旋转，齿状叶片在光电开关的光路中不断切割光束，从而将风速线性地转换成光电开关的输出脉冲频率。计数器采样计数后，可以得出实际风速值。

2）风向传感器

用于测量风向的传感器，通常采用风向标的机械结构，当风向发生变化时，风向箭头会相应转动，反映出实时的风向情况。以风向箭头的转动来探测、感受外界的风向信息，并将其传递给同轴码盘，同时输出对应风向相关数值。通常有以下三类。

（1）电磁式风向传感器。利用电磁原理，使用陀螺仪芯片或电子罗盘作为基本元件，提高了测量精度。

（2）光电式风向传感器。采用绝对式格雷码盘作为基本元件，通过光电信号转换原理，准确输出相对应的风向信息。

（3）电阻式风向传感器。类似滑动变阻器的结构，通过不同的电压变化计算风向的角度或方向。

2. 超声波测风仪

超声波测风仪是一种用于测量风速和风向的先进设备，如图 2-2 所示，其工作原理基于声学多普勒效应和超声波时差法。声学多普勒效应是指当声源和听者相对运动时，声音的频率会产生变化。超声波时差法则是利用超声波在空气中的传播速度和声波传播的时间差来测量风速和风向。

图 2-2　HY-SA3 超声波测风仪

1）声学多普勒效应

超声波测风仪通过发射超声波，并测量接收到的反射超声波的频率变化来计算风速。当气流中的反射体与超声波源产生相对运动时，其频率会发生变化。根据多普勒效应，当反射体随气流向波源运动时，回波频率增大；反之，当反射体随气流远离波源时，频率减小。通过测量频率变化，可以确定风速。

2）超声波时差法

超声波在空气中传播时，顺风与逆风方向传播存在一个速度差，当传播固定的距离时，此速度差反映为一个时间差，这个时间差与待测风速具有线性关系。对于特定方向的风速测量，可以采用一对收发一体的超声波传感器，保持传感器距离不变，按特定方向以固定频率发射超声波，通过测量两个方向上超声波到达时间，即可得出超声波在顺风和逆风下的传播速度，经过系统处理计算即可得到风速值。超声波风速风向仪由四个（即两对）传感器探头分别测出两个风速矢量，通过三角函数合成实际风速和风向。

在应用方面，超声波测风仪被广泛应用于气象监测、风力发电和道路安全监测等领域。在气象监测中，它能够准确测量风速和风向，为天气预报和气候研究提供数据支持。在风力发电行业，超声波测风仪的高精度和稳定性能对于优化风力涡轮机的运行至关重要，能够提高发电效率。此外，在道路安全监测中，它可以非接触式地测量风速和风向，帮助预防交通事故的发生。由于其制造和维护成本较高，超声波测风仪的价格通常较昂贵，这使得其在一些应用场景中不太经济实用。其次，超声波测风仪的性能易受环境因素影响，例如温度、湿度等变化可能影响其准确性。此外，超声波测风仪通常依赖稳定的电力供应，这在一些偏远地区或恶劣环境下可能成为挑战。

3. 雷达测风设备

1）激光雷达测风设备

激光雷达测风设备在现代科技领域中具有广泛的应用场景和重要意义，如图 2-3 所示为法国 Leosphere 公司的 WindCube 多普勒激光测风雷达。这些设备利用激光技术测量风

图 2-3　Leosphere 公司的 WindCube 多普勒激光测风雷达

速和风向，为风能行业、气象学、环境监测以及航空航天等领域提供了关键数据支持。激光雷达测风设备是一种先进的技术工具，利用激光束与大气中的颗粒发生散射，以实现对风速和风向的精确测量，其工作原理基于多普勒效应和光学散射。激光雷达发射一束激光到大气中，激光与大气中的气溶胶颗粒或尘埃发生相互作用后，产生携带其速度信息的后向散射光。根据多普勒效应，散射光的频率与颗粒的速度成正比。通过测量散射光的频率变化，激光雷达可以准确地计算出风速。此外，激光雷达还利用光学原理，通过控制激光束的方向和接收回波的时间延迟来确定风向。通过分析散射回波的特征，激光雷达能够实时监测大气中不同高度和位置的风场状态。

在风能行业中，激光雷达测风设备被广泛应用于风力发电场景。它能够准确测量整个叶轮高度的风速，相比传统的风速仪具有更高的精度和可靠性，有助于优化风力发电机组的布局和运行策略。此外，激光雷达测风设备还在气象学领域发挥着重要作用。它能够实时监测大气中不同高度和位置的风场状态，为气象预报提供数据支持，提高气象预测的准确性和可靠性。激光雷达测风设备具有诸多优点，但也存在一些局限性和挑战。优点包括高精度、实时性和远距离测量能力。然而，由于其高成本、受环境等影响因素，激光雷达测风设备的应用受到一定限制。设备造价较高，维护和运营成本也较高，限制了其在一些场景中的广泛应用。同时，大气环境因素如雨雪、浓雾等可能影响设备的测量效果，降低了设备在恶劣天气条件下的可靠性。此外，设备的调试和维护需要专业技术人员进行操作。

2）声雷达测风设备

图 2-4 为北京新源赛风技术有限公司代理销售的 TRITON 声雷达，它利用声波的回波来测量风速和方向。其工作原理基于多普勒效应，即当声波遇到移动的空气颗粒时，会导致回波信号的频率发生变化。通过分析回波信号的频移，声雷达可以确定风速和风向。具体来说，声雷达发射声波脉冲并接收回波信号。当这些声波脉冲与空气中的颗粒相互作用时，部分能量被散射并返回给雷达。根据回波信号的频率偏移，可以推断出空

图 2-4　TRITON 声雷达

气颗粒的运动速度，从而得知风速和风向。这种技术的优势在于其能够在夜间和高海拔地区进行监测，并且具有较高的精度和可靠性。声雷达可以应用于风电场的风资源评估以及其他需要监测风速和风向的场合。

4. 气象探测无人机

气象探测无人机是一种专门用于采集气象数据的无人机设备，其工作原理基于先进的航空技术和气象探测技术，图 2-5 为 UAV6000 六旋翼气象探测无人机。这些无人机通常配备有各种气象传感器和数据采集设备，以实现对大气环境的实时监测和数据收集。气象探测无人机利用飞行控制系统和 GPS 导航系统确保飞行的稳定性和准确性。通过预先设定的航线和自主控制，无人机能够在不同高度和位置上进行飞行，并定点定线地采集气象数据。无人机通常配备有温度、湿度、气压、风速和风向等气象传感器，用于实时监测和记录大气环境的各项参数。传感器会将采集到的数据传输至控制中心，进行处理和分析。无人机具有灵活的飞行能力和远程遥控功能，可以实时监测大气环境的变化，并及时反馈给气象预报员和研究人员，这有助于提高气象预报的准确性和时效性。

图 2-5　UAV6000 六旋翼气象探测无人机

2.1.2　太阳能资源监测

1. 太阳辐射仪

太阳辐射仪是一种用于测量太阳辐射的重要仪器，其工作原理涉及光学、热学和电学等多个领域的知识，图 2-6 展示了 TMC-1ST 便携式太阳能辐射测试仪。太阳辐射仪的光学系统包括接收器和探测器。接收器通常是一个罩子，用于限制来自非天空方向的辐射进入探测器。探测器则是一个接收光信号并将其转换成电信号的装置。当太阳辐射进入接收器时，它被吸收并转化为热能。探测器内部的温度会随着吸收到的辐射量增大而上升。这种温度变化被探测器中的热敏电阻或热电偶等传感器检测到。

图 2-6　TMC-1ST 便携式太阳能辐射测试仪

探测器中的传感器将温度变化转换为电信号。电信号的大小与接收到的太阳辐射量成正比。然后，电信号被传输到数据记录或显示装置上，以便进一步处理和分析。太阳辐射仪通常需要进行太阳位置校准，以保证测量的准确性。太阳位置校准可以通过光学和电学传感器以及计算机算法来实现。

太阳辐射仪在太阳能利用、气象学、环境监测和气候研究等领域都有着广泛的应用。例如，它可以用于测量太阳辐射对太阳能电池板的照射量，评估太阳能资源的利用潜力；也可以用于测量大气中的辐射量，研究气候变化和地球能量平衡等问题。

2. 光谱辐射计

光谱辐射计是一种用于测量辐射源光谱分布的仪器，其应用涵盖了气象、环境科学、天文学等多个领域。图 2-7 为 MR304 傅里叶变换红外光谱探测仪，它能够捕捉并分析从紫外线到红外线不同波长范围内的辐射能量，有助于人们对自然光谱的全面认识。

图 2-7　MR304 傅里叶变换红外光谱探测仪

光谱辐射计通过收集光学系统和光谱测量设备，能够准确地测量目标或背景的辐射强度和光谱特性。这种仪器的设计理念是基于光学原理和光谱分析技术，其工作原理涉及光的折射、反射和传播等物理现象。在气象领域，光谱辐射计可以用于测量太阳辐射、地面辐射和大气辐射等参数，为天气预报和气候研究提供了重要的数据支持。在环境科学中，光谱辐射计被广泛应用于监测大气污染物、地表温度变化和海洋生态系统等。而在天文学中，光谱辐射计则被用于研究星体的光谱特性和宇宙辐射背景等。

3. 太阳能辐射流动监测车

太阳能辐射流动监测车是一种专门用于测量太阳辐射的移动设备，它结合了太阳能技术和环境监测需求，为科研机构、气象部门和环保机构提供了一种便捷的数据采集方式。太阳能辐射流动监测车配备了各种太阳辐射测量仪器，包括太阳辐射计、光谱辐射计等。这些仪器能够实时监测太阳辐射的强度、波长分布等参数，为气象预报、太阳能利用和气候研究提供数据支持。其具有灵活的移动性，可以根据需要快速调度到不同的监测点位进行测量。这种移动性使其可以覆盖更广阔的地域范围，捕捉不同地区的太阳辐射变化，为科研和预测提供更全面的数据支持。太阳能辐射流动监测车在气象科学、环境保护、农业生产等领域有着广泛的应用。它可以用于评估太阳能资源分布情况、监测城市热岛效应、指导农业灌溉等，为各行各业提供了重要的数据支持和决策参考。

2.1.3　地热能资源监测

1. 地热传感器

地热传感器是一种关键的地下能源探测工具，图 2-8 为北京鸿鸥成运仪器设备有限公司生产的 TD-016C 地热井高精度传感器，其在地热资源勘探、地热能利用和地热地质调查等领域发挥着重要作用。它们能够测量地下温度变化，并帮助确定地热资源的分布和利用潜力，监测地热能利用系统中的温度变化，以确保系统的正常运行和效率。同时，地热传感器也被广泛用于研究地下地热特性，为地质勘探和工程建设提供数据支持。

地热传感器的工作原理基于热敏效应，它们通过测量地下温度变化来获取地热数据。常见的热敏元件包括热敏电阻和热电偶。传感器会根据热传导性质的变化来测量地下温度的变化，并将数据传输到相应的接收器或数据采集系统中。其主要组成部分包括热敏元件、信号处理电路、外壳和连接线。热敏元件负责测量地下温度变化，而信号处理电路则将采集到的信号转换为数字或模拟信号。外壳和连接线用于保护传感器免受外界环境干扰，并传输测量数据。

地热传感器被广泛应用于地热资源勘探、地热能利用系统监测和地热地质调查等多个领域。在地热资源勘探方面，它们帮助确定地热资源的分布和利用潜力。在地热能利用系统监测方面，地热传感器监测地热能利用系统中的温度变化，以确保系统的正常运行和效率。技术类型方面，地热传感器包括多种类型，如气敏电阻传感器、热敏电阻传感器、热电偶传感器和红外传感器等。这些不同类型的传感器各有特点，适用于不同的场景，如气敏电阻传感器可以用于测量地下气体含量，而红外传感器则可以用于检测地下物体和障碍物。

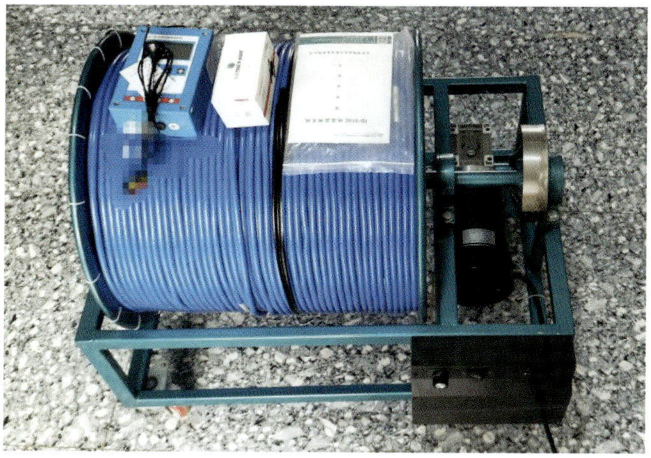

图 2-8　TD-016C 地热井高精度传感器

2. 工程地震仪

工程地震仪在地热能资源勘探中起着至关重要的作用，原理是利用地震波在地下介质中传播的特性来探测地下的热能资源，如图 2-9 所示。当地震波通过不同密度和性质的地层时，会产生反射、折射和透射等现象，这些现象可以被地震仪记录下来。地震波在穿过地下岩层时，会受到不同岩石性质和温度的影响而发生变化，从而提供了关于地下结构和地热能资源分布的信息。工程地震仪可以检测地下岩层的密度、地震波速度、介质类型等参数，通过分析地震波的反射和折射情况，可以推断出地下地热资源的位置、

图 2-9　工程地震仪

规模和分布情况。此外，地震仪还可以检测地下岩石的裂缝和孔隙度，这些信息对于判断地下热水或蒸汽的运移通道和储存条件也至关重要。通过地震仪的数据处理和分析，地质学家可以制作地震剖面图和地震层析图，进一步揭示地下地热资源的空间分布和形态。综合利用地震勘探技术，可以为地热资源的勘查和开发提供重要的科学依据和技术支持。

3. 地热探测雷达

地热探测雷达是一种用于探测地下地热能资源的地球物理勘探技术，图 2-10 为瑞科（广州）仪器科技有限公司代理销售的 GS8000 探地雷达。其原理是利用雷达波在地下岩石中的传播特性，通过测量反射和折射信号来获取地下地热能资源的信息。地热探测雷达发射雷达波，这些波会穿过地下岩石，并与岩石中的不同介质发生相互作用。不同介质对雷达波的反射和折射程度不同，这些变化会被雷达接收器捕捉到。地下地热能资源通常位于具有特定地质特征的地层中。这些地层可能包括含水层、裂隙带或热储层等。当雷达波穿过这些地层时，它们与地下岩石和水的界面会产生反射，反射信号可以被地热探测雷达接收器捕捉到。通过分析接收到的雷达波信号，地球物理学家可以确定地下地热能资源的位置、深度、形态和性质。不同类型的地热资源会在雷达数据中表现出不同的特征，如水热型地热能和干热岩型地热能等。

图 2-10　GS8000 探地雷达

4. 电阻率仪

电阻率仪利用地下不同介质对电流的导电性差异来揭示地下地质结构的变化，图 2-11 为武汉智岩科技有限公司生产的 DDC-8A 电阻率仪。地热能资源的分布与地下地质结构密切相关，因此电阻率仪在地热勘探中具有重要作用。电阻率仪的原理是利用地下介质对电流的导电性差异。地下不同类型的地质结构和地层含水量会导致地下介质的电导率不同。例如，含水层通常具有较高的电导率，而岩石或干燥地层的电导率相对较低。通过测量电导率，电阻率仪可以揭示地下地质结构的变化，进而推断地热能资源的分布情况。电阻率仪通过向地下发送电流并测量电阻率来探测地下地质结构的变化。当电流通过地下介质时，其路径和传播方式会受到地下介质的电阻率影响。通过测量电流经过地下介质的难度，可以推断地下地质结构的特征。电阻率仪获取的数据可以帮助地球物理学家绘制地下地质结构的电阻率分布图。通过分析这些数据，可以确定地下地热能资源的分布情况和潜在储集层位置。

图 2-11　DDC-8A 电阻率仪

2.2　清洁能源资源评估

2.2.1　风能资源评估

风能资源的开发利用受风能利用技术水平、自然地理条件、土地资源、交通、电网及国家或地方发展规划等诸多因素的制约，对风能资源储量的评估必须综合考虑各种限制因素。风能资源宏观评估主要服务于国家或地方风电发展战略规划的制定，因此需重点考虑风能资源禀赋、现阶段风能利用技术水平、自然地理条件、生态环境国家保护区和城市等限制风能资源开发的因素。风能资源储量评估的基本原则是，首先确定可利用风能资源的区域分布和面积，再根据现阶段主流风电机组的额定功率、叶轮直径和其利用风速等级计算装机容量，最后根据区域年平均风速和风能可利用面积比对可利用风能等级进行划分，给出全国可利用风能资源区划。通过地理信息系统（geographic information system，GIS）扣除不可开发风电场的区域，计算受到上述制约因素影响区域内的风能开发土地可利用率。将不可用于开发风电区域的土地可利用率设置为零，如自然保护区、水体、城镇等；不同的地形坡度和植被覆盖类型设置不同的土地可利用率，风能资源可开发利用条件的 GIS 分析原则如表 2-1 所示。

表 2-1　风能资源可开发利用条件的 GIS 分析原则

限制条件		土地可利用率
地形坡度 α/%	$\alpha \leqslant 3$	1.00
	$3 < \alpha \leqslant 6$	0.50
	$6 < \alpha \leqslant 30$	0.30
	$\alpha > 30$	0
土地利用类型	自然保护区	0
	水体	0
	草地	0.80
	灌木	0.65
	森林	0.20
	城市及周边 3km 范围	0

现有的风能资源评估技术手段有三种：基于气象站历史观测资料的评估、基于气象塔观测资料的评估以及风能资源评估的数值模拟。

当前国内外的风能资源评估方法主要可分为：基于测风塔观测数据建立不同的数学模型，有效地将气象站和测风塔的观测数据转化为风能、风功率等风能资源评估参数的数理统计评估方法，以及利用计算机模拟技术结合测风塔观测数据、中尺度数据实现对近地层风能资源进行分析的数值模拟评估方法。

1. 风能资源评估的定义

风能资源评估是分析待评估区域长期的风能资源气象参数的过程。通过对当地的风速、风向、气温、气压、空气密度等观测参数进行分析处理，估算出风功率密度和有效年小时数等量化参数，通过风能资源评估可以确定区域的风能资源储量，为风电场选址、风力发电机组选型、机组排布方案的确定和电量计算提供参考依据。

2. 风能资源评估的基本思路

评估不同区域面积的风能资源采用的方法也有所不同：宏观风能资源评估多是从规划和普查的角度出发，其主要评估对象是国家或地区。由于气象站、测风塔等小范围的测量数据很难观测到海风、低层急流风、回流等地形复杂区域的大气运动规律，因此，对宏观区域的风能资源进行评估时多采用中尺度数据加数值模拟的方法。进行风电场等中、小尺度区域的风能资源评估时，对测风数据的质量和可靠性要求更高。中尺度数据很难准确描述小范围内的地貌、湍流、切变等参数，因此，微观区域的风能资源评估更多采用数理统计方法。

风电场风能资源评估思路图如图 2-12 所示。首先，对地形数据和测风塔的观测数据进行收集处理，绘制相关区域的风能资源图谱；然后，通过商业软件模拟整体布机方案排布，计算机组的发电量、尾流、功率密度等参数；最后，对风能资源结果进行不确定性因素分析，对可利用小时数和容量系数进行经济指标评价。

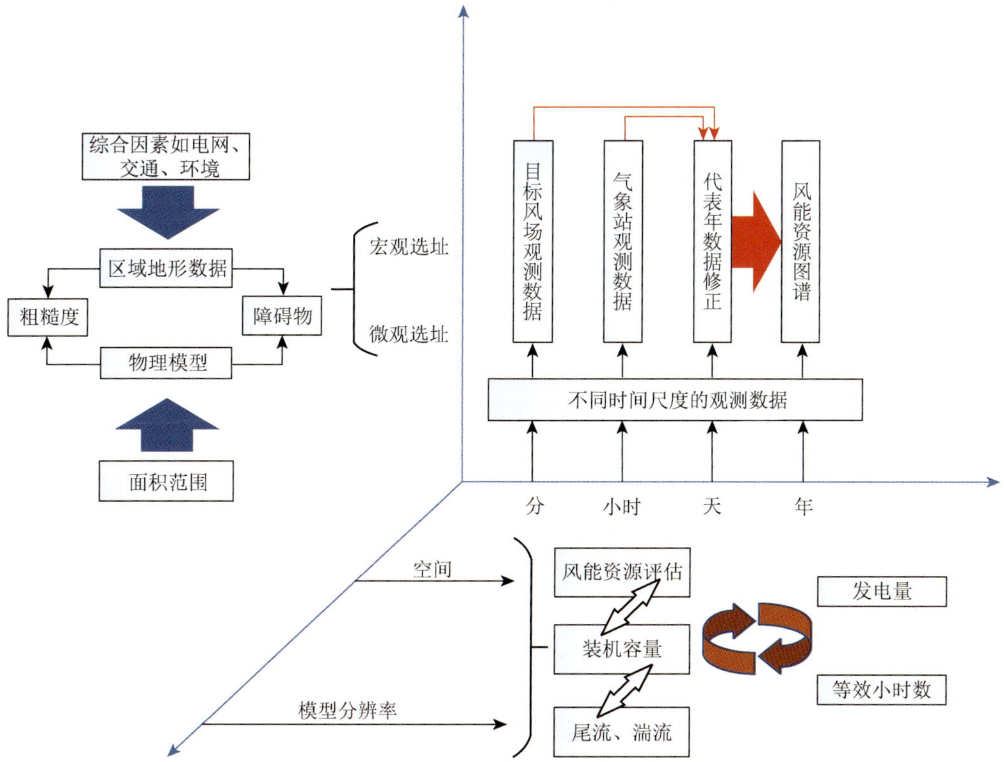

图 2-12　风能资源评估思路图

3. 风能资源评估的特征参数

风能资源评估的主要特征参数包括：风速统计概率分布、风向、平均风功率密度、风能、有效风能、可利用小时数等。

4. 基于实地测风的评估方法

实地测风是风资源评估中最直接、最有效的方法，它能同时考虑风场区域性的环境因素、天气状况以及气候特征对大气边界层流动特性的影响。典型的实地测风是将风速、风向、温度、气压、湿度等测量装置安装于测风塔的不同高度层面上，通过在风场的代表性位置连续采集至少 1 年的数据，完整地记录下全年不同季节变化对大气流动的影响，从而能够真实地反映整个风场的历史风况。基于实地测风的风资源评估是利用观测数据进行空间插值，预测出未设置测风塔区域的统计性风数据，从而有效地将离散点位的观测数据转化为连续性的风图谱，为整个风场风能资源的评估提供基础性数据。针对复杂地形的实地测风研究，国内外的学者就有限的现场案例进行了大量研究，并取得了一定的成果。位于英国阿斯克文（Askervein）山区的实地测风项目研究了大气边界层流动在缓坡独立山丘的迎风与背风面的风廓线分布，同时验证了不同数值方法和湍流模型的有效性。位于丹麦博隆德（Bolund）山的实地测风项目研究了带有陡崖的独立山丘对迎风坡边界层分离流动的影响，其在近 10 个代表性点位采集不同高度的风速及高频湍流数据，被广泛用于微尺度中性大气边界层流动数值计算的国际盲评对比中。位于葡萄牙佩尔迪冈（Perdigão）风场的实地测风项目研究了两座平行山脊下大气流动的特征，在众多测风位置同时采用传统与新型测风装置进行了两年期的数据采集，为多个中尺度天气模型与微尺度湍流模型的修正与验证提供了丰富有效的实测数据。实地测风作为反映现场风资源状况最真实的方法，是风电场前期建设中必不可少的环节。对于地形平缓的风场，代表性测风数据能够反映较广区域的大气流动特征，可以在一定程度上对场区风资源进行预测。但是受测风塔数量、周期以及安装条件所限，这种评估方法需要耗费巨大的物力与财力，尤其是对于复杂地形的风场，单凭其稀疏分散的代表性位置测风，很难准确估算出整个风场的风况分布。故综合考虑该方法的优缺点，实地测风通常用于驱动大气边界层流动的数值模拟，并为各流动模型的计算结果提供有效性验证。

5. 基于风洞试验的评估方法

针对实地测风的高成本、长周期等局限性，风洞试验通过对实际复杂地形的等比例缩放，将缩比模型放在风洞实验室中并布置充足的传感器，对流经其上空的微型风场进行研究。国外对缩比模型风洞试验的研究起步较早，着重对单、双座山丘地形谷、脊处的平均风速轮廓线与湍流结构进行了分析，探究了山体对迎风面空气流动速度的影响，以及翻越山脊陡坡后的风廓线规律，并通过“Original Guideline”方法对不同山体位置的流动加速比进行了研究。学者将加拿大爱德华王子岛海岸沿线的海崖顶部风场以 1∶50 的比例进行缩放后，放置于三维大尺度气象风洞 WindEEE Dome 中进行测试，研究了不同方向的海风、大气热力稳定性以及悬崖地貌对大气边界层流场的影响，着重对峭壁顶部拟布机区域的平均风速以及湍动能进行分析，通过烟线显示技术观测到了气流在陡峭迎风坡下游的边界层分离、回旋以及涡流脱落现象。

风洞试验可较为便捷地测量评估所需的流动参数，对流场变量及边界条件的可控性较强，测试重复性较高，多用于典型地形的风场验证研究。然而对于复杂地形风场，风洞试验很难做到对实际地形的精准缩放，缩比模型在局部地貌变换上通常与实际有较大差异，造成测量结果与真实情况的偏差。同时，当地形缩小比例过大时，整场流动雷诺数与实际存在量级的悬殊，无法还原真实湍流的时间与长度尺度，加之无量纲参数的选择问题，很难保证风洞实验室与实际地区的相似性。

6. 基于数值模拟的评估方法

为弥补实地测风和风洞试验方法的不足，以流体力学为基础的数值模拟方法已成为风场风资源评估的重要工具。该方法通过对地形信息的参数化，基于大气运动及传热的基本原理，建立描述大气边界层流动的纳维-斯托克斯（Navier-Stokes，N-S）方程组，对风速、压力、温度等变量进行求解，进而得到整个风场的风资源预测。基于数值模拟的风资源评估按照算法与精度可分为线性模式和非线性计算流体力学（computational fluid dynamics，CFD）模式。

1）线性模式

线性模式是将非线性的 N-S 方程组进行简化，求解不可压缩、无黏、无旋的线性势流方程，可通过利用风场参考点的测风数据以及地形参数，直接得到流场分布的定常解，从而快速估算出整个风场内某一给定位置的风资源状况。以风图谱分析为核心的风电评估软件 WAsP、Wind Farmer 和 Wind PRO 是目前风电行业内应用最为广泛的三款基于线性模式的模块化风资源模拟评估软件。线性模式在地形相对简单，地势相对平坦（坡度小于 30°），且以附着流为主导的风场预测计算中，具有良好的适用性。然而，由于线性模式对流体黏性和旋度的过度简化，其并不属于完整意义上的 CFD 模式；尤其是当风场内包含陡峭山坡或者连续山脉地形时，由于受到线性模型及边界条件因素的限制，该模式不能准确反映由复杂地形（如陡峭山体背风坡）引起的边界层扭曲、分离与回流，导致对整场风资源的评估效果并不理想。

2）非线性 CFD 模式

针对线性模式在复杂地形风速预测精度上的局限性，采用 CFD 模式对非线性 N-S 方程组进行数值求解的方法，广泛应用于风资源评估中。非线性 CFD 模式将大气运动中典型的物理过程以源项的形式添加在基本方程中，结合其他气象变量的控制方程，通过在计算域生成空间网格，将方程在时间、空间上做离散化处理，用数值方法对流动变量进行求解，进而得到整场连续性的风资源预测结果。然而，高雷诺数（10^7～10^9 量级）的大气流动包含的空间与时间尺度非常广泛，大到百公里量级与持续数天的地域性天气尺度，小到毫米量级与维持分秒时间的局部湍流尺度，使得数值模拟过程的复杂程度增加。故非线性 CFD 模式基于大气边界层的流动尺度，可分为中尺度天气模式与微尺度精细模式。

中尺度天气模式的研究目标主要为公里到千公里量级水平方向的天气现象。由于中尺度模式通常考虑的是地域性天气现象，其求解网格的分辨率通常为公里级别，多适用于地形平缓的风场。由于中尺度天气模型通常采用的是地形追随坐标系，需要先进行下垫面平滑处理，并在近地层求解域进行笛卡儿坐标系的正交变换，而对于海拔落差较大的风场，其坐标转换误差会降低计算精度，并有可能出现积分溢出的情况。故其相对稀疏的网格分辨率很难充分解析局部地貌突变引起的微尺度气流畸变，使得复杂地形对近地风速的强迫改变作用难以在中尺度模式中得到精确体现。

随着风况预测精度要求的不断提高，用于空气动力学精细流场计算的微尺度 CFD 模式在风资源评估领域得到广泛应用。该模式中的“微尺度”包含从整个风场百米量级的宏观大气运动，到近地区域米量级的边界层微观流动。微尺度 CFD 模式通过在近地层生成高精度网格，采用适合的湍流模型，模拟大气流动在复杂地貌周围的边界层分离等现象；另一方面，通过修正湍流模型，亦可对不同热力状态的大气对流进行模拟，达到同时考虑机械湍流和热力湍流的目的。

2.2.2　太阳能资源评估

刘羽等（2014）认为太阳辐射观测数据是评估太阳能资源最直接和最准确的数据，但由于测量仪器的安装和维护费用较高，我国气象观测站中仅少量站点具备太阳辐射探测的能力。尤其在一些偏远地区（如西北的戈壁地区），光照时间长，太阳能资源总体较丰富，然而这些地区的太阳辐射观测站的分布却十分稀疏，直接利用太阳辐射观测资料对这些地区的太阳能资源进行总体评估并不合理且精度较低，进而导致光伏发电站的选址存在较大的不确定性。在高质量太阳辐射观测数据不足的情况下，利用其他气象资料和方法对太阳能资源进行评估已经成为国内外最主要的太阳能资源评估方法。具体分为以下四种：①利用统计学方法建立常规气象要素与太阳辐射之间的关系模型，将其他气象站点的观测数据输入该模型便可反算出该地区的太阳辐射的方法被称为经验模型方法；②近十几年来，全球气象卫星监测网络日益完善，利用气象卫星监测数据以及辐射传输理论对太阳能资源进行评估的方法开始逐渐发展，被称为物理模型方法；③数值天气预报模式是国内外预报未来天气状况的主要工具，数值模式还可以计算和输出太阳辐照度产品，用于太阳能资源的评估；④人工智能模型是最近十几年兴起的一种数据处理技术，通过对数据进行反复的学习和训练，不断调整和改变模型中参数的权重，最终达到对太阳辐射数据的拟合目的。

1. 经验模型方法

经验模型方法是指利用线性回归和最小二乘法等统计学方法建立气象要素与太阳辐射之间的关系模型。在已有模型的基础上，利用其他气象站点的观测数据便可反算出该地区的太阳辐射。经验模型具有计算简便、可操作性强和应用方便的优点，已被广泛应用于国内外不同地区的太阳能资源评估中。

经验模型的优点在于计算简单，所需的气象物理量较少，计算误差较小；缺点在于模型中系数的确定非常依赖于太阳辐射的观测资料，导致计算出的系数局地性强，普适性差。此外，经验模型不适用于非线性变化较强的小时和日时间尺度，更多用于月及以上时间尺度的太阳能资源评估。在历史数据样本量充足的情况下，如何准确地评估某一经验模型的适用区域范围，避免模型在不适用的区域内错误地估算太阳辐射强度，是经验模型未来需要进一步研究的问题。

2. 物理模型方法

地面太阳辐射观测站点分布密度较低且空间分布不均匀的特点使得一些区域难以利用地面观测资料评估太阳辐射的分布特征，利用卫星遥感数据可以弥补此不足。物理模型方法相对于经验模型计算过程更复杂，但其计算思路较固定，如图 2-13 所示，即先考虑气溶胶和水汽等粒子对太阳辐射的削弱作用，计算晴空条件下的太阳辐射，再考虑云的散射和吸收等作用，计算全天空条件下的太阳辐射。关于云的影响有多种计算方法，物理模型又可以分为基于云量关系的物理模型和混合物理模型。两种模型对于晴空条件下太阳辐射的计算是相似的，不同点在于：基于云量关系的物理模型是利用太阳辐射与云量或云透射率的关系来计算全天空条件下太阳辐射的强度，而混合物理模型则是利用统计方法将晴空条件下的太阳辐射转化为全天空条件下的太阳辐射。

物理模型的优点在于模型的构建参考了辐射传输的基本原理，利用气象卫星的遥感资料可以对缺少太阳辐射观测站的偏远地区的太阳辐射情况进行评估；缺点是计算过程相对复杂，所需气象物理量较多，对于云层影响太阳辐射过程的描述存在不准确性，对月及以上时间尺度的太阳能资源评估存在困难。随着我国气象卫星观测网络的大力布局以及探测技术手段的不断提升，将会有更多高分辨率的卫星遥感数据可用于太阳能资源评估，利用物理模型进行太阳能资源评估具有很大的应用潜力。

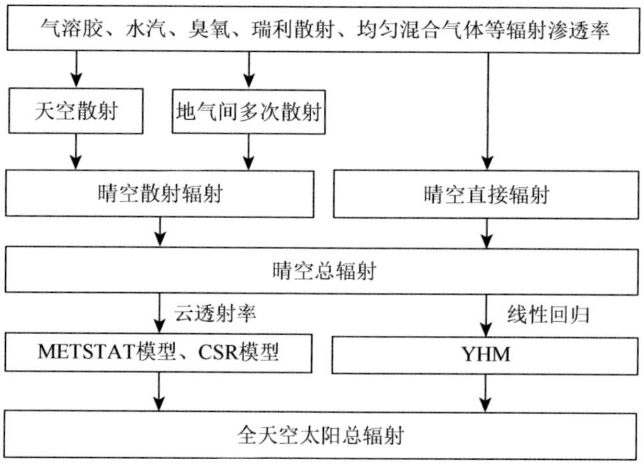

图 2-13　物理模型评估太阳能资源流程图

METSTAT：meteorological/statistical，气象/统计；CSR：climatological solar radiation，气候太阳辐射；YHM：Yang-Huang model，Yang-Huang 模型

3. 数值天气预报模式

数值天气预报（numerical weather prediction，NWP）是指基于数值模式，在一定的初始和边界条件下，通过求解表征大气运动和状态的基本方程组，来描述过去或未来大气运动状态。利用 NWP 模式进行太阳能资源评估主要有两种方法：一种是利用全球 NWP 模式直接输出太阳辐射；另一种是利用中尺度 NWP 模式，对全球 NWP 模式提供的大气背景场进行降尺度，输出特定区域的太阳辐射。

数值天气预报模式的优点在于模式的基本方程和参数化方案基本是实际大气中真实的物理过程，遵循物理规律且参数化方案修改方便，能够逐小时输出长时间跨度的太阳辐射值，对逐小时、逐日、逐月的太阳能资源均可以进行评估；缺点在于对局地以及站点的太阳能资源评估的精度较低，并且参数化方案的设计十分依赖于设计者对大气辐射过程的理解。在高分辨率的模拟过程中，资料同化和物理过程参数化方案的选定仍然是影响模拟结果的两个最关键的因素，三维结构的云微物理数据的同化和定制参数化方案技术都可以显著减小模拟的误差。

4. 人工智能模型

逐小时和逐日的太阳辐射波动大，具有较强的非线性变化特征。相比于经验模型和物理模型，人工智能模型不需要建立太阳辐射和气象数据之间具体的解析关系，它可以通过对大量数据进行训练来完成对复杂非线性关系的处理，适用于评估小时和日时间尺度的太阳能资源。

人工智能模型的优点在于对非线性较强的时间序列，如逐小时和逐日的太阳辐射的拟合效果较好；缺点是所需的气象数据样本量大，如果方案设计不合理还会存在过拟合现象，且误差在部分地区相比于经验模型并未有显著改善。对于人工智能模型而言，太阳辐射数据样本量的多少以及数据质量的优劣是影响太阳辐射评估准确率最关键的因素。随着我国太阳辐射数据样本量的增加以及数据质量的提高，人工智能模型在太阳能资源评估中将具有广阔的应用前景。深度学习作为人工神经网络的一种方法，在近几年得到了越来越广泛的应用。相较于一般的人工智能模型，深度学习具有更多的隐含层，可以对数据进行更加细致的分析，进一步提升评估精度。

2.2.3 地热能资源评估

王转转等（2019）认为针对地热资源类型划分，国内外学者从不同角度出发，对地热资源进行了研究。早在 1976 年，Muffler 根据地质环境和热量传递方式将地热资源划分为对流型和传导型两大类；1978 年，又依据储层温度高低（均指主要热储代表性温度）将地热分为低温（T<90℃）、中温（90～150℃）和高温（T>150℃）。梳理总结国内外地热资源分类的主要研究成果如表 2-2 所示。

表 2-2　国内外地热资源分类研究成果（据王转转等，2019 修改）

时间	学者	地热资源划分类型及其意义
1976 年	Muffler	根据地质环境和热量的传递方式划分为对流型和传导型两大类，并在 1981 年出版了专著，该分类为地热资源的分类奠定了基础
1978 年	Muffler	根据热储温度分为低温（T<90℃）、中温（90～150℃）和高温（T>150℃）；1988 年 Haenel 等只划分为低温和高温两种类型，界定温度 T = 150℃；1990 年 Hochstein 以 125℃和 225℃为界限划分为低温（T<125℃）、中温（125～225℃）、高温（T>225℃）三类；1990 年 Benderitter 等划分为低温（T<100℃）、中温（100～200℃）、高温（T>200℃）；1991 年陈墨香等根据地热温度将我国地热水资源分为高温地热水资源（T>150℃）、中温地热水资源（90～150℃）、低温地热水资源（T<90℃）；不同学者提出的储层温度划分界线不同，2010 年国家标准《地热资源地质勘查规范》（GB/T 11615—2010）沿用 Muffler 的划分方案
1983 年	黄尚瑶	根据地热水热传递的方式将我国水热型地热系统划分为两类五型，即构造隆起区热对流类和构造沉陷区热传导类两大类，五种类型分别为火山型、非火山型、深循环型、断陷盆地型和拗陷盆地型
1983 年	姚六三	根据热源差异将云南省地热分为热液水对流、岩浆余热及放射性三种成因类型；又根据热水的运移、储存及储层结构特征分为层控、隙状、粒间孔隙及岩浆岩裂隙四种热储类型，为找寻和开发热（汽）水资源提供了一定的指导
1986 年	White	根据成因将地下热水分为大气成因水、海洋水、同生水、变质成因水、岩浆水及初生水六类
1988 年	Giggenbach	提出了 Na-K-Mg 三角图，该图根据水-岩平衡状态将地下热水划分为完全平衡水、部分平衡水和未成熟水
1990 年	王钧	根据载体不同，将我国地热系统分为水热型、地压型、干热岩型和岩浆型四种类型
1991 年	陈墨香	根据地热资源形成与控制其分布的主要地质条件将我国地热资源分为火山-岩浆型、断裂-深循环型和沉积盆地型三大类型
1996 年	王东升	根据地热水中的氢氧稳定同位素含量，基于对大气降水和地下热水氢氧稳定同位素组成的监测和研究进行成因分析，将我国地下热水划分为循环型和封存型两种基本类型
2001 年	Lee	提出了利用地热资源的火用指数（specific exergy indices，SExI）将其划分为低（SExI<0.05）、中（0.05≤SExI<0.5）、高（SExI≥0.5）质量三类，与传统的温度判据相比，地热流体的能量含量指标能更好地确定地热流体的质量
2005 年	杨建	根据地热水的水质成分将其分为硅水、氡水、锶水和溴水等多种理疗型热矿泉水
2006 年	吕志涛	根据载热流体赋存空间将洛阳盆地热储分为层状和带状，对当地地热资源的研究规划和开发利用有一定指导作用

续表

时间	学者	地热资源划分类型及其意义
2009 年	邱爱美	按源（热源）、储（储层）、盖（盖层）、通（热流通道）将甘肃省地热资源划分为隆起断裂型和沉降盆地型两大类
2011 年	张金华	依据资源分布及其传递将我国地热分为沉积盆地传导型中低温地热资源和隆起山地对流型地热
2014 年	Moeck	依据热传递方式将地热资源划分为对流型和传导型两大类。再从地质构造出发将对流型地热资源划分为火山型、深成岩型及伸展型；传导型地热资源分为克拉通内盆地型、造山带型和基底结晶岩型。提出可以进一步通过考虑储层岩石的孔隙-渗透率来评价传导型地热资源
2015 年	顾新鲁	据地热分布特点及赋存特征将新疆地热分为断裂构造型、沉积盆地型和煤层自燃型三种，对中、深部资源勘探及开发具有一定指导意义
2016 年	罗敏	从区域地质构造及地质背景出发将四川省的地热资源归属为隆起山地型和沉积盆地型并进行成因模式分析，为合理开发利用规划地热提供依据
2017 年	廉兴茂	根据热源来源，将张家口地区板内地热隆起断裂型地热田进一步分为深埋封闭型和火山岩余热型，分析研究其构造和成因类型，对未来勘探、开发、利用和保护地下热水资源具有指导意义和实际意义
2018 年	Bina	根据火用概念和火用指数（SExI）对印度尼西亚的地热资源进行了质量分类

地热资源类型是评价与开发地热的关键因素，通过系统整理分析上述分类研究成果发现：前人多是针对某一区块或者某一类型的地热资源进行类型划分研究，很少研究类型间的内在联系，使得划分方案交叉各异。因此有必要在梳理分析各依据内在联系的基础上，进一步提出地热资源的系统分类方案。基于对我国地热资源研究历程及分类研究成果的梳理分析，参考《地热能开发利用“十三五”规划》将我国地热资源依照赋存埋深和温度划分为浅层地热资源、水热型地热资源和干热岩型地热资源三个大类，再从地热资源富集赋存的关键要素出发，类比含油气系统，依照源（热源和水源）-通（通道及传输）-储（储集体）-盖（盖层）等地质要素和地热的传输、储集、保存、散失等地质作用的特征，可以将水热型地热资源进一步细分为岩浆型（II_1）、隆起断裂型（II_2）和沉降盆地型（II_3）三亚类，将干热岩型地热资源细分为强烈构造活动带型（III_1）、沉积盆地型（III_2）、高放射性产热型（III_3）和近代火山型（III_4）四亚类。我国地热资源系统分类方案及其特征如表 2-3 所示。

表 2-3　我国地热资源系统分类方案

对比项	浅层地热资源（Ⅰ型）（埋深＜200m）	水热型地热资源（Ⅱ型）（埋深 200～3000m）			干热岩型地热资源（Ⅲ型）（埋深＞3000m）			
		岩浆型（II_1）	隆起断裂型（II_2）	沉降盆地型（II_3）	强烈构造活动带型（III_1）	沉积盆地型（III_2）	高放射性产热型（III_3）	近代火山型（III_4）
热源	热传导太阳辐射	地壳浅部岩浆火山岩浆囊	深循环对流	深循环热对流正常热传导	高温熔融体机械热能	放射性物质、有机质降解	地球深部传热、放射性物质	高温熔融体
水源	大气降水	大气降水、少量岩浆水	大气降水、近海岸海水	大气降水、古沉积水	无或少量沉积水、岩浆水	无或少量大气降水、沉积水	无或少量沉积水	无或少量岩浆水、沉积水

续表

对比项	浅层地热资源（Ⅰ型）（埋深＜200m）	水热型地热资源（Ⅱ型）（埋深200～3000m）			干热岩型地热资源（Ⅲ型）（埋深＞3000m）			
		岩浆型（$Ⅱ_1$）	隆起断裂型（$Ⅱ_2$）	沉降盆地型（$Ⅱ_3$）	强烈构造活动带型（$Ⅲ_1$）	沉积盆地型（$Ⅲ_2$）	高放射性产热型（$Ⅲ_3$）	近代火山型（$Ⅲ_4$）
水热传导方式	热辐射热传导	以对流为主	以对流为主	以传导为主	对流	对流、传导	以传导为主	对流
通道条件		断裂发育	断裂发育	深部断裂可能发育	深部大型活动断裂	隐伏断裂	深部断裂可能发育	断裂可能发育
热储	浅层土壤、地下水	火成岩、沉积岩、松散沉积物	花岗岩、变质岩、沉积岩	碳酸盐岩、砂岩	以花岗岩为主	冲洪积物、花岗岩、河湖相堆积物	大型中生代酸性花岗岩岩体	花岗闪长岩裂隙构造破碎带
热储孔隙类型	孔隙型	以裂隙型为主，部分孔隙型	以裂隙型为主，部分孔隙型	碳酸盐岩岩溶裂隙型、砂岩孔隙型	无或有天然孔隙、裂缝	无或有天然孔隙、裂缝	无或有天然孔隙、裂缝	无或有天然孔隙、裂缝
热储形状	广泛分布	以带状为主，部分为层状	条带状分布，面积较小	层状兼带状，面积较大	以块状热储为主	以层状或块状热储为主	以块状热储为主	层状或块状热储
温度/℃	＜25	＞150	40～150	40～150	＞150	＞150	＞150	150～300及以上
地表显示		沸泉、喷泉、水热爆炸、硅华	一般为温泉、钙质泉华	无显示或微弱，盆地边缘有温泉出露	温泉等	无显示	温泉等	具有明显的水热活动现象
覆盖层	地表沉积物	火山岩、矿物沉淀及水热蚀变自封闭、沉积岩	大多数无盖层，少数薄层第四系松散沉积物	巨厚中新生代碎屑沉积物	三叠系砂岩、新近系泥岩为主	沉积岩	沉积岩或无	新近系砂岩、泥岩、火山岩
分布特征	全国遍布，江淮、华北适宜性最好	云南腾冲、西藏羊八井	广东邓屋，福建福州、漳州	华北、苏北、四川等盆地	青藏高原	关中、贵德、共和、松辽等盆地	广东、福建等东南沿海	腾冲、长白山、五大连池

地热是一种新能源，目前虽有一些国家做了较多的地热资源评价工作，但尚缺乏世界性的全面评价。下面简要介绍几种地热资源的评价方法。

1. 天然放热量法

早在20世纪60年代初，新西兰人塔桑等采用一种评价地热资源的方法，先测量一个地区地表各种形式的天然放热量的总和，再根据已开发地热田的热产量与天然放热量之间的相互关系加以比较，以估计出该区域开发时的产热能。这种方法估算的地热储量较接近合理数量，也是水热系统经长期活动而达到的某种平衡现象。其值在相当长时间内是较稳定的。显然，天然放热量要比地热田开采后的热量低，实际地热资源要大得多，并且因地而异。当然，这种方法只适用于已有地热开发的地区，对于未开发的地热田则是无法估算的。实测各地各种形式的天然放热量不是一件容易的事。因此，也可通过测定地热水中氯离子的排出量来估算天然放热量。地面的全部天然放热量几乎都是由对流系统的中心深部上升的地热流体带上来的热量。传导传热的热量可以忽略不计。若知道热流体的流量和温度，就可估计出排放热能的总量。用氯根焓图解法求出深部流体的温度及其氯根的浓度，而在地面测定氯根的排放量，两者氯根量相除，即可得出为维持地面天然放热量深部流体在单位时间内应该上升的总量，并按深部流体的温度可进一步算出放热量。实践证明，这样得出的天然放热量只能代表开发地热时的最低热产率。通常还应乘一个倍数，才能得到开采地热能的合理热产率。此倍数，有人主张 4～10 倍，也有人主张 10～100 倍，所以只是一个估计值。为了更简便地评价地热资源与天然放热量的相关性，日本学者采用“水量补给法”估算水热系统地热资源，即

$$Q = S \cdot P \cdot n \tag{2-1}$$

式中，Q 为地热流体的年产率；S 为水热系统所在盆地的面积；P 为当年平均降水量；n 为年排放热流体的量与降水总量之比，一般为 0.10～0.33。

2. 平面裂隙法

这种评价地热资源的方法，最早用于冰岛。其模型是：在渗透性极差的岩体中，地下水沿着一个平的裂隙流动，岩体中的热能靠传导传输传到裂隙面，再在裂隙表面与流水进行换热。这样流水受热升温，把不透水岩体中的热能提取出来。在岩性均一的情况下，开采热水的速率如果较慢，则提取出来的某一温度限额以上的热能总量就较大。这种方法计算的结果也是能流率，而不是可及地热能资源底数。使用这种方法有许多特定要求，如要求估算出裂隙的面积、裂隙的间距、岩层的初始温度、采出热水的最低要求温度，以及岩石的热导率和热扩散率等。因此，只有在类似冰岛的地质条件下才能使用这种方法，因为冰岛只有玄武岩，地层未经褶皱，只在熔岩的界面上才有透水层。而其他大多数地方的水热系统裂隙发育复杂，一般很难按照上述模式进行。

3. 类比法

这是一种较简便、粗略的地热资源评价方法。即根据已经开发的地热系统生产能力，估计出单位面积的生产能力，然后把未开发的地热地区与之类比。这种方法要求地质环境类似，地下温度和渗透性也类似。日本、新西兰等国都采用过类比法评价新的地热开发区，效果比较好。采用这种方法，要求必须测出地热田的面积，在新西兰一般以电法圈定的面积为依据；此外，还要求知道热储的温度，在没有钻孔实测温度的情况下，可用地热温标计算出的热储温度。

4. 岩浆热平衡法

岩浆热平衡法主要是针对干热岩地热资源的评价，以年轻的火成岩体为对象。美国地质调查局采用这种方法评估了西部 10 个年轻火山系统的岩浆热储。其模式是：某一火成岩体从某一给定时间开始（假定最后一次喷发或侵入发生于某一时间，使岩浆的顶部顷刻间升至距地表半公里处），初始温度 850℃，按传导传输冷却机制达到某一温度，所采岩浆的热量多少取决于岩浆的侵入年代、岩浆体分布面积、厚度、深度和形

状等因素。计算方法是先估算出岩浆体初始含有的总热量（Q_T），再减去自侵入以来逸出的热量（Q_E），则现在存在岩浆体内的余热为 $Q_S = Q_T - Q_E$，岩浆体初始含有的总热量可用下式计算：

$$Q_T = V \cdot \rho [C(T_o - T_r)] + H \tag{2-2}$$

式中，ρ 为岩浆体密度，取平均值 2.5g/cm^3；C 为比热容，取平均值 0.3cal/(g·℃)，1cal = 4.1868J；T_o 为岩浆温度，按酸性岩浆取 850℃；T_r 为参比温度，按 10km 处正常地温 300℃计算；H 为岩浆结晶潜热，以 65cal/g 计算；V 为岩浆体积，根据面积厚度计算。Q_E 的求得，在传热机制和岩体状况已定的情况下，仅取决于开始冷却以来的时间。这个时间可从最后一次喷出岩的同位素年龄来判断，而岩浆体侵入后会使围岩增温，最终达到稳定状态，一般这个过程需要 36 万年。如果小于 36 万年，就意味着 $Q_E = Q_S - Q_T$。若大于 36 万年，则计算稍复杂。

5. 体积法

这种方法是石油资源估价的方法，现广泛用于地热评价方面。它的计算公式为

$$Q = a \cdot d[(1 - \phi_e) \cdot \rho_r \cdot C_r + \rho_w \cdot C_w](T_r - T_{ref}) \tag{2-3}$$

式中，Q 为估算的地热能总量；a 为热储面积，按物探或钻探结果，以 km 计；d 为可及深度内的热储厚度，以 km 计；ρ_r 为热储岩石的密度，一般为 2.2～3.1g/cm^3；ρ_w 为热水的密度，g/cm^3，考虑含有矿物质；C_r 为热储岩石的比热容，约为 0.2cal/(g·℃)；C_w 为热储水的比热容，常取值为 13cal/(g·℃)；ϕ_e 为热储的有效孔隙率，在 0～20%；T_r 为热储的平均温度；T_{ref} 为参比温度，取当地多年平均气温。实际影响计算精度的主要是热储面积，因而式（2-3）也可简化为

$$Q = a \cdot d \cdot \rho C(T_r - T_{ref}) \tag{2-4}$$

式中，ρC 表示热储岩石和水总的容积比热容，一般取 2.6J/(cm·℃)。在地热资源评价方法中，体积法较为可取、使用普遍，可适用于任何地质条件。计算所需的参数原则上可以实测或估计出来。地热能若用于发电，可按下式估算：

$$E = Q \cdot e_r \tag{2-5}$$

式中，E 为总发电量，GW·100 年；Q 为可及地热能资源底数，cal；e_r 为地热能转化为电能的系数，即采收率乘发电效率。

6. 蒙特卡罗方法

在利用体积法进行地热资源评价时，通常将热储参数视为定值进行处理，而实际上，对于一个热储系统而言，由于各种原因，热储参数通常很难精确地测量，只能得到在一定范围内变换的随机变量。蒙特卡罗方法就是在体积法的基础上，考虑了变量的随机特性，以概率及统计中的理论方法为基础，根据待求随机问题的变化规律和物理现象本身的统计规律，构造一个合适的概率模型，根据该模型进行大量的统计实验，使它的某些统计参量正好是待求问题的解。地热资源评估中热储参数的精度决定评估结果的精度，在使用体积法进行地热资源评估中热储的体积、厚度和温度等参数很难给出一个确定数值。最初的方法是人为地给每个参数赋一个平均值，这种方法得到的结果往往并不准确。

美国 1975 年和 1978 年两次地热资源评价的不同之处就在于将体积法升级为蒙特卡罗方法，从而提高了评估精度。蒙特卡罗方法建立在体积法基础之上，它继承了体积法几乎所有的优缺点，但是它解决了体积法中热储参数不确定的问题。但是应用蒙特卡罗方法进行地热资源评价时相对于体积法而言，需要更多的热储资料，因此它适用于勘查程度较高地区的地热资源评价。

7. 地表流量法

地表流量法又称自然放热量法，是初步评价地热资源量中一种简单易行、成本较低的方法。地表流量法宜在勘查程度低、无法用体积法计算地热资源的情况下使用。国内在云南腾冲地热田地热资源评价中采用了这种方法。地表流量法根据某一地区自然放热量的大小来确定地热资源储量，而有些地热自然放热量较小的地热田很容易被忽略掉，即使自然放热量较高区域，地表流量法也只能作为半定量化评估。总之，这种方法只能给出地热田最小开发潜力，而地热田的实际储量可能会大很多，通过地表流量法不能定量确定地热资源储量。

8. 数值法

在地热勘探初期，由于勘查程度比较低，可用数据较少，一般采用体积法或者蒙特卡罗方法进行地热资源评估。而在勘查程度较高，具有一定开采历史的地热田，应建立地热系统流动与热量运移的数学模型，计算和评价地热储量，并作为地热田管理的工具。20 世纪 60 年代后期随着计算机技术的飞速发展，非线性偏微分方程的数值解法得以实现。地热系统中涉及质量和能量转移的耦合过程，使得地热系统的数值模拟技术远远落后于地下水和石油系统中数值模拟技术的发展。直到 20 世纪 70 年代开始逐渐出现了地热系统的模拟研究。到 1985 年已有 20 多个数学模型，这些模型既有稳定流的，也有非稳定流的，多数模型是一维和二维模型，只有两个是三维模型。其中有些模型仅考虑地热系统中地下水的流动；有些模型仅考虑地热系统中热量的运移；还有些模型同时考虑地下水的流动和热量的转移问题。三维非稳定流同时考虑地下水的流动和热量的转移的数值模型是目前应用最多且最接近实际情况的模型。随着微型计算机的快速发展，三维非稳定流的数值模拟程序相继研制成功，MUSHRM、MODFLOW 以及 TOUGH2 等软件大大促进了数值法的推广应用。数值法是进行地热资源评估最精确的方法，同时可以作为地热田预测与管理工具。但是数值法需要详细的热储参数。在地热资源开发的前期，详尽的热储参数和地热田边界条件很难获得。此外，前期的数值模型需要经过多次修正和校准才能应用到实际生产中。

第 3 章　吐哈盆地清洁能源资源

吐哈盆地的清洁能源资源较为丰富，风光资源都具有较大的开发潜力，本次考察对于清洁能源资源有了一些新的认识，得出了一些结果。

3.1　风能资源考察

3.1.1　风能资源概况

新疆风能资源：新疆“三山夹两盆”的地形形成了新疆风多、风大的气候特点。新疆是中国风力资源最丰富的地区之一，风能资源技术可开发量为 7.8 亿 kW，占全国技术可开发量的 17%，排全国第二。

1. 哈密地区风能资源概况

在新疆，被称为九大风区的达坂城、阿拉山口、十三间房、小草湖、塔城老风口、额尔齐斯河谷、三塘湖-淖毛湖、哈密东南部和罗布泊，风能资源丰富。在吐鲁番、哈密等地拥有约 15 万 km^2 具备建设大型风电场条件的风区。

作为国家“十四五”规划和 2035 年远景目标纲要中推进建设的大型清洁能源基地，新疆的风电场建设速度较快。新疆风电场建设以“集中式 + 分散式”并举，集中式风电场建设是新疆最为主要的建设模式之一，同时，新疆也在积极推动本地分散式风电场建设。

哈密千万千瓦级风电基地：哈密被国家确定为千万千瓦级风电基地之一，在新疆规划的九大风电场中，哈密有哈密东南部风区、三塘湖-淖毛湖风区、十三间房风区三个风区，风功率密度超过 $150W/m^2$，面积达 5 万多平方公里，占到全疆可供开发风区总面积的 66.3%。技术开发量达 7549.8 万 kW，约占全疆技术开发量的 62.9%，预计 2025 年电力装机规模达到 4803 万 kW，其中，风电 2704 万 kW，占总装机容量的 56.3%，位居全疆前列。2022 年以来，哈密市围绕疆电东送的实施，全力打造千万千瓦级风电基地，加快构建清洁低碳、安全高效的现代能源体系。

伊吾县三塘湖-淖毛湖风区：哈密市风能资源丰富，由新疆立新能源股份有限公司投资建设的总装机容量 6.45 万 kW 风力发电项目安全运行至今，项目总投资 3.9317 亿元，年均发电量约 1.68 亿 kW·h。项目使用新疆最大的陆地机型，提高了土地利用率。项目并网运行后，每年可减少二氧化碳排放量约 12.9 万 t，氮氧化物约为 32t，减少水耗 20.7 万 t。“百里风区”距哈密市 220km，位于天山山脉南缘，北起鄯善县小草湖、东至哈密市，面积达 $16930km^2$。十三间房就在此风区中心。这个区间常年刮大风，8 级以上大风一年达

200多天。即使平常的好天气，风力也有4～5级，极大风速能达到50.28m/s。

2023年，哈密市积极打造三塘湖、淖毛湖、十三间房和东南部四大新能源产业集群，新建成并网新能源超过100万kW，并网新能源总装机容量超过1600万kW，规模居全疆第一。其中风电1329.5万kW、光伏281.7万kW，新能源占电网总装机容量的64.32%。全市新能源发电量超230亿kW·h，占总发电量的46%。

新能源项目大规模集中开工带动了新能源装备制造业快速发展。截至2024年5月的统计数据显示，哈密市在建和待建新能源装机规模超过3050万kW，新能源装备制造业已具备年产风电整机1700万kW、发电机500万kW、叶片1200套、塔筒1300套、机舱罩650套的生产能力，风电主要装配件本地化生产率达70%以上，初步建成了全疆最大、产业链最全的风电装备制造基地和自治区级风电装备制造业产业集群。预计“十四五”末，哈密将建成满足市内、供给周边、辐射全国的新能源装备全产业链基地。

2. 吐鲁番地区风能资源概况

吐鲁番地区辖区内有著名的三十里风区和百里风区，属全国风能资源最丰富地区，被称为“陆地风库”。两个区域年刮风时间长、次数多、风力大，最大风速达到40m/s，经近年来测风数据分析，三十里风区和百里风区都具有风向稳定、风能集中、无破坏性风速等特性，非常适宜建设大型风电场。吐鲁番地区风电资源主要集中在小草湖风区。小草湖风区风能资源主要分布于吐鲁番市托克逊县，可开发利用的面积为1000km^2，风能发电量为100亿kW·h/a，小草湖有效风速小时数为5410h/a，占全年的61.9%，年有效利用小时数在180～2300h。

吐鲁番拥有较为丰富的风光资源，是大力发展风电、光伏发电等清洁能源的最佳之地，风电、光伏发电开发价值巨大。2016年，吐鲁番电网总装机容量为3929.205MW，同比增长14.12%。其中：火电总装机容量为1239MW，同比持平；水电总装机容量为37.705MW，同比增长0.13%；风电总装机容量为1636.5MW，同比增长13.76%；光伏发电总装机容量为960MW，同比增长45.45%；燃气电站14MW，余热发电42MW。这为吐鲁番市两县一区、兵团及一大批工业企业和城乡60余万各族人民生产生活提供了安全、优质、方便、清洁的电能。

吐鲁番电网内风电主要集中在小草湖片区和大唐鄯善东风电汇集站片区。2022年，小草湖片区风电总装机容量为742.5MW，其中346.5MW的风电通过110kV和35kV线路送至220kV国电小草湖北风电汇集站的中、低侧并网，即以110kV和35kV电压等级接入吐鲁番电网，小草湖片区其余风电以同样的模式直接通过220kV小草湖北接入电网。大唐鄯善东风电汇集站风电总装机容量为346.5MW，通过110kV和35kV线路送至220kV大唐鄯善东风电汇集站的中、低侧并网，即以110kV和35kV电压等级接入吐鲁番电网。

2024年，吐鲁番电网目前电源装机容量390万kW，其中风电装机容量163万kW、光伏发电装机容量96万kW。吐鲁番电网风力发电机组主要有双馈风力发电机组和直驱风力发电机组，电网中双馈风力发电机组占比较多、变流器容量较小、风能利用效率较高、散热能力较好。

3.1.2　风能资源考察发现

截至 2021 年底，新疆风电（累计并网）装机容量 24080MW，占全区总发电量的 20.9%，位居全国第三位，仅次于内蒙古和河北，年发电量 548.2 亿 kW·h，发电设备平均利用小时数为 2175h，弃风电量 43.2 亿 kW·h，弃风率 7.3%。装机规模排名前三的地区为哈密、乌鲁木齐和吐鲁番，分别占全区的 47.59%、14.1%和 8.01%，其中，乌鲁木齐地区风电装机容量 2747.25MW，哈密地区风电装机容量 11460MW，吐鲁番地区风电装机容量 1928MW。吐哈盆地风电场达到 105 家（图 3-1），风光同场的数量还较少（图 3-2）。

图 3-1　吐鲁番大唐托克逊风电场考察

图 3-2　哈密风光同场电站考察

新疆独特的区域位置和自然地理条件形成了极为丰富的风能资源，是全国风能资源最丰富的省份之一。据中国气象局发布的《2022 年中国风能太阳能资源年景公报》，我国陆上 70m 高度平均风功率密度大于等于 300W/m^2 的经济技术可开发量约为 25.7 亿 kW，其中新疆风能资源理论可开发量约为 8.72 亿 kW，经济技术可开发量约为 4.36 亿 kW，占全国的 17%，仅次于内蒙古自治区，位居全国第二。其中哈密地区的风能资源经济技术可开发量约为 75498MW，约占全疆经济技术可开发量的 62.9%，雄踞全疆第一位，吐鲁番地区风能资源经济技术可开发量也超过了 8000MW。

经过考察和调研，哈密地区风能资源理论可开发量为 220750MW，其中年平均风功率密度大于 150W/m^2 地区的风能资源理论可开发量超过 88300MW，初步估算经济技术可开发量为 75498MW。

吐鲁番地区风能资源理论可开发量约为 37500MW，其中年平均风功率密度大于 150W/m^2 地区的风能资源理论可开发量超过 15000MW，初步估算经济技术可开发量超过 8000MW。

截至 2021 年底，新疆风电（累计并网）装机容量达 24080MW，其中吐鲁番地区风电装机容量 1928MW（占全疆风电装机容量的 8.01%），哈密地区风电装机容量 11460MW（占全疆风电装机容量的 47.59%），但是，吐哈盆地风电装机容量分别仅占其经济技术可开发量的 24.1%和 15.1%，开发空间和开发潜力仍然巨大（表 3-1）。

表 3-1　吐哈盆地风光发电数据（截至 2021 年底）

地区	风能资源理论可开发量/MW	经济技术可开发量/MW	风电装机容量/MW	火电装机容量/MW	本地负荷容量/MW	风电弃风量/(亿 kW·h)	风电发电量/(亿 kW·h)
吐鲁番	37500	8000	1928	1239	2070	1.45	13.96
哈密	220750	75498	11460	8516	1600	10.16	115.4
共计	258250	83498	13388	9755	3670	11.61	129.36

1. 哈密地区风能资源

哈密位于新疆东部，天山山脉东端，东部、东南部与甘肃省肃北县、瓜州县、敦煌市为邻，南接巴音郭楞蒙古自治州若羌县；西部、西南部与昌吉回族自治州木垒县、吐鲁番市鄯善县毗邻；北部、东北部与蒙古国接壤。天山山脉横贯该地区中部，将哈密一分为二，由于特殊的地理位置和地貌，哈密地区的气候特点是风日多、风力强，素有“风域”之称。哈密地区坐拥新疆九大风区中的三个，分别为三塘湖-淖毛湖风区、哈密东南部风区和十三间房风区。风区地形以平原为主，地形条件好，交通便利，适宜大型风电场的建设，是我国重点建设的风电基地之一。

哈密东南部风区位于哈密东南的广大戈壁区域，东部与天山东段开阔地带沟通并与河西走廊相连，西至黄田农场，北起东天山脚下到南湖戈壁以东的地区，是新疆冷空气的出口，当冷空气进入北疆后，向东绕过天山的末端，气流向塔里木盆地进发，由于天山和北山之间的“狭管效应”，风速增大，具有较好的开发前景。根据哈密东南部风区主要测风塔实测风速资料计算统计，得到 70m 高度年平均风速为 6.0～7.6m/s，年平均风功率密度为 281～537W/m^2；区域内风速主要集中在 3.0～8.0m/s，风能主要集中在 10～17m/s，各测风塔以东（E）方向的风速、风能最大和频次最高。

十三间房风区位于东天山博格达山和巴里坤山之间的开口处，北起东天山南麓，南到哈密盆地，西起鄯善县楼兰，东至哈密地区了墩，主要区域位于哈密地区。当北方冷空气进入新疆，部分冷空气由东天山缺口流向东天山南麓时，在山谷的“狭管效应”和冷空气翻山下坡加速共同作用下，十三间房一带会出现强劲的北风和西北风。根据十三间房风区主要测风塔实测风速资料计算统计，得到 70m 高度年平均风速为 6.02～10.73m/s，年平均风功率密度为 409.9～2051.9W/m^2；各测风塔以北（N）、北西北（NWN）方向的风速、风能最大和频次最高。十三间房风区破坏性风速较大，根据国际电工委员会（International Electrotechnical Commission，IEC）标准判定十三间房风区适宜 IEC 标准中的 I 类或超 I 类风电机组，后续项目开发过程中，需选择合适的风电机组。

淖毛湖风区位于哈密地区北部，天山以北伊吾县淖毛湖一线，处于东疆东天山和阿尔泰山山脉之间，为一开阔的戈壁地带，长约 115km，宽约 100km，呈东西走向，是北疆气流的主要通道。根据淖毛湖风区主要测风塔实测风速资料计算统计，得到 70m 高度年平均风速为 6.5～7.07m/s，年平均风功率密度为 547～687W/m^2；区域内风速主要集中在 3.0～8.0m/s，风能主要集中在 9～16m/s，各测风塔主导风向为西北（WN）、西西北（WWN），主风向与主风能方向一致。淖毛湖风区 70m 高度 50 年一遇极大风速为 52.1m/s 左右，小于 52.5m/s，适宜选用 IEC 标准中的III类风电机组。

三塘湖风区与淖毛湖风区相邻，位于淖毛湖风区的西北部，天山以北巴里坤县三塘湖一线，处于东疆东天山和阿尔泰山山脉之间，为一开阔的戈壁地带，长约 257km，宽约 100km，呈东西走向，是北疆气流的主要通道。根据三塘湖风区主要测风塔实测风速资料计算统计，得到 70m 高度年平均风速为 7.84～8.2m/s，年平均风功率密度为 493.7～699W/m^2；区域内风速主要集中在 3.0～8.0m/s，风能主要集中在 9～16m/s，各测风塔主导风向为西（W）、西西北（WWN），主风向与主风能方向一致。三塘湖风区 70m 高度 50 年一遇极大风速为 50.5m/s 左右，小于 52.5m/s，适宜选用 IEC 标准中的III类风电机组，是理想的风电场。哈密地区风速春夏季较大，冬季较小，该地区大风月集中在 3～9 月，小风月集中在 11 月至翌年 2 月；从日内时间分布来看，哈密风能资源从凌晨 24 时开始逐渐增加，清晨 6 时达到最大，随后风速开始减小，至午后 14 时达到最小。哈密地区风能资源形成示意图如图 3-3 所示。

2. 吐鲁番地区风能资源

吐鲁番位于新疆东部，是内地连接新疆和中亚地区的重要通道，地处天山东段南麓。吐鲁番盆地中部，地理坐标在北纬 41°12′～43°40′，东经 87°16′～91°55′。吐鲁番东临哈密，西、南与巴音郭楞蒙古自治州的和静县、和硕县、尉犁县、若羌县毗连，北隔天山与乌鲁木齐市及昌吉回族自治州的奇台县、吉木萨尔县、木垒哈萨克自治县相接。

吐鲁番地区属于典型的大陆性暖温带荒漠气候，特殊地貌形成了日照充足极端干燥、降雨稀少大风频繁的气候特征，有“火州”“风库”之称；辖区内有著名的百里

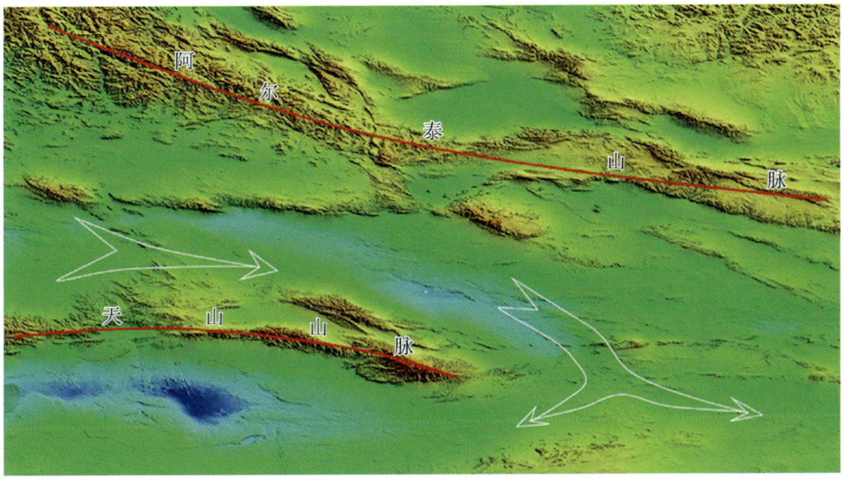

图 3-3　哈密地区风能资源形成示意图

风区，刮风时间长、次数多、风力大，最大风速达到 40m/s，具有风向稳定、破坏性风速较大等特性。

吐鲁番百里风区风能资源丰富，包含新疆九大风区中的小草湖风区和十三间房风区的部分区域（鄯善风区）。小草湖风区所在的托克逊县位于吐鲁番盆地西部，东与吐鲁番市相接，南抵尉犁县，西连和静、和硕两县，西北隔天山与自治区首府乌鲁木齐相邻。托克逊县西北部、北部地势高峻，多山谷隘口，东部海拔为–125m，同时处于后沟至三口泉的三十里风区的下游。另外，达坂城至托克逊县长约 100km、宽约 10km 的白杨河谷“狭管效应”显著，加之盆地内外强大的气压梯度，素有“风库”之称。吐鲁番鄯善风区紧邻哈密十三间房风区，属于十三间房风区末端。百里风区风能资源丰富，是建设大型风电场的理想区域。

根据中尺度再分析数据及区域内测风数据统计结果，吐鲁番 70m 高度年平均风速集中在 5.8～9.16m/s，年平均风功率密度集中在 547.31～1522.45W/m^2；各测风塔主导风向为北（N）、北北西（NNW）及北西（NW），主风向与主风能方向一致，盛行风向稳定。吐鲁番地区风速春夏季大，冬季小，大风月集中在 3～10 月，小风月集中在 11 月至翌年 2 月；风速日内变化趋势总体呈现白天小、晚间大的趋势，即凌晨 24 时开始增大，清晨 6 时达到最大值，之后慢慢减小，至午后 14 时最小。

3.2　太阳能资源考察

3.2.1　太阳能资源概况

陕西、甘肃、新疆、宁夏和青海五个省份是中国光伏建设的主要区域，约占国土面积的三分之一。气候类型以大陆性季风气候为主。这些地区生态环境脆弱，是我国荒漠区域的主要分布区。但太阳能资源相对丰富，全国平均年日照时数约为 2200h，西北绝大部分地区年日照时数大于 3000h，远高于全国平均水平。特别是青藏高原西部、青海大部、甘肃北部、新疆东部最适宜进行大规模光伏电站的开发。2021 年，新疆、西藏、西北中部和西部水平面总辐照量超过 1400kW·h/m^2，西藏大部、青海西北部等地部分地区年水平面总辐照量超过 1750kW·h/m^2，太阳能资源最为丰富。最佳斜面总辐照量和光伏发电首年利用小时数西部地区大于中东部地区。其次，“胡焕庸线”西北方土地面积占全国总面积的 64%。特别是荒漠化土地面积占比高。新疆、内蒙古、西藏、甘肃、青海五省份，其荒漠化土地面积分别为 10706.18 万 hm^2、6092.04 万 hm^2、4325.62 万 hm^2、1950.20 万 hm^2 和 1903.58 万 hm^2，分别占全国荒漠化土地总面积（26116 万 hm^2）的 40.99%、23.33%、16.56%、7.47%、7.29%，其余省份合计占全国荒漠化土地面积的 4.36%。我国西北干旱半干旱荒漠、沙漠地区恰好是太阳能资源丰富区。该区域是中国沙漠最为集中的地区，约占全国沙漠总面积的 80%，主要分布有塔克拉玛干沙漠、古尔班通古特沙漠、巴丹吉林沙漠、腾格里沙漠、库姆塔格沙漠及库布齐沙漠等。这些地区兼具丰富的太阳能资源和成本低廉的土地资源，在不占用耕地的情况下，可以被认为是光伏电站规模化建设的理想场所。因此，西北地区大量的土地资源为大型光伏电站扩大建设规模提供了良好的保障。此外，以沙漠、戈壁等荒漠地区为重点的大型光伏建设已成为“十四五”新能源发展之重，而中国西北五省份已具备广泛进行光伏建设和利用相关资源的能力，其成为光伏电站建设的主要阵地。

新疆总面积 166.04 万 km^2，地处 73°40′～96°18′E，34°25′～48°10′N。它远离海洋，深居内陆，四周有高山阻隔，海洋湿气不易进入，形成明显的温带大陆性气候。气温变化大，日照时间长，降水量少，空气干燥。新疆拥有全国 37%的风能蕴藏总量和覆盖全疆的太阳能，生物质能资源总量为 2.1035 亿 t，具有广阔的开发空间。新疆太阳能资源十分丰富，年日照时数为 2550～3500h，日照率为 60%。新疆年太阳辐射量达 5000～6400MJ/m^2，大部分属一类光照区；新疆东南部在 6000MJ/m^2 以上，西北部在 5800MJ/m^2 以下；南疆基本在 5800MJ/m^2 以上，哈密地区近 6400MJ/m^2，是全疆年太阳辐射量最大的地区。大部分地区的年日照时数为 2600～3200h，北疆地区年太阳辐射量为 5200～5600MJ/m^2，其中伊犁河谷、博尔塔拉谷地、塔城盆地、额尔齐斯河谷的年太阳辐射量约为 5400MJ/m^2；准噶尔盆地中部受地形影响云量和风沙较多，年太阳辐射量在 5200MJ/m^2 以下，是新疆平原地区年太阳辐射量最少的地区。新疆是中国年日照时数最多的地区之一，且存在自东向西减少的趋势。新疆的太阳能资源较丰富，是中国太阳能辐射的高能区之一。

从全疆来看，各地气温相差很大，影响太阳能利用的主要因素是环境温度和风沙尘暴。南疆地区冬季总是阳光普照，晴空万里，极少风雪天气，而春季虽然云雨量少，但多风沙和尘暴，地表净辐射减弱，散射分量增大；而北疆 1 月份平均气温约为–10℃，东疆和北疆地区空气中水分少、晴天多、大气透明度高，虽然太阳总辐射较弱，但直射分量较大。由以上分析得出新疆地区利用太阳能的最有利季节是夏、秋，相对不利季节在北疆为冬季、南疆为春季。所以新疆太阳能利用的最有利时节是夏、秋，而不利季节为冬、春。

3.2.2　太阳能资源考察发现

吐哈盆地太阳能资源丰富，近 30 年年平均辐照量在 435.73～1749.91kW·h/m^2，太阳能

理论蕴藏量约为 1.12×10^{15}MJ。吐鲁番地区年太阳辐射量变化范围为 5150～5800MJ/m^2，年日照时数在 2600～3200h，年平均辐照量约为 1525kW·h/m^2，年平均日照时数约为 2960h，太阳能理论蕴藏量约为 0.36×10^{15}MJ。哈密地区年太阳辐射量为 5200～6350MJ/m^2，年日照时数在 2800～3550h，年平均辐照量约为 1683kW·h/m^2，年平均日照时数达 3271h，太阳能理论蕴藏量约为 0.76×10^{15}MJ。吐鲁番地区水平面太阳能总辐射量最大的区域为鄯善县东南部，哈密地区水平面太阳能总辐射量最大的区域主要分布在东部区域。近 30 年吐哈盆地水平面年太阳辐射量在高海拔山区呈降低趋势，其他绝大部分区域都呈上升趋势，腹地上升速率大于边缘地区，但总体来说变化幅度较小。

吐哈地区太阳能理论可开发规模约为 285700 万 kW，其中吐鲁番地区约为 95700 万 kW，哈密地区约为 190000 万 kW。吐哈地区太阳能技术可开发规模约为 110400 万 kW，其中吐鲁番地区约为 30900 万 kW，哈密地区约为 79500 万 kW。吐哈地区理论发电量约 17550 万 kW·h，其中吐鲁番地区约为 4650 万 kW·h，哈密地区约为 12900 万 kW·h。吐哈地区理论上网电量约为 15790 万 kW·h，其中吐鲁番地区约为 4190 万 kW·h，哈密地区约为 11600 万 kW·h。

截至 2021 年底，吐哈地区实际并网的光伏电站共有 105 个，总装机容量约为 357 万 kW。其中吐鲁番地区实际并网的光伏电站共 34 个，总装机容量约为 111 万 kW；哈密地区实际并网的光伏电站共 71 个，总装机容量约为 246 万 kW。截至 2022 年底，新疆电网新能源装机容量达到 4065.5 万 kW，其中光伏装机容量为 1451 万 kW。吐鲁番地区新能源装机容量为 312 万 kW，光伏装机容量为 115 万 kW；哈密地区新能源装机容量为 1510 万 kW，光伏装机容量为 260 万 kW。

3.3　地热能资源考察

3.3.1　地热能资源概况

1. 水文条件

吐鲁番盆地干燥且少雨，年降水量约 16mm，日照时间长导致蒸发量较大，全年在 3000mm 以上。该区域的水资源主要源于博格达山南坡的冰川融水和山区降水，能够直接补给盆地的冰川有 200 多条，山区年降水量可达 400mm 左右。吐鲁番盆地水资源量为 4.08 亿 m^3，地表水量占 87.75%，地下水量占 12.25%，吐鲁番占全区域的比例为 38.36%，且灌溉面积也在全区首位。具体情况见表 3-2。

表 3-2　吐鲁番盆地水资源量表

地区	地表水总量/亿 m^3	地下水总量/亿 m^3	合计/亿 m^3	占全区比例/%	灌溉面积/万 hm^2	占全区比例/%
全区	9.209	1.426	10.635	100	6.4006	100
吐鲁番	3.580	0.500	4.080	38.36	2.4300	37.97

续表

地区	地表水总量/亿 m^3	地下水总量/亿 m^3	合计/亿 m^3	占全区比例/%	灌溉面积/万 hm^2	占全区比例/%
鄯善	1.930	0.300	2.230	20.97	2.3413	36.58
托克逊	3.699	0.626	4.325	40.67	1.6293	25.46

注：因数值修约，占比合计数据与分项数据加总存在一定差异。

1）地表水水文

（1）河流。吐鲁番盆地的河流主要在博格达山南面，多呈线状。河流基本特征：流域面积小、年径流总量少、比降大。河流均发源于高山区，接受降雨、冰川融水、融雪水补给，其中降雨和冰川融水比重较大。河流到出山口后由于受火焰山、盐山的阻隔，部分转化为地下水，最终均汇入艾丁湖。吐鲁番盆地的河流主要包括恰勒坎河、黑沟、煤窑沟河等五条。吐鲁番盆地五条河流特征见表 3-3。

表 3-3　吐鲁番盆地五条河流特征表

河名	经度	纬度	集水面积/km^2	河长/km	平均高程/m	年径流量/亿 m^3
恰勒坎河	89°45.13′E	43°16.24′N	100	14	520	0.0881
黑沟	89°32.09′E	43°15.03′N	180	25	550	0.3330
煤窑沟河	89°24.35′E	43°10.86′N	481	45	474	0.8081
塔尔朗河	89°04.11′E	43°16.09′N	467	50	404	0.6998
大河沿河	88°50.03′E	43°07.06′N	724	54	434	1.0540

（2）湖泊。湖泊是指湖盆及其所包含的湖水。湖水的来源多样化，大部分源自地下水和冰川。历史上，吐鲁番盆地内湖泊纵横，由于自然环境变迁和人类开发利用的影响，上游来水量逐渐减少，导致大部分湖泊消失，艾丁湖湖水面积也在逐年减小。

（3）冰川。冰川是高山地区多年形成的天然冰体。盆地内的博格达山南面分布有冰川。吐鲁番盆地内四条主要河流（除恰勒坎河）均发源于博格达山的冰川，冰川总储量达 0.74km^3。其中，煤窑沟上游冰川最多，多达近 30 条。

2）地下水水文

吐鲁番盆地地下水丰富，广泛存在于第四系沉积物中。横亘于吐鲁番盆地的火焰山和盐山将吐鲁番盆地分为既相互独立又存在水力联系的两个盆地（北盆地、南盆地）。北盆地山前到冲洪积扇中下面多为砂砾石含水层，渗透系数最高可达 60m/d，地下水运移条件较好。冲洪积扇前缘上部主要是潜水，下部是承压水，普遍潜水埋深较浅，特别是火焰山和盐山附近地下水埋深小于 5m，并多以泉出露。南盆地除少部分为单一的潜水含水层外，多为潜水、承压水并存的洪积、湖积的地下水系统，含水层自北向南逐渐变厚，颗粒分级逐渐良好，渗透系数逐渐变小。大部分区域地下水埋藏深，埋深小于 5m 区域主要出现在艾丁湖附近。吐鲁番盆地储水构造如图 3-4 所示。

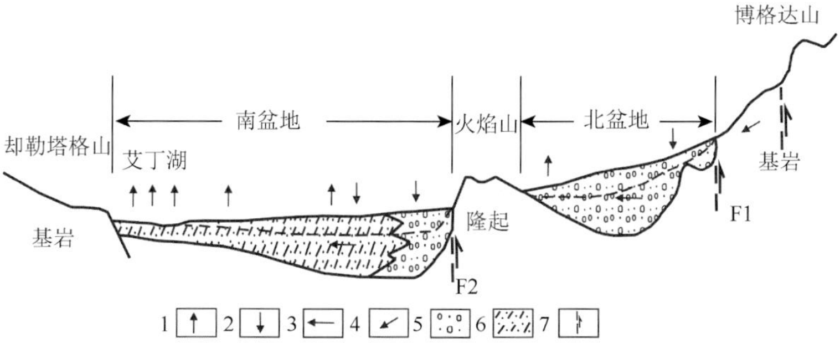

图 3-4 吐鲁番盆地储水构造

1. 蒸发排泄；2. 泉系田间渗入；3. 地下水流向；4. 侧向补给；5. 砂砾石；6. 亚砂土；7. 断层

3）地表水与地下水的转换

吐鲁番北盆地的最北端为博格达山南坡，降水、河流等为北盆地的地下水提供很好的补给。南盆地的地下水主要来源于北盆地水资源的重新转化。河流接受冰川融水补给后到出山口，由于地下水埋藏较深且含水层渗透良好，大部分河水补给地下水，河水的渗漏补给量可达到 80%以上，地下水自北向南径流为北盆地主要水文特征。由于火焰山和盐山的地形阻隔，地下水在两山北部以泉出露，泉水汇集成河流冲刷火焰山和盐山形成河谷，以地表径流流入南盆地。由于南盆地主要为戈壁且温度较高，地表径流部分蒸发，另外一部分转化为地下水，最终汇集补给艾丁湖。吐鲁番盆地的水资源从出山口到艾丁湖，完成了两次地表水到地下水的转换，具体过程如图 3-5 所示。

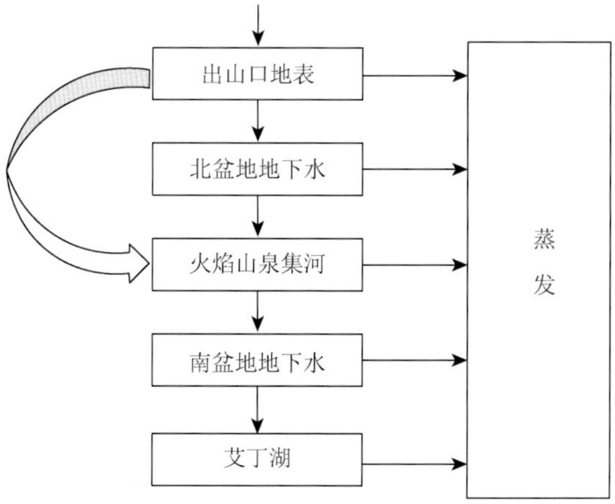

图 3-5 吐鲁番盆地水资源转换图

2. 水资源开发利用

吐鲁番盆地水利设施种类较多，已形成地表水和地下水综合利用模式。水利设施包括河流引水工程、水库、坎儿井、机电井等，每年总引水量为 51486.7 万 m^3，见表 3-4。在恰勒坎河、黑沟、煤窑沟河等五条主要河流都建有引水泵站和干渠，主要满足北盆地和部分南盆地灌溉用水，为该区域主要引水工程。除在葡萄沟建有一座中型水库外，胜金乡、亚尔镇、艾丁湖镇等几处水库均为小（Ⅰ）型水库。坎儿井是因地制宜地利用地下水的工程典范。吐鲁番盆地坎儿井总数占新疆全境 70%以上。坎儿井水量稳定，水质较好，为南盆地绿洲区的农业灌溉和生活用水提供了良好的水资源保障（表 3-4）。

表 3-4　吐鲁番盆地引水现状表　（单位：万 m^3）

地区	坎儿井	泉水	自流井	机电井	河水	水库	总引水量
全区	24896.4	17528.3	5189.5	15798.5	47964.0	19077.0	130453.7
吐鲁番	12933.4	10785.3	1469.5	8298.5	17510.0	490.0	51486.7
鄯善	8179.0	5493.0	0.0	0.0	14954.0	15517.0	44143.0
托克逊	3784.0	1250.0	3720.0	7500.0	15500.0	3070.0	34824.0

吐哈盆地具有前寒武系结晶基底及古生界褶皱基底。基底主要发育北西和北东向两组构造线，其中西部吐鲁番拗陷以北西向为主，北东向为次；东部哈密拗陷以北东向为主，北西向为次。基底构造线与结晶块体的排列组合面貌对上覆地层凹凸分布与构造带的形成和发展有重要控制作用。吐哈盆地以侏罗系构造层为主，根据盆地周缘地质条件、基底起伏、沉积盖层、构造特征等资料，将盆地侏罗系划分为吐鲁番拗陷、了墩隆起、哈密拗陷。吐鲁番拗陷再进一步划分为科牙依凹陷、布尔加凸起、托克逊凹陷、台北凹陷及艾丁湖斜坡。台北凹陷沉积厚度最大，地层发育最全，是持续沉降的凹陷，也是吐哈盆地主要产油凹陷。

吐哈盆地燕山运动中晚期以来，盆地北缘博格达褶皱带多期活动，造成南北向挤压，控制了盆地内部的构造变形。盆地内断裂、褶皱十分发育，成排成带分布，断裂构造以北西和北东向为主。断裂以北倾逆断层为主，褶皱及断裂具有多期活动的特点。印支期断裂、褶皱主要发育于盆地南部；燕山期、喜马拉雅期断裂、褶皱构造最为发育，主要分布于盆地北部凹陷。局部构造以背斜构造占优势，多依附于断层成排成带分布，发育层位集中在侏罗系及古近系、新近系。

3. 盆地现今地温场特征分析

1）地温梯度的确定及对比分析

井温测量数据是地温梯度求取最基础的原始资料，井温测量包括连续测温和油层测温。吐哈盆地地层连续测温与油层测温基本一致，其连续测温数据比较可靠，可用其求取地温梯度。东深 1 井地层连续测温与油层测温一致性很好，测温曲线具有代表性（张世焕等，2000）。另外，还有少数井地层连续测温值比油层测温值低，如台北 2 井等。这说明钻井液与地层还未达到地温平衡，地层连续测温资料可靠性差，不能用来求取地温梯度。主要利用油层测温资料和与其一致性较好的连续测温资料来求取现今地温梯度，地温梯度计算公式为

$$DT = \frac{100 \times (T - t)}{H} \tag{3-1}$$

其中，DT为地温梯度，℃/100m；H为测温点深度，m；T为深度H处的温度，℃；t为地表温度，℃。地表温度根据鄯善地区1956～1986年的气象资料取11.3℃。据公式（3-1）求得吐哈盆地不同井地温梯度，由各井的计算结果编制了吐哈盆地现今地温的梯度分布图和平面分布图。地温梯度总体上表现为东高西低，南、北两边缘低，中间部分高的特点，地温梯度呈带状分布。盆地东部的疙瘩台—红台地区地温梯度最高，为2.94～3.62℃/100m；盆地西部的胜北次凹地温梯度低，为2.51℃/100m；盆地南北边缘地带地温梯度低，为2.2～2.4℃/100m，向盆地内部地温梯度逐渐增高。在丘陵、温吉桑、火焰山、七克台、疙瘩台-红台、十三间房等构造带上地温梯度相对较高。托克逊凹陷地温梯度最低，哈密拗陷高于胜北次凹和丘陵次凹，低于小草湖次凹。吐哈盆地试油测温资料线性关系良好，全盆地代表性地温梯度为2.50℃/100m，吐哈盆地不同构造单元地温梯度有一定的差异性，其中小草湖次凹平均地温梯度为2.94℃/100m；哈密拗陷为2.75℃/100m；丘东次凹为2.56℃/100m；胜北次凹为2.51℃/100m；中央隆起带为2.58℃/100m；台南凹陷为2.53℃/100m；北部山前带地温梯度低，为2.42℃/100m；托克逊凹陷地温梯度最低，为2.32℃/100m。从现今地温梯度对比图可以看出，小草湖次凹、哈密拗陷地温梯度最高，丘东次凹、台南凹陷、中央隆起带、胜北次凹地温梯度居中，托克逊凹陷、北部山前带地温梯度最低。

2）现今大地热流值计算

吐哈盆地未进行系统的热导率测定工作，缺乏实测的热导率数据。金昕等在吐哈盆地南湖ZK361孔侏罗系地层测试热导率样品34块，地层柱热导率为（1.897±0.064）W/(m·K)（张世焕等，2000）。根据以上热导率值可计算盆地不同钻井的大地热流值（表3-5）。吐哈盆地平均地温梯度按2.50℃/100m计算，则全盆地代表性大地热流值为47.8mW/m^2。哈密拗陷大地热流值为52.2mW/m^2，小草湖次凹为55.8mW/m^2，丘东次凹为48.6mW/m^2，胜北次凹为47.6mW/m^2，台南凹陷为48.0mW/m^2，托克逊凹陷为44.0mW/m^2。

表3-5　吐哈盆地大地热流数据对比表

构造	井号	井段/m	岩性	地温梯度/(℃/100m)	热导率/[W/(m·K)]	热流值/(mW/m^2)
哈密拗陷	哈2	2191～3085	砂岩、泥岩	2.75	1.897±0.064	52.2
小草湖次凹	红台4	2180～2959	砂岩、泥岩	2.94	1.897±0.064	55.8
丘东次凹	东深1	2000～4300	砂岩、泥岩	2.56	1.897±0.064	48.6
胜北次凹	胜深3井	1000～4900	砂岩、泥岩	2.51	1.897±0.064	47.6
台南凹陷	艾参1	2000～2125	砂岩、泥岩	2.53	1.897±0.064	48.0
托克逊凹陷	托参1	2430～3100	砂岩、泥岩	2.32	1.897±0.064	44.0

从计算的大地热流值来看，吐哈盆地的大地热流值在44.0～55.8mW/m^2，大地热流值较低。吐哈盆地现今地温梯度高于塔里木盆地（1.98℃/100m）及准噶尔盆地（2.07℃/100m），

计算的大地热流值为 47.8mW/m²，也高于塔里木盆地的 39.2mW/m² 及准噶尔盆地的 35.6mW/m²。但远低于我国东部渤海湾盆地的地温梯度（3.58℃/100m）及大地热流值（61mW/m²），具有冷盆性质。

3）结论与认识

（1）通过对 116 口井试油测温资料及 38 口连续测温井资料综合分析，吐哈盆地全盆地代表性地温梯度为 2.50℃/100m，吐哈盆地地温梯度具有东高西低的特点。小草湖次凹平均为 2.94℃/100m，丘东次凹平均为 2.56℃/100m，胜北次凹平均为 2.51℃/100m，哈密拗陷平均为 2.75℃/100m，台南凹陷平均为 2.53℃/100m，托克逊凹陷平均为 2.32℃/100m。

（2）吐哈盆地估算的大地热流值在 44.0～55.8mW/m²，代表性大地热流值为 47.8mW/m²，属于冷盆性质，但地温梯度及大地热流值高于塔里木盆地及准噶尔盆地。吐哈盆地现今地温场受地壳厚度、基底埋深、基底结构及盆地构造的控制。

（3）吐哈盆地现今地温场对油气生成有明显的控制作用，现今地温控制了有效烃源岩区的分布，在台北凹陷表现十分明显。台北凹陷为持续埋藏型凹陷，七克台组、西山窑组、八道湾组烃源岩现今地温为烃源岩经历的最高温度，烃源岩现今仍处于生油过程。胜北次凹现今温度最高，其烃源岩热演化程度也高。哈密拗陷、托克逊凹陷大部分地区属抬升型凹陷，烃源岩经历最大古地温远高于现今地温，生油过程主要受古地温控制。

3.3.2　地热能资源考察发现

在前两次考察工作的基础上，本次科考发现了吐鲁番市北温泉，获得了温泉位置、流量、温度等信息，以及水质检测数据；获得了吐哈盆地典型测量点的大地热流数据；考察了吐鲁番市的唯一水源热泵项目；获得了吐鲁番市和哈密市的浅层地温能数据；哈密盆地尚未发现地热露头点以及地热利用项目。

1. 吐鲁番市北温泉

吐鲁番市北温泉位于新疆吐鲁番市北侧东天山山脉南麓，二唐沟内的阿日相果勒河上游，南距连木沁镇约 60km，312 国道从连木沁镇经过，其中 42km 为柏油马路，剩余 18km 为石子路，汽车难以通行，只能步行通过，交通较差。地理坐标为 89°53′13.9″E，43°20′11.5″N。海拔 1668m，为中山区地貌，该处地貌形态比较复杂，地形高差比较大，比高为 100～200m，沟宽约 50m，地形切割强烈，形成谷深坡陡，山峰呈锯齿状的陡峭地形。温泉出露在沟谷的半腰间，交通极不方便。目前有泉点 4 处，温度分别为 34℃、32.6℃、26.8℃、31.6℃，涌水量分别为 0.2L/s、0.2L/s、0.2L/s、0.1L/s，温泉流量较稳定，四季变化不大，温泉水清澈透明、无色、无味，泉口附近无泉华现象。该温泉位于北东 55°方向的断裂与北西向断裂的复合部位，岩石破碎，节理裂隙比较发育，主要有三组节理，其产状分别为 28°∠87°、60°∠76°、170°∠86°，并在节理中有石英充填。温泉附近出露的岩性为辉绿色凝灰砂岩及斑点状安山岩，前者呈层状构造，后者呈透镜状构造。该温泉为隆起山地对流型，为上升泉。截至 2023 年，该温泉尚未开发，当地牧民在此修建过简陋的木棚浴室，仅每年 7 月、8 月有少量当地牧民来此洗浴（图 3-6）。

图 3-6　吐鲁番市北温泉

2. 鄯善县迪坎尔乡地热田

迪坎尔乡地热田位于鄯善县西南方，距离鄯善县城 70km，行政上隶属于鄯善县迪坎尔乡迪坎尔村，地理坐标：东经 89°47′52.14″～90°01′25.87″，北纬 42°30′24.84″～42°39′23.58″。迪坎尔乡地热田以迪坎尔乡迪坎尔村为西边界，东至库姆塔格沙漠，现迪坎尔地热田位于库姆塔格沙漠及西部边缘的沉积平原，构造上属于吐鲁番—哈密山间拗陷的南部凹陷区。

鄯善县迪坎尔乡地热田根据工作布设情况，以 25℃温度等值线圈定，地热田呈椭圆状，面积 24.23km^2。鄯善县迪坎尔乡地热田为受断裂影响的大型盆地沉压型地热田，地热流体温度分级为中-低温热水型。在区域上属于层状热储，为断裂构造控制型地热田成因，0～100m 段地温梯度为 18.2℃/100m，100～500m 段地温梯度为 1.2℃/100m。鄯善县地热田热储中的第四系和新近系地热水属于低温地热田的温水，可用于温室、农田灌溉、养殖、土壤加温。

预测调查区地热异常范围：将调查区遥感解译温度异常资料、浅层测温资料、地球物理勘探资料、化探异常推测热异常范围进行叠加，研究各种方法确定的地热异常区之间的相关性，然后根据调查区控热断裂、导水断裂分布情况以及热泉、地热钻孔分布位置，综合预测调查区地热异常区为库姆塔格沙漠和平原相交边缘地带。

3. 吐鲁番市地源热泵项目

此次考察到吐鲁番市地源热泵工程项目一处，为吐鲁番市新城区小区（图 3-7），由中国科学院相关单位设计，该水源工程共由 5 个泵房机组组成，为充分开发利用地下水资源的地温能，建有注水井和回水井，深度在 140～180m，地下水温度约为 16℃，目前已经可以为 90 万 m^2 的住宅提供制冷和制热服务，大大节约了常规能源。由于吐鲁番市夏季高温炎热，因此该工程不仅冬季供暖，夏季还进行制冷。附近的园区在屋顶还配有光伏发电项目，供给居民生活用电，是较为先进的清洁能源资源综合使用的典型案例。

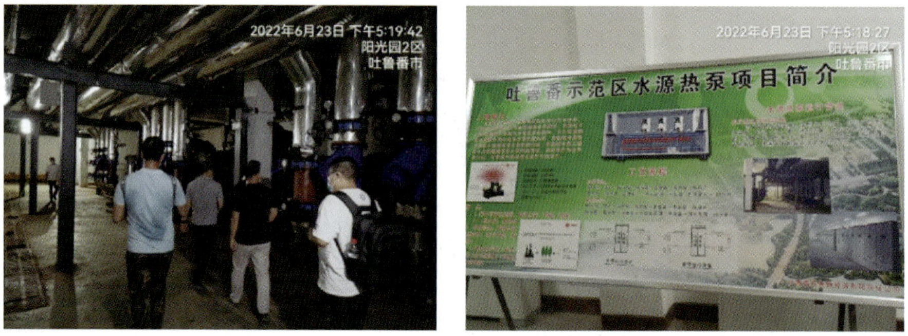

(a) 园区水源热泵机房　　(b) 园区水源热泵项目简介牌

图 3-7　吐鲁番示范区水源热泵项目

1#泵房供暖与制冷面积为 15 万 m^2，满负荷运行时共有 6 眼抽水井，12 眼回灌井。2#泵房供暖与制冷面积为 18 万 m^2，满负荷运行时共有 7 眼抽水井，15 眼回灌井。3#泵房供暖与制冷面积为 18 万 m^2，满负荷运行时共有 7 眼抽水井，16 眼回灌井。4#泵房供暖与制冷面积为 18 万 m^2，满负荷运行时共有 8 眼抽水井，16 眼回灌井。5#泵房供暖与制冷面积为 21 万 m^2，满负荷运行时共有 8 眼抽水井，16 眼回灌井。据调查，目前该水源热泵机组已经运行多年，夏季制冷效果明显，小区居民反映良好。

4. 吐哈盆地浅层地温能

1）浅层地温能简介

浅层地温能作为一种积蓄在地下（0～200m）的无形自然资源，是地球深部的热传导和热对流与太阳辐射共同作用的产物，为地表以下 0～200m 深度内温度与距离地表 1.5m 处不被阳光直接照射情况下（百叶箱）的温度之间存在常年温差而形成的能量，是两个状态不同的温度场之间存在的势能，又称作浅层地热能，属于地热资源的一部分。

浅层地温能具有可循环再生、清洁环保、分布广泛、储量巨大、埋藏较浅、可就近开发利用等特点，作为化石能源的替代资源，可以减少污染物排放。

目前关于浅层地温能资源在认识上还存在诸多争议，就目前来说主要有两大学术派别，一种观点是蓄能的观点，非可再生能源在项目设计和应用过程中必须考虑冷热平衡。另一种观点认为，该可再生低温能源是太阳能和深层地热能综合作用的结果。虽然目前对浅层地温能资源的认识尚未统一，但是利用这种资源为建筑物进行供暖和制冷已开始盛行，自 2004 年以来，我国地源热泵市场规模年增长率超过 30%，远高于同期世界 20%～22%的平均发展速度，目前已跃居世界第二位。

从节能、环保和可持续发展的角度看，浅层地温能已成为当前暖通界和地质系统共同关注的热点问题之一。

浅层地温能属于可再生绿色能源，具有地质环境和地下水恢复速度快、对大气无污染的特性；能源利用率高，比传统方式节能 50%～75%；一套设备，冬季供暖，夏季制冷，并提供日常生活热水，可实现一机三用功能，具有节约总体投资、占地少等优势。

2）吐鲁番浅层地温能

调查评价工作收集了调查区内的气象、地质、水文地质和调查区内钻孔（水井）的成孔（井）资料，以及浅层地温能开发利用成果资料，本次调查工作在调查区现有工作基础上进行，对调查区以收集资料为主，辅以少量验证性调查、取样测试等工作，调查区总面积为 36.5km^2。通过收集资料和本次地面调查取得的初步成果如下。

A. 气象水文

吐鲁番市气候异常燥热，日照充足，热量丰富，素有“火洲”之称。全年无霜期长达 270d，年日照时数达 3054h 以上，全年积温达 5500℃以上。年降水量在 10～16mm，盆地最低处的艾丁湖年降水量仅有 7.8mm 或无降水。吐鲁番市 6～8 月平均气温为 25～35℃，极端最高气温达 48℃以上，地面直射最高温度为 76.6℃，沙丘表面最高温度达 82.3℃。

吐鲁番市降水量虽然不大，但很集中，常形成时间短、强度大的降水（暴雨）。大降水量主要集中在夏季（6～8 月），占全年降水量的 70%以上，有时一次大降水量可达年均降水量的几倍，由此往往可以改变一地的降水统计特征。如根据历史气象资料，吐鲁番市 1958 年 8 月 14 日暴雨，日降水量为 36mm，是年平均降水量的 2.3 倍，明显具有爆发性强的特点。吐鲁番市冬季降雪稀少，但出现过的最大积雪厚度达 180mm（图 3-8）。

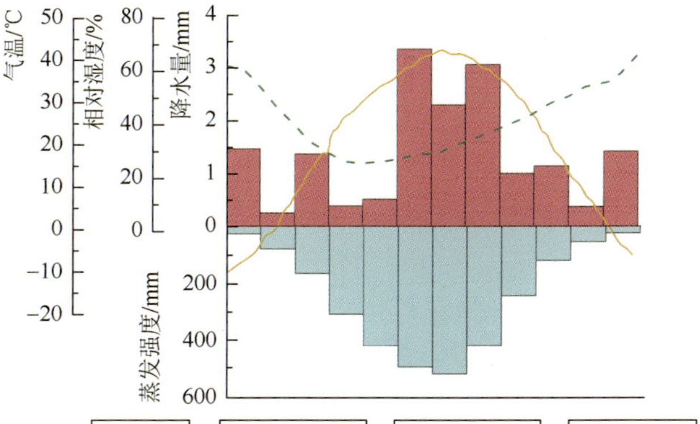

图 3-8　吐鲁番市气象要素图

吐鲁番市区域水系主要分为博格达山水系、阿拉沟水系及柯克亚河水系，主要由大河沿河、塔尔朗河、煤窑沟河、黑沟、恰勒坎河五条河组成。河水主要接受山区冰川和永久积雪融水与降雨径流共同补给，随着夏季气温上升，降水增多，山区冰雪消融，河道进入汛期，丰水期主要集中在 6～9 月，占全年流量 60%左右。最大流量在 7 月，最小流量在 2 月。其中大河沿河、塔尔朗河、煤窑沟河的河水是调查区内地下水的主要来源。吐鲁番市主要河流特征如表 3-6 所示。

表 3-6　吐鲁番市主要河流特征

河流名称	河长/km	流域面积/km^2	流域平均高程/m	多年平均年径流量/亿 m^3	实测年份
大河沿河	54.0	724	2850	1.0540	1996～2006
塔尔朗河	50.0	467	2700	0.6998	1995～2003
煤窑沟河	45.0	481	2664	0.8081	1956～2011
黑沟	25.0	180	2630	0.3330	1995～1997
恰勒坎河	14.0	100	2610	0.0881	1995～1997

葡萄沟水库位于调查区北部煤窑沟河流域葡萄沟出山口处，为一座灌注式水库。水库主要水源为第一人民干渠引煤窑沟河河水及葡萄沟泉水。每年从第一人民干渠引水 0.53 亿 m^3，葡萄沟泉水每年可引水 0.0406 亿 m^3。

B. 地形地貌

吐鲁番市调查区位于火焰山、盐山以南的范围内，为山前倾斜冲洪积平原。地形平坦开阔，地势北高南低，微向南倾，地面高程为 20～120m，地形坡降为 8‰～13‰。岩性为土黄色的粉砂、粉砂质黏土及含砾石的砂土等。该区是吐鲁番市的农业、文化、政治中心，是人类活动的聚集区。

C. 地层岩性

吐鲁番市出露的地层主要为第四系上更新统—全新统冲洪积层（Q_{3-4}^{apl}）。

吐鲁番市调查区分布在火焰山南侧的冲洪积平原广大区域。岩性主要为砂砾石、卵砾石、含卵砾石中粗砂层，砾石成分为变质岩、火山岩及少量沉积岩。砾石占 60%～70%，粒径 2～10cm 较多，卵砾石磨圆度较好，分选性中等。向南靠近盐山一带砂卵砾石层变为含砾砂、粉质黏土、黏土、粉细砂不均匀互层。表层主要为黏土、粉质黏土，厚度为 3～10m，下部为由粉质黏土、粉细砂、中粗砂、含砾砂及砂砾石组成的多层构造的不均匀互层。

D. 地质构造

吐鲁番市在大地构造上位于天山地槽褶皱系北天山优地槽褶皱带内，跨越博格达复背斜与吐鲁番—哈密拗陷两个三级构造单元，南部为康古尔塔格复背斜三级构造单元。

调查区内涉及的构造单元为吐鲁番—哈密拗陷，此构造单元是在华里西褶皱基底上发展起来的中新生代断陷盆地，由于北部山区新构造运动的抬升作用，盆地显示出北高南低的地貌特征。

吐鲁番市辖区中部仅东西走向的盐山和火焰山是一出露地表的背斜构造，其核部分别由古近系、新近系、侏罗系地层组成，背斜北翼缓，倾角 15°～30°，南翼陡，倾角 60°～80°，发育地层为侏罗系、白垩系、古近系、新近系及第四系早中更新统，岩性以砂岩、泥岩、泥质砂岩为主，是一阻水山体。

调查区内新构造运动主要表现为断裂的活动性和区域性升降活动。根据《中国地震动参数区划图》（GB 18306—2015），全区地震动峰值加速度为 0.10*g*，抗震设防烈度为Ⅶ度。

E. 水文地质条件

吐鲁番盆地是典型的内陆干旱封闭盆地，具有相对独立完整的地下水系统，中部盐山、火焰山隆起将盆地分割为南北两个盆地。调查区位于南盆地北部，为山前倾斜平原。地下水类型由北向南由单一潜水过渡为潜水、承压水共存，艾丁湖附近变为自流水，富水性由丰富到贫乏。在东西方向上，受火焰山水系及吐鲁番构造缺口的控制，表现出一定的差异，在各沟口及构造缺口地下水赋存条件好。吐鲁番市水文地质剖面如图 3-9 所示。

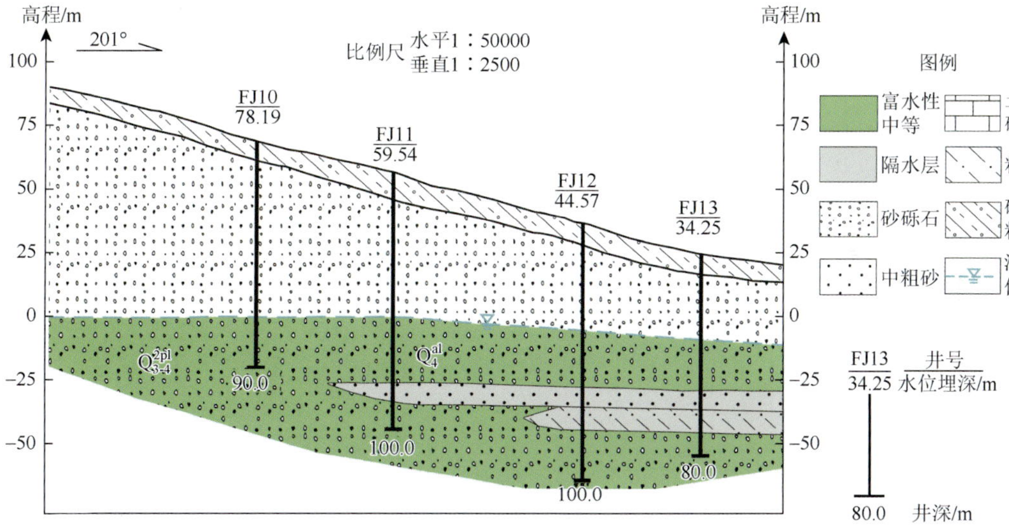

图 3-9　吐鲁番市水文地质剖面图

（1）含水层特征。南盆地在火焰山、盐山一带，分布宽 3～5km，为大厚度单一结构潜水含水层，地下水水位埋深 30～100m，单井涌水量大于 2000m^3/d，水化学类型为 $HCO_3 \cdot SO_4$-Ca·Na 型，矿化度小于 1g/L。由北向南地层渐变为多层结构砂砾石、砂、粉土、黏土，含水层主要为砂砾石、含砾砂、砂。国道 G30 南侧为潜水-承压水，表层为潜水，下部为多层结构的微承压水，单井涌水量为 1000～2400m^3/d，富水性中等，渗透系数为 5.43～39.4m/d，水化学类型为 $HCO_3 \cdot SO_4$-Ca·Na 型，矿化度小于 1g/L，局部出现 $SO_4 \cdot$Cl-Ca·Na 型水。

（2）地下水补给、径流、排泄条件。南盆地地下水补给主要来自吐鲁番构造缺口潜流和火焰山、盐山各冲沟泉水及河床潜流。地下水径流总体由北向南径流流入艾丁湖，由北向南由于含水层岩性及水力坡度的变化，地下径流条件由北向南逐渐变差。地下水主要排泄方式为泉水排泄、潜水蒸发、植物蒸腾，以及机电井、坎儿井、自流井等人工开采。

（3）地下水动态特征调查区内地下水动态类型为径流-开采型，主要受开采强度的影响，夏季 6～9 月，随着用水高峰期的来临，开采量增大，水位降低，之后随着开采量的减小，水位又得以恢复。低水位期出现在 6～9 月，高水位期出现在 2～3 月。

3）哈密浅层地温能

调查评价工作收集了调查区内的气象、地质、水文地质和调查区内钻孔（水井）的成孔（井）资料，以及浅层地温能开发利用成果资料，本次调查工作在调查区现有工作基础上进行，对调查区以收集资料为主，辅以少量验证性调查、取样测试等工作，调查区总面积为 119km^2。通过收集资料和本次地面调查取得的初步成果如下。

A. 气象水文

本区为典型的大陆性干旱气候，冬季寒冷，夏季酷热，春秋短暂多风，昼夜温差大，干燥少雨。哈密市日照充足，春季升温快但不稳定，夏季高温炎热，秋季降温快，冬季严寒。平原热、山区冷，平均气温随着地势每升高 100m，递减约 0.6℃。极端最高气温近 44℃，极端最低气温低于–35℃，1 月最冷、7 月最热。哈密市降水特点：各地降水量不均，平原少（34～38mm），山区多（200mm）；春、夏季降水集中（占全年的 70%～82%），秋、冬季雨雪稀少；年、月降水量变化大；降水量在空间上随地势增高而递增，每百米递增 3～5mm。哈密市多风且风强，全年盛行东北风和北风。百里风区穿行于哈密市境内。哈密市年平均风速最小为 2.9m/s；十三间房年平均风速达 9.3m/s，最大风速达到 48m/s，风速春季最大，夏季次之，冬季最小。

调查区内只有人工修建的引水渠，截至 2010 年，哈密市已建成渠首 17 座，建成各级渠道长 2382.3km，其中已防渗 1789.5km，防渗率为 75.1%。修建干渠 41 条，长 287.6km，其中已防渗 278.4km，防渗率为 96.8%；支渠长 463.2km，其中已防渗 362.7km，防渗率为 78.3%（表 3-7）；斗渠长 694.1km，其中已防渗 588.7km，防渗率为 84.8%；农渠长 937.4km，其中已防渗 559.8km，防渗率为 59.7%，渠系有效利用系数为 84%。

表 3-7 哈密市干、支渠情况

行政区	渠系分类	渠系长度/km	防渗长度/km	防渗率/%
哈密市	干渠	287.6	278.4	96.8
	支渠	463.2	362.7	78.3

B. 地形地貌

哈密市调查区位于冲洪积平原中下部，地形平坦开阔，整体地势为东北高西南低，地形坡降为 8‰～12‰，海拔为 760～870m。地表岩性由北向南依次为砂砾石、含砾石砂土、粉土。调查区北部为砾质平原区，中南部为细土平原区，为农业主要生产区。

C. 地层岩性

哈密市出露的地层主要为第四系上更新统—全新统冲洪积层。调查区位于冲洪积平原中下部，主要由河流及洪水沉积的砂砾石、粉砂土及亚黏土组成，厚度为20～50m。调查区北部地表岩性为砂砾石，由火山岩、灰岩、砂岩、花岗岩组成，砾石粒径一般为1～5cm，大者可见10cm以上，磨圆度好。中南部为细土平原带，为农作物种植区，岩性主要为亚黏土及粉土。

D. 地质构造

哈密市调查区属于吐鲁番—哈密山间拗陷带，该拗陷位于喀尔里克和觉罗塔格二山环抱之中，为华力西褶皱基底上发展起来的中新生代拗陷。该拗陷分为三部分：北部凹陷带、中部凸起带、南部凹陷带。调查区位于中部凸起带，位于托克逊、吐峪沟、七克台、三堡、二堡、头堡、哈密、黄田以北一线，宽7km，东西长425km。从西向东发育有两个主要构造，即托克逊冲断构造、鄯善伸展构造，位于鄯善县南。两个基岩隆起：头堡—哈密基岩隆起，顶部基岩埋深1060m，东西下降幅度分别为408m、760m；黄田北隆起，基岩埋深905m，东西下降幅度分别为143m、365m。哈密一带埋深1000m以上。

中带以北缓南陡单面山地形为特征；明显的构造不整合见于下、中三叠统之间，石炭系、二叠系之间，二叠系与侏罗系之间，侏罗系与白垩系之间，上下白垩统之间，白垩系与古近系之间以及新近系内部的中新统与上新统之间。

对调查区具有控制意义的断裂为吐鲁番—哈密盆地北缘隐伏大断裂，该断裂位于北部巴里坤山、哈尔里克山山前，断裂以北为博格达复背斜和哈尔里克复背斜，断裂呈近东西向波状延伸横贯勘查区，在南山口一带转化为南东向，该断裂为高角度逆冲断裂，断面倾向北，倾角为70°左右，断裂带宽约2km。该断裂对山前倾斜砾质平原地下水的形成起着重要的控制作用。总的延伸方向为东西向，延伸长度为300km。在断裂南侧，布格重力线表现为东西向的密集带，往南缓慢升起，在断裂以北，则布格重力线形成一系列的局部异常。

勘查区内新构造运动较为活跃，主要表现为对老构造的继承性，亦有本期构造变动的新生性，时间上具有阶段性、间歇性及振荡性，活动方式以差异性垂直升降运动为主，形成各种类型的地貌形态和沉积物。从时间上看，渐新世以前主要表现为上升运动，剥蚀作用占主导地位，造成古近系普遍缺失。渐新世晚期，构造活动日趋活跃，地壳普遍下降，周界基底断层复活，形成新的断陷盆地，广泛沉积了新近系地层。上新世以后，受喜马拉雅运动的影响，地壳又普遍抬升，发生沉积间断，遭受剥蚀。第四纪早更新世—中更新世地壳相对稳定，沉积了厚度较小的山麓相洪积层。中更新世晚期—晚更新世早期为喜马拉雅运动的最后一幕，是第四纪以来最强烈的一次构造变动，造成山体和平原进一步分异，形成了广阔的平原。

E. 水文地质条件

哈密市调查区地下水主要为第四系松散岩类孔隙潜水，下覆为新近系碎屑岩类孔隙水。含水层富水性为极丰富-丰富，南部地区为具有微承压性的地层，下部为砂岩、砾岩含水层，泥岩为隔水层。哈密市水文地质剖面图见图3-10。

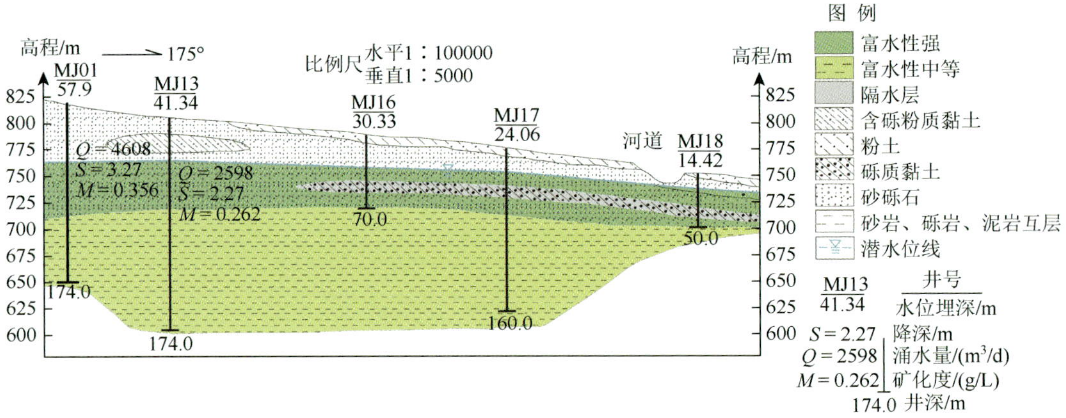

图 3-10　哈密市水文地质剖面图

（1）含水层特征。第四系松散岩类孔隙潜水主要分布在冲洪积平原，在冲洪积平原南部有少部分浅层承压水。含水层岩性为砂砾石、粗砂，表层岩性由北向南由粗颗粒砾石变为细砂、粉土、粉质黏土。第四系含水层富水性为极丰富-丰富，砂砾石地层透水性极强，第四系厚度为 50～150m，由北向南逐渐变薄。新近系碎屑岩类孔隙水，含水层岩性为砂岩和砾岩，隔水层为泥岩，具有承压性，富水性中等。根据所取水样调查区南部水化学类型为 $SO_4·Ca$ 型，矿化度为 1.549g/L，北部砾质平原与细土交会处水化学类型为 $HCO_3·Ca$ 型，矿化度为 0.239g/L。

（2）地下水补给、径流、排泄条件。地下水主要补给来源为北部山区降水入渗、上游地下水径流补给及农田灌溉回归入渗；调查区位于哈密盆地的径流区，北部山区出山口为盆地的补给区，盆地南部为地下水的排泄区，调查区内径流总体方向为由北向南径流；排泄方式为人工开采、向下游侧向径流。

第 4 章　吐哈盆地清洁能源资源发展之路

吐哈盆地的清洁能源资源开发潜力巨大，太阳能和风能资源的开发比例极低，具有很大的开发利用价值，地热能资源利用尚未起步，清洁能源资源的开发大有作为。

4.1　吐哈盆地清洁能源资源开发潜力

4.1.1　风能资源开发潜力

截至 2023 年 12 月 10 日，新疆风电装机容量超 3130 万 kW、光伏装机容量超 3000 万 kW；仅 1～9 月，新增新能源装机容量达 1369 万 kW，并网规模居全国前列。

新疆风能资源总储量约为 89000 万 kW，总面积达 7.8 万 km^2，技术可开发量约为 12000 万 kW，是我国陆上风能资源富集省区之一。全疆九大风区有三个分布在哈密地区，总面积达 5.16 万 km^2，技术可开发量为 7549.8 万 kW，分别占全疆的 66.3%和 62.9%。

新疆乃至全国精确的风光电资源可开发量，需要进一步精细化。全国风电资源目前可以见到从几亿千瓦到 14 亿 kW、25 亿 kW、30 亿 kW 等不同数据。对风电可开发量而言，既有“开发量不存在天花板”的最乐观估计，也面临实际选址中“好的资源项目已经不多了”的困惑。新疆风电资源可开发量同样也存在差异很大的不同数据：从 20 世纪 90 年代提出的 3430 万 kW，到后来的 9800 万 kW。2005 年新疆气象局发布的《新疆维吾尔自治区风能资源综合评估报告》中，提出了新疆风能技术可开发量为 25700 万 kW，其中风功率密度大于 200W/m^2 的区域面积为 4.26 万 km^2，风能技术可开发量为 17200 万 kW。2006 年，国家风力发电工程技术研究中心等单位开展了“新疆九大风区风资源工程性普查”项目，得出初步结论：新疆九大风区可装机 5.4 亿 kW。在 2014 年中国气象局编制的《全国风能资源详查和评价报告》中，新疆 70m 高度大于等于 200W/m^2 的风能资源技术可开发量为 78200 万 kW。2020 年 3 月中国气象局风能太阳能资源评估中心发布的数据显示，新疆 100m 高度风功率密度大于 200W/m^2 区域的风能资源可开发量为 103200 万 kW。2022 年 5 月国家气候中心在国外刊物发表的文章中提出新疆陆上风能为 61800 万 kW。以上不同数据既反映了对新疆风电资源可开发量逐步深化认识的过程，也说明还存在需要寻求准确说法的问题。

经过考察与评估，初步得出吐哈盆地风能资源的开发潜力如表 4-1 所示。

表 4-1　吐哈盆地风能资源统计表（截至 2022 年底）

地区	类型	资源理论可开发量/MW	技术可开发量/MW	装机容量/MW
哈密	风电	220750	75498	12502
吐鲁番	风电	37500	8200	1971

4.1.2 太阳能资源开发潜力

新疆的光电资源可开发量，仅在中国气象局风能太阳能资源评估中心 2020 年发布的《光伏扶贫太阳能资源年景评估报告（2020 年）》中被提出，新疆太阳能辐射量大于等于 $1000kW·h/m^2$、$1400kW·h/m^2$、$1700kW·h/m^2$ 区域的光伏技术可开发量分别为 511.73 亿 kW、511.27 亿 kW、150.91 亿 kW。《2022 年中国风能太阳能资源年景公报》中提出新疆集中式光伏技术可开发量为 210.54 亿 kW，分布式光伏技术可开发量为 1.44 亿 kW。

吐哈盆地太阳能资源丰富，太阳能理论蕴藏量约为 1.12×10^{15}MJ，其中吐鲁番地区为 0.36×10^{15}MJ，哈密地区为 0.76×10^{15}MJ。根据《太阳能资源评估方法》（GB/T 37526—2019）统计分析，吐哈地区年平均辐射量为 98.9%，属于很丰富等级。直射比中、高、很高等级占比分别为 5.1%、37.7%和 57.1%。直射比很高等级的区域主要集中在哈密大部分区域，高等级的区域主要集中在吐鲁番大部分区域以及哈密的西部区域，中等级的区域主要集中在吐鲁番的西部海拔较低的盆地区域。虽然不同土地利用分类的年平均辐射量范围受所在空间位置以及直射比的影响，差异较大，在 2.557～$1314.17kW·h/m^2$，但是平均值差异较小，在 1409.560～$1671.165kW·h/m^2$，因此不同土地利用分类太阳能理论蕴藏量受面积影响较大，戈壁最多，太阳能理论蕴藏量为 5.12×10^{14}MJ，其次为裸岩石质地，太阳能理论蕴藏量为 3.22×10^{14}MJ。

4.1.3 地热能资源开发潜力

目前，吐哈盆地的地热能资源开发利用工作仍处于初级阶段，经过考察和分析，对吐哈盆地的地热能资源进行了初步估算，具有一定的开发潜力。

1. 鄯善县迪坎尔乡地热田

鄯善县迪坎尔乡地热田热储中储存的热量为 3.78×10^{16}J，热储中储存的水量为 0.68 亿 m^3。根据地热田产能计算结果，开采一年可利用的热能为 6.056×10^{7}MJ（1.92MW），占地热资源量的 3.68%，属小型地热田。

2. 吐鲁番北温泉

吐鲁番北温泉热储中储存的水量为 0.85 亿 m^3，开采一年可利用的热能为 8.64×10^{9}MJ（2.74MW），占地热资源量的 4.15%，属小型地热田。

3. 吐哈盆地浅层地温能

吐哈盆地浅层地温能的储量：吐鲁番浅层地温能热容量为 1.38×10^{13}kJ/℃，哈密浅层地温能热容量为 5.02×10^{13}kJ/℃。

4.2　吐哈盆地国家风电、光伏项目规划与建设

4.2.1　风电、光伏项目

1. 吐鲁番地区

“十三五”期间，吐鲁番市充分发挥风能、太阳能丰富的资源优势，把新能源作为战略性新兴产业的发展重点，按照布局集中、产业集聚、土地集约的发展原则，充分发挥市场配置资源基础性作用，深挖各种潜力，加快新能源产业发展，逐步形成研发、制造、应用、服务一体化，构建完善的新能源产业体系，全力推进国家新能源综合利用示范基地建设，加快优势区域光伏发电及小草湖、鄯善楼兰风电工程开发建设，积极推进光热发电项目试点，鼓励支持开展中低风速风力发电开发规划建设。截至 2017 年，吐鲁番市已建成并网及在建风电项目 49 个，总装机规模 242.6 万 kW，其中已建成并网风电项目 35 个，装机规模 173.3 万 kW，在建风电项目 14 个，装机规模 69.3 万 kW。已建成及在建光伏发电并网规模 98 万 kW，其中，已建成光伏发电并网规模 96 万 kW，在建光伏发电并网规模 2 万 kW。已建成水电总规模 3.8 万 kW。

2022 年，吐鲁番市新能源总装机容量达到 305 万 kW，其中风电装机容量 194 万 kW，光伏发电装机容量 111 万 kW，年发电量达到 54.37 亿 kW·h，同比增长 6.08%，光伏发电、风电利用率分别达到 99.07%、92.58%。

唐山海泰新能科技股份有限公司“光热＋光伏”一体化项目是高昌区重大项目之一。该项目为自治区第二批市场化并网的新能源项目，位于七泉湖光伏产业园，占地面积 27.34km^2，计划总投资 61.15 亿元，主要建设 900MW 光伏＋100MW、储热时长 12h 的储热型光热发电项目。项目建成后可年新增发电量 17.86 亿 kW·h，新增产值 4.67 亿元。该项目依托吐鲁番丰富的太阳能资源，配套建设新疆首批“光热＋光伏”一体化多能互补示范工程。项目采用光伏电站和光热电站联合运行方式，建成投运后，每年可节约标准煤约 44.95 万 t，相应可减少烟尘排放量 9127t，减少二氧化氮排放量 7633t，减少二氧化硫排放量 7414t，减少二氧化碳排放量 197 万 t，可有效减轻大气污染。此外，还可节约大量淡水资源，并减少燃煤电厂产生的噪声及燃料、灰渣运输处置带来的相应环境和生态影响。

深高速新能源吐鲁番市高昌区一期 100 万 kW 光伏＋10 万 kW·h/20 万 kW·h 储能低碳产业园区一体化示范项目开工仪式于 2023 年 10 月 26 日在高昌区七泉湖光伏产业园区举行。该项目总投资 45.75 亿元，项目计划新建 100 万 kW 光伏发电，配套 10 万 kW·h/20 万 kW·h 储能，打造低碳产业园区光储一体化清洁能源示范项目。预计年发“绿电”15 亿 kW·h，相当于节约标准煤 48.7 万 t，减少二氧化硫年排放量 4143.75t，减少氮氧化物年排放量 3607t，减少烟尘年排放量 9.7 万 t，减少二氧化碳年排放量 12.77 万 t，有效促进吐鲁番经开区实现低碳转型。

2. 哈密地区

2023 年，哈密市积极打造三塘湖、淖毛湖、十三间房和东南部四大新能源产业集群，新建成并网新能源超过 100 万 kW，并网新能源总装机容量超过 1600 万 kW，规模居全疆第一。其中风电 1329.5 万 kW、光伏发电 281.7 万 kW，新能源占电网总装机容量的 64.32%。全市新能源发电量超 230 亿 kW·h，占总发电量的 46%。哈密市紧紧围绕打造国家级千万千瓦级风电基地、百万千瓦级光热基地和光伏基地，持续扩大新能源电力装机规模，加快推进“沙戈荒”大型风电光伏基地建设，努力构建千亿级新能源产业集群。

4.2.2　电力外送项目

自新疆 2010 年启动电力外送至 2022 年 12 月 12 日，在新疆累计向全国 20 个省（区、市）输送的电量中，新能源电量达到 1669.89 亿 kW·h，相当于我国少燃烧标准煤约 5051 万 t，减排二氧化碳约 13638 万 t、二氧化硫约 43 万 t、氮氧化物约 37 万 t，助力我国能源绿色低碳转型。

“疆电外送”第一通道：2010 年 11 月，新疆建成“疆电外送”第一通道——哈密—敦煌 750 千伏输变电工程，实现了新疆与全国电网的互联互通（图 4-1）。

图 4-1　哈密—敦煌 750 千伏输变电工程

“疆电外送”第二通道：2013 年 6 月，第二通道——烟墩—沙洲 750 千伏输变电工程建成投运。新疆与西北联网 750 千伏第二通道工程是西北 750 千伏主网架的重要组成部分。工程建成后，成为甘肃酒泉、新疆哈密、青海柴达木地区风能和太阳能发电的重要外送通道，有力促进新疆电力开发外送，推动能源资源实现更大范围消纳（图 4-2）。

“疆电外送”第三通道：2014 年 1 月，哈密南—郑州±800 千伏特高压直流输电工程投运，第三通道建成。哈密—重庆±800 千伏特高压直流输电工程是国家“十四五”发

图 4-2　烟墩—沙洲 750 千伏输变电工程

展规划确定的 102 项重大工程之一，起点位于哈密市巴里坤哈萨克自治县，落点位于重庆市渝北区，线路全长约 2290km，设计输电能力 800 万 kW。

“疆电外送”第四通道：2019 年 9 月，昌吉—古泉±1100 千伏特高压直流输电工程投运，首次将新疆电能直接输送到华东地区用电负荷中心。这是目前世界上电压等级最高、输送容量最大、输电距离最远的特高压工程，实现了世界高压输电领域的重大跨越，标志着新疆已经从电网建设的“追赶者”走向了“领跑者”（图 4-3）。

图 4-3　昌吉—古泉±1100 千伏特高压直流输电工程

“疆电外送”第五通道：2022 年 9 月开工建设的“疆电入渝”工程，是中国“西电东送”项目“三交（交流）九直（直流）”工程的重要组成部分，也是“疆电外送”第五条通道。工程设计输送容量 800 万 kW，线路由西北至东南途经新疆、甘肃、陕西、四川、重庆 5 个省（区、市），跨越多种地形，输电距离约 2283km。送端换流站落点为新疆哈密市巴里坤县，受端换流站落点为重庆渝北区。该工程在新疆段的输电线路长度为358km，位于哈密市、兵团第十三师辖区内。

“疆电入渝”工程配套电源规模1420万kW，其中火电400万kW、风电700万kW、光伏发电300万kW、光热发电20万kW，另配建10%～20%装机储能装置。相比其他“疆电外送”工程，“疆电入渝”工程新能源电力输送比例有大幅度增加。该工程于2022年7月启动可研工作，自治区组建成立了“疆电外送”第三通道工程推进领导小组，充分发挥横向联动、纵向协调工作机制作用，国网新疆电力有限公司同步成立了前期工作领导小组。在自治区、哈密市、兵团第十三师及相关部门的合力支持下，历时91天完成可研各项协议办理工作。“疆电入渝”工程建成后，预计每年可外送电量400亿kW·h以上，不仅能够持续推进新疆能源资源优势向经济优势转化，而且能够有效地缓解我国西南地区用电紧张问题，并为保障国家能源安全和推进碳达峰、碳中和目标作出积极贡献。

4.3　吐哈电网新能源发电占比

4.3.1　世界新能源发电量占比

近几十年来，我国发电量保持高速增长。1985年，我国发电量4107亿kW·h，仅为美国、欧洲的15%左右。2010年我国发电量4.23万亿kW·h，首次超过欧洲发电量。2011年我国发电量约4.73万亿kW·h，首次超过美国。随后我国的发电量继续高速增长，2021年我国发电量达8.3959万亿kW·h，体量和美国与欧洲合计发电量（8.4389万亿kW·h）相当。2022年我国发电量增至8.6941万亿kW·h，已超出欧美合计值（图4-4）。

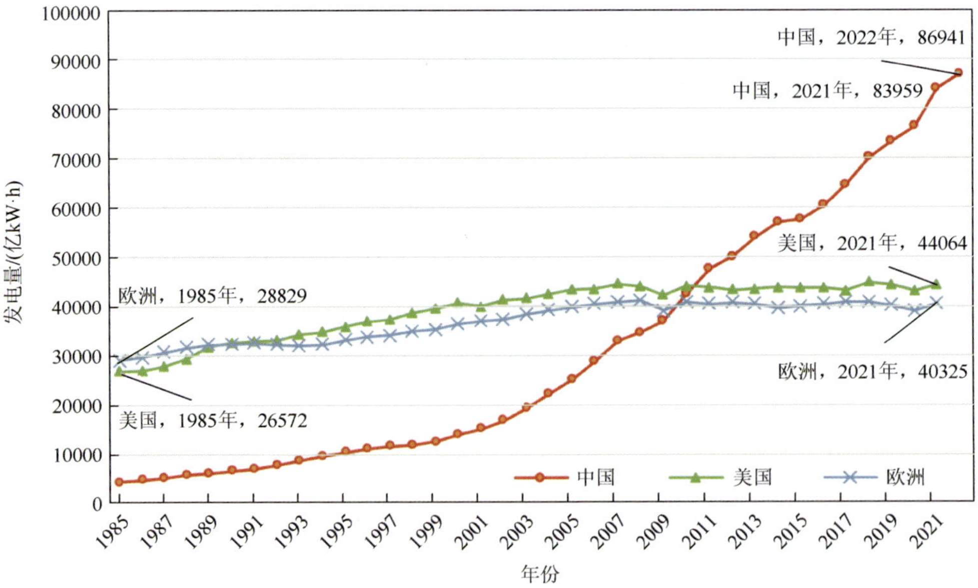

图4-4　中国、美国、欧洲发电量（1985～2022年）

德国和挪威的发电量相当于我国一个省份。2021 年德国发电量为 5845 亿 kW·h，同年我国有四个省（区）的发电量高于德国，分别为：山东 6195 亿 kW·h、广东 6154 亿 kW·h、内蒙古 6010 亿 kW·h、江苏 5867 亿 kW·h。2021 年挪威发电量为 1571 亿 kW·h，同年我国 22 个省（区、市）发电量高于挪威，仅 9 个省（区、市）体量小于挪威（图 4-5）。

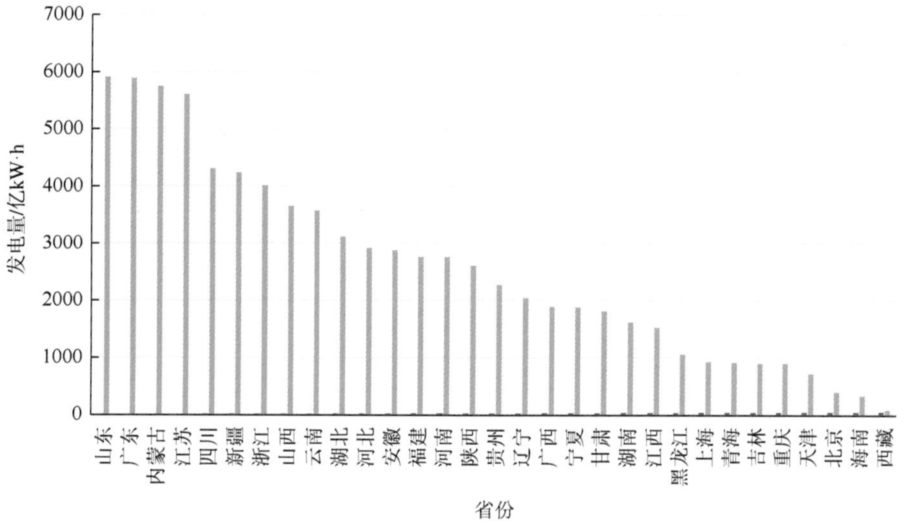

图 4-5　2021 年我国部分省份的发电量

德国和挪威是欧洲电网的组成部分。德国电网通过 30 个 220～400kV 的跨国输电通道，与奥地利、荷兰、法国、瑞士、捷克、波兰、丹麦、比利时和卢森堡等邻国电网互联，还通过海底电缆与瑞典、挪威电网互联。德国在风光大发、电网供过于求时，向邻国出口电力；风光和传统电源出力不足时，进口邻国电力，例如法国的核电；相邻国家帮助德国消纳了波动、间歇的风光发电。2020 年德国发电量 5820 亿 kW·h，当年出口电力 669 亿 kW·h，进口电力 480 亿 kW·h。2020 年，挪威发电量 1540 亿 kW·h，当年出口电力 250 亿 kW·h，进口电力 45 亿 kW·h。

综上所述，在对比新能源发展时，考虑到全世界没有一个国家的发用电量的体量和我国相当，退而求其次，可以对比我国和美国、欧洲；德国、挪威的体量相当于我国的一个省份，是欧洲大电网的组成部分，可和我国的省级电网进行对比。2021 年，我国风光发电量占总发电量的 11.7%，接近美国的 12.5%，低于欧洲的 17.3%。2022 年，我国风光发电量占比增长至 13.7%，提高 2.2 个百分点。

4.3.2　吐哈盆地新能源占比

截至 2017 年底，吐鲁番新能源装机容量为 2689.5MW，装机容量占吐鲁番总装机容量的 62%。其中风电装机容量为 1729.5MW，占总装机容量的 39.87%；光伏发电装机容量为 960MW，占总装机容量的 22.13%。联合国曾在一份评估报告中提出，到 2050 年新能源占比将达到 58%。欧盟委员会联合研究中心公布的能源发展趋势见图 4-6。

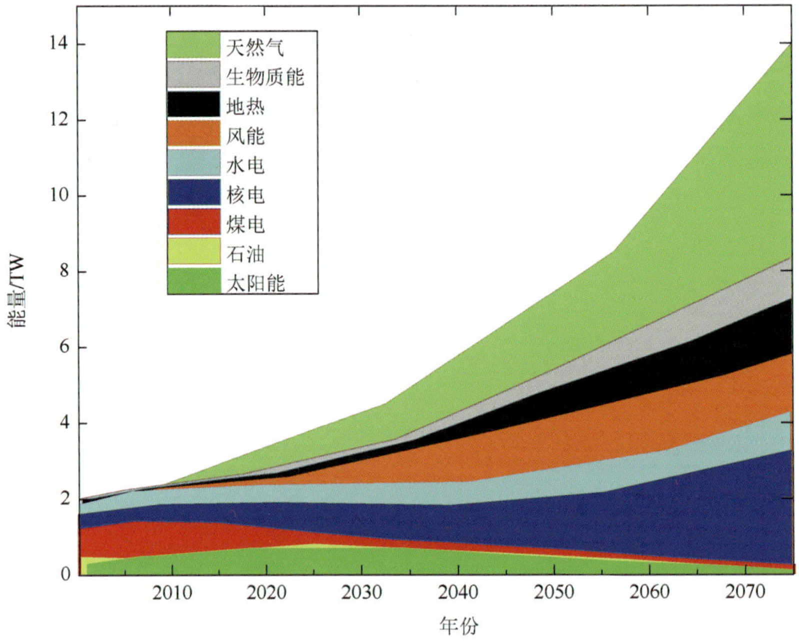

图 4-6　能源发展趋势

图 4-7 为哈密电网风电与光伏装机规模增长速度曲线，其中哈密地区风电规模与光伏装机规模在 2012～2019 年持续快速增长，而风电装机规模增长速度大于光伏的装机速度。

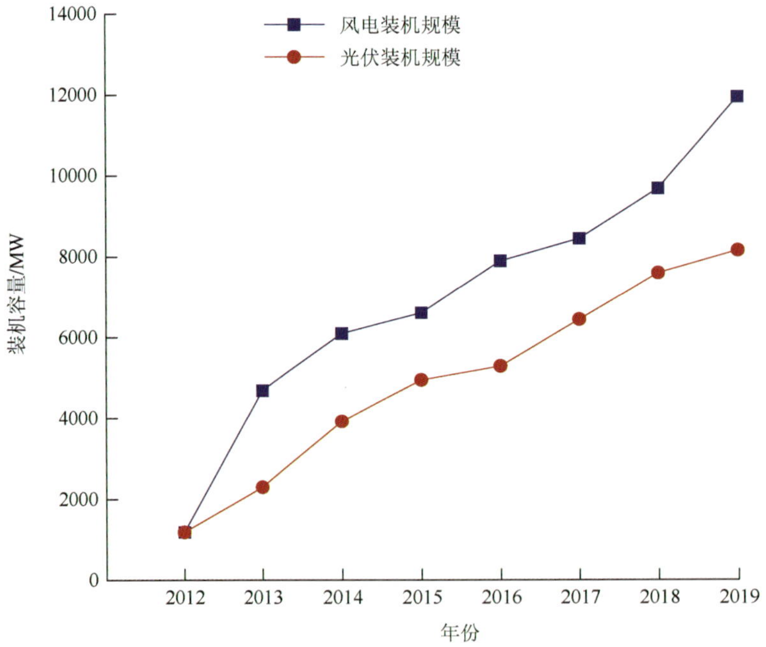

图 4-7　哈密地区风电与光伏装机规模

哈密地区拥有丰富的风能、太阳能资源。全疆九大风区中，哈密占据三席，风区总面积 5.16 万 km^2，在全疆占比 66.3%；年日照时数 3170～3380h，是全国日照最充裕地区之一。自 2010 年首座风电场在三塘湖风区并网运行以来，哈密充分发挥风能、太阳能资源优势，大力发展新能源发电产业，到 2023 年 11 月底，全市并网电力总装机容量达 2505 万 kW，其中风电 1329.5 万 kW、光伏发电 281.7 万 kW，新能源占电网总装机容量的 64.32%。

吐鲁番电网公网负荷较小，电源装机容量大，新能源装机容量占比高，是典型的送受端交替型电网。2021 年吐鲁番电网新能源发电量为 54 亿 kW·h，公网售电量仅有 56 亿 kW·h，新能源发电量已接近电网售电量。

吐鲁番电网电源以火电、风电和光伏发电为主，新能源装机容量占比高达 64%。吐鲁番电网电力主要以火电为支撑，随着规模化新能源的发展，电网新能源装机将会进一步加大。目前，吐鲁番电网火电机组中自备电厂机组占 78%。

4.3.3 我国与其他国家新能源发电量的比较

1. 我国风光发电量占比较高省（区）和德国的对比

2021 年欧洲风光发电量增速 1.5%，低于当年发电量增速（4.0%），导致风光发电量占比下降。不考虑电网体量进行对比，2021 年我国风光发电量占总发电量的 11.7%，和德国的 28.5%相比，有较大差距。

将德国和我国的风光大省（区）进行对比，2021 年青海、河北、宁夏、甘肃、内蒙古、吉林、黑龙江 7 个省（区），风光发电量占比为 18.6%～34.4%，高于欧洲（17.3%）；其中，青海的风光发电量占比为 34.4%，高于德国（28.5%），但青海发电体量小，发电量仅为德国的 16.9%；内蒙古的发电量略高于德国，风光发电量占比 19.6%，比德国低 8.9 个百分点（图 4-8）。

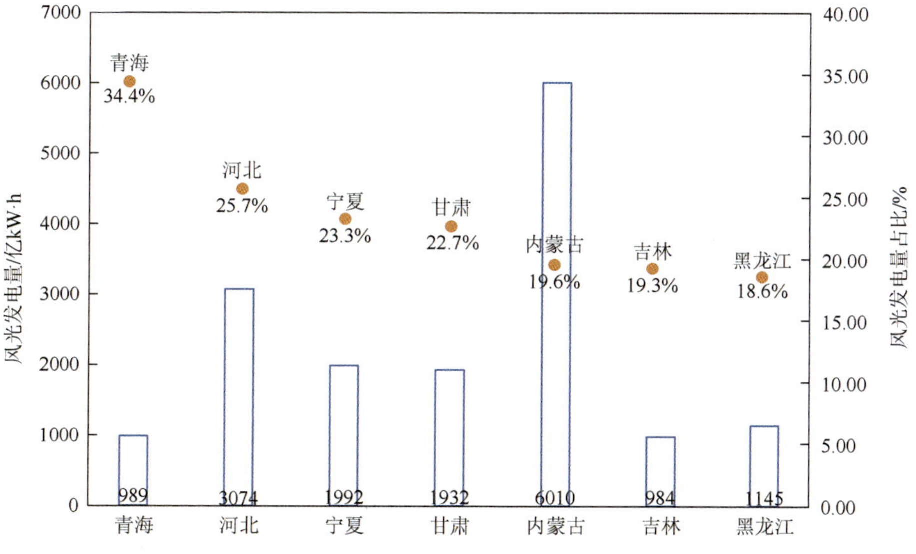

图 4-8 2021 年我国部分省（区）的风光发电情况

注：2021 年，德国风光发电量为 5845 亿 kW·h，占比 28.5%

2. 挪威和我国水电大省的电源结构对比

从水电发电量占总发电量的比例看，2021 年挪威水电发电量占比为 92.0%；我国水电发电量占比最高的 3 个省（区）分别为西藏 82.7%、四川 82.4%、云南 80.4%，低于挪威。

从水电体量看，2021 年我国有 3 个省的水电发电量超过挪威：四川 3724 亿 kW·h、云南 3028 亿 kW·h、湖北 1599 亿 kW·h，分别是挪威水电发电量（1416 亿 kW·h）的 263.0%、213.8%和 112.9%（图 4-9）。

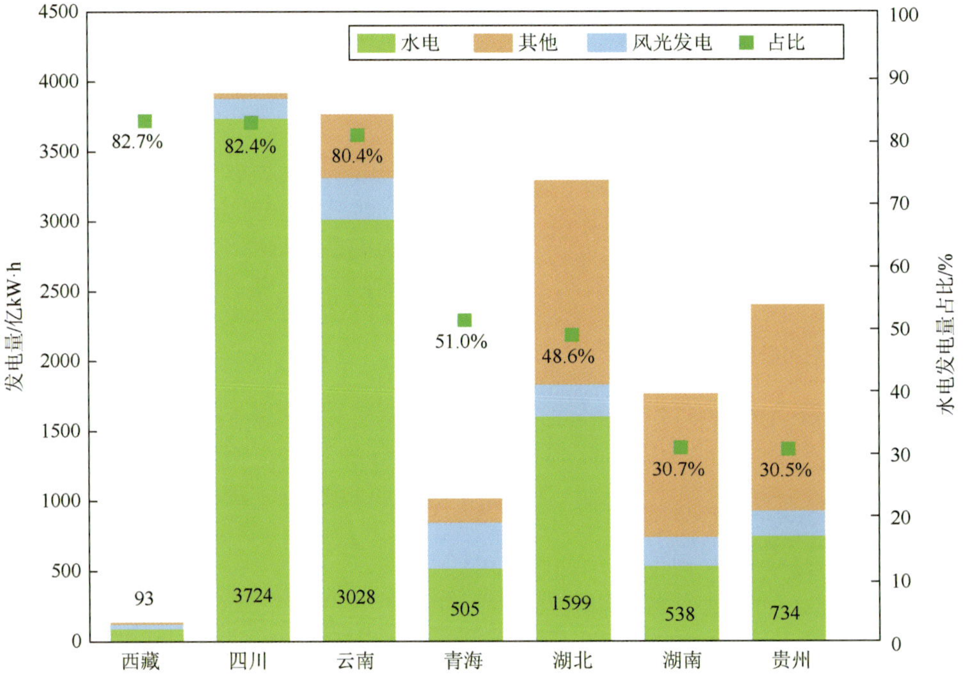

图 4-9　2021 年我国部分省（区）的水电发电情况

注：2021 年，挪威水电发电量为 1416 亿 kW·h，占比 92.0%

3. 我国消纳风光的难度高于欧美

在现有电源结构下，各国为风电、光伏调峰的主体电源为火电，其中，气电启停、爬坡迅速，是最适合为风光调峰的火电机组，煤电的调峰能力远弱于气电。抽水蓄能和化学储能的体量尚小，截至 2020 年底，全球抽水蓄能装机规模约 1.6 亿 kW，占储能总规模的 94%；水电的调峰能力受限于库容；核电适合承担基荷，调峰能力较弱。

我国富煤贫油少气，煤电是我国的主力电源，2021 年气电发电量仅占火电发电量的 5.0%，远低于美国、欧洲的 62.9%和 54.0%（图 4-10）。我国在火电调峰能力远弱于美欧的基础上，大力推广煤电的灵活性改造，提高风光的消纳能力，2021 年我国风光发电量占比 11.7%，仅比美国低 0.8 个百分点，比欧洲低 5.6 个百分点，殊为不易。

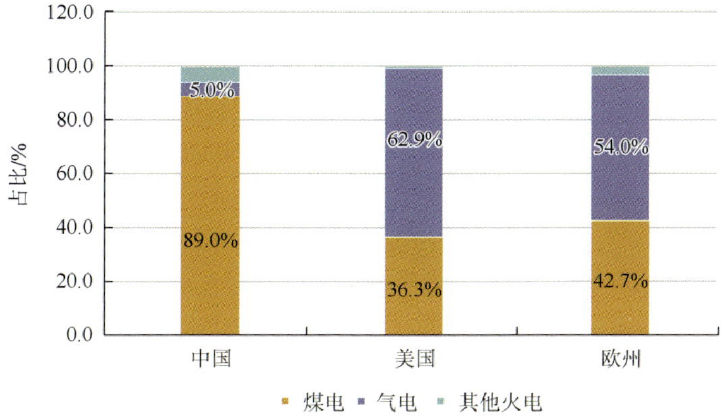

图 4-10　2021 年中国、美国、欧洲火电发电量构成

4. 客观对比我国和欧美的新能源发展进度

如果不考虑体量和电网运行模式，2021 年我国风光发电量占比为 11.7%，比德国（28.5%）低 16.8 个百分点，差距显著。

但在考虑体量的前提下，和体量为我国一半的美欧对比，2021 年我国风光发电量占比比美国仅低 0.8 个百分点，比欧洲低 5.6 个百分点，差距较小。在考虑体量和电网运行模式的前提下，将德国和我国的省级电网进行对比：青海的风光发电量占比高于德国，但青海体量较小；内蒙古发电体量略大于德国，风光发电量占比 19.6%，比德国低 8.9 个百分点，差距缩小。

不考虑体量，2021 年挪威水电发电量占比 92%，比西藏、四川、云南高约 10 个百分点；对比体量，2021 年四川、云南的水电发电量是挪威的 263%、214%。

综上所述，在世界各国低碳转型的进程中，需要理性、客观、实事求是地分析我国和欧美新能源发展的差距和现实条件的差别，但在见贤思齐的同时，也没必要妄自菲薄。我国将继续大力发展新能源、加大煤电灵活性改造力度，提高调峰、消纳能力，为达成“双碳”目标而努力。

4.4　抽水蓄能电站助力风光发电消纳

4.4.1　抽水蓄能电站

抽水蓄能电站是世界公认的可靠调峰电源及备用电源，在应急响应和适应负荷变化等方面具有显著优势，对负荷变化的反应速度快，运行调节灵活，可担负调峰、填谷、调频、调相和紧急事故备用等多种功能，对电网稳定运行和经济运行具有独特作用。

抽水蓄能是当前最具规模化和最经济的“储能”方式。利用这种独特的“储能”功能，将系统低谷时段或新能源出力大发时段电力系统不能消纳或消纳不经济的电力电量；通过抽水蓄能电站机组水泵工况将水从下水库抽至上水库储存，在此过程中是耗电的：抽水至上水库蓄存后，在电力系统负荷高峰期或新能源出力较小时段，抑或新能源出力波动较大对电网稳定造成影响时段，抽水蓄能电站机组发电，满足高峰用电需求、提高新能源利用率、减轻新能源对电网的影响。由于抽水蓄能电站自身循环效率一般为0.75～0.8，在抽水蓄存、放水发电的整个过程中是耗电的，即通常说的“四度换三度”，但消耗的是系统不能消纳或消纳不经济的电力电量，发出来的是系统需要且能消纳的高质量电能，并且在配合新能源消纳时，可减少新能源的弃电率，提高新能源利用率。

抽水蓄能电站是利用电力负荷低谷时的电能抽水至上水库，在电力负荷高峰期再放水至下水库发电的水电站，发电所需水量在下闸蓄水期间一次蓄积，发电后循环使用，发电过程本身不消耗水量，但由于上、下水库的形成，产生渗漏和蒸发损失，运行期需要向水库补充水量抵消蒸发和渗漏引起的水量损失，以维持抽水蓄能电站的正常运行。一般情况下，渗漏损失水量还回归至原河道，不减少下游河道水量，不影响下游用水。

我国已进入了一个空前繁荣的新时期。国民经济及工农业产值等急剧增长，城乡用水及电力的供应时有供不应求的现象，且日趋严重。而水利水电进展神速，一些地区水资源和水能资源已出现开发殆尽现象，再修建新的工程将受到限制，并影响水利水电的可持续发展。甚至有人认为，我国水资源和水利水电的开发利用已濒临极限。

水利水电的发展离不开当地电网。一般电网由水电和火电等组成，因水电具有较好的调峰性能，可改善电网输电质量，当该地区水能资源开发殆尽，水电不能与火电同步增长，水电所占比重低（小于 20%）时，电网中可调峰电能减少，而低谷时又造成电流周波和电压加大，影响输电质量。随着时间的推移，由于国民经济和生活质量的提高，电网的容量往往逐渐变大。但当水电发展受水能资源限制，新能源（如风电、太阳能、核电、生物质能发电等）大量兴起时，电网中水电可调峰电能比重降低。当地区电力负荷急剧变动时，更显示出调峰电源的不足。当水电发展受阻，不能与其他电源同步增长时，电网中峰谷差加大，尖峰时缺电而低谷时又有多余，这种现象将会与日俱增。尖峰时缺电，可临时增设燃气轮机等解决，而低谷时多余电能所占比重达到一定值后，将会影响电网输电质量，并增加能耗和有害气体排放量，较难处理，使电力系统的进一步发展受到阻碍。由于社会对电力的需求日益增长，我国各地区电网中主要能源煤电增加很快，而常规水电受水能资源的限制，往往不能与他种能源成比例地增加，因此电网中水电比重日益降低，这样将导致调峰电源缺乏，造成电网中能源比例失调，在不得已时常采用以下两种措施。

（1）火电机组深度调峰（大于 50%），有的甚至采用分班制，不仅造成煤耗能耗增加，还影响火电机组的稳定运行和电网输电的质量。

（2）水电弃水调峰，在我国很多以煤电或火电为主的电网，为避免因调峰而使占绝对多数的机组受阻，水电在洪水期间甚至在需要时弃水调峰。

据统计，全国 2015 年水电平均利用小时数仅为 3621h（一般水电的设计值在 4000～5000h/a）。作为水电的补充，抽水蓄能电站使水电重新步入了新的境界。虽然已无新的水能资源供开发，但可利用电力系统低谷电能，通过抽水蓄能储存转换，在尖峰时发电，蓄能运行为水利水电的发展增加了新的活力。近十年来，我国已建和在建抽水蓄能电站容量约 0.43 亿 kW。

水电不能与火电等同步增长，电网中的峰谷差日益增加。调峰电源的短缺，不仅影响电网的平稳运行和输电质量，更加剧有害气体的排放，节能减排已成为全球关注的问题。节能减排主要应从上述有关工业、交通、能源等着手，而发展抽水蓄能对各种能源可持续发展十分有利。

抽水蓄能虽不能生产电能，但可利用低谷剩余电能抽水，在峰荷时发电可调峰、填谷、调频、调相、旋转备用和应急事故备用等，故实质上起到了一种能量储存转换和改善优化等功能。当前一些电网总容量日益增加，水电比重日益下降，低谷剩余电能将与日俱增，为抽水蓄能的发展提供必要的动力。抽水蓄能与煤电、油电、气电比，跟踪负荷和调峰性能好、开停机灵活并节煤节油；与常规水电比，具有填谷功能，节能减排功效倍增。抽水蓄能电站的工程量和投资等指标优于火电和常规水电。

4.4.2 抽水蓄能电站的作用

“风光火”打捆依托特高压直流输电方式在一定程度上初步解决了新疆能源资源大规模发展面临的主要问题，但由于该方式存在局限性，在送端还需要配置一定规模的抽水蓄能电站，其主要作用如下。

1. 提高输电线路有效容量

“风光火”打捆的送端电源组合方案基本上满足了风电、光电、火电的送出需求，但部分输电容量不能作为受端电力市场的有效容量，降低了输电线路的输电质量，亦不能很好地满足受端电网的电力需求过程。由于抽水蓄能电站装机容量为系统有效容量，“风光火蓄”多能互补打捆送出方案中增加抽水蓄能电站，可提高输电线路有效容量，更好地满足受端电网电力需求。如建设哈密天山抽水蓄能电站，可相应提高哈密—郑州特高压直流输电线路有效容量（1200MW），低谷时期减少送出容量，能更好地适应受端电网的峰谷变化，降低调峰压力。哈密—重庆±800 千伏特高压直流输电系统亦可参考此类模式配套抽水蓄能电站，打捆送出风光火资源，进一步促进哈密地区能源资源开发利用。

2. 平抑风电、光电出力变幅

送端抽水蓄能电站与风电、光电配合运行能够平抑风电、光电出力变幅及瞬时变率，减少风电、光电对电网频率、无功电压的影响。抽水蓄能发电机可以提供或吸收较大无功出力，发电机具备较大的调相能力，可以动态补偿电网的无功功率，实现电网无功功率平衡和电压稳定。如哈密风电基地配套抽水蓄能电站，可以将风电、光电随机不可控的出力过程，加工成可以满足电力系统需要的高质量电能，消减风电、光电瞬时波动对电网的影响。

3. 提高可再生能源电量利用比例

送端配置一定规模抽水蓄能电站，可以在风电、光电发电出力大而不能完全送出时“抽水”，在风电、光电出力不足时发电，对风电、光电“蓄余补缺”调节补偿运行，提高风电、光电开发利用率。据初步计算，在哈密“风光火”外送输电平台中配置1200MW抽水蓄能电站，每年可多利用风电、光电电量约7.5亿kW·h，提高了风电、光电电量利用率和总体输送电量中可再生能源电量比例。同理，在其他同类地区，亦可采用此种模式进一步促进风电、光电、火电的规模化开发。

1）改善火电运行工况，逐步减小火电开发和运行规模

提高火电运行经济性。在“风光火”打捆外送的特高压直流外送输电平台中，为了尽量保证风电、光电绿色电能的送出消纳，当风电、光电出力较大时，火电最小出力被限制到装机容量的50%，特别当风电、光电出力较大且持续时间较短时，火电出力频繁变化甚至深度调峰，不仅火电设备调度、运行难度大，且影响火电机组的运行寿命、降低火电发电利用小时数、增加煤耗和运行维护费，进而影响火电运行的经济性。配置一定规模的抽水蓄能电站来跟踪负荷变化，可在较大程度上缓解火电出力的频繁调整情况，降低火电调峰率，降低煤耗，提高火电利用小时数，提高火电运行经济性。通过初步分析，在送端配套抽水蓄能电站（1200MW），可在一定时段内使火电机组调峰率由50%降低至30%左右，一定程度上提高了火电利用小时数，提高了火电的经济效益。同时，可在2030年以后火电规模逐渐减小的情况下替代火电的调峰作用。配套抽水蓄能可在保障电网安全、为可再生能源输送调峰调频和提高线路经济性方面逐步降低对火电的依赖性，逐步降低火电输送比例，降低火电开发和进行规模，减少大规模风光电开发对火电的大规模调峰、调频需求。

2）提高输电系统调度灵活性

在“风光火”打捆外送的研究中，为了提高直流送端系统的频率稳定性，按照考虑直流系统主动调频的方式进行分析计算，即由直流系统与火电机组一同承担风电、光电出力波动带来的不利影响，将风电、光电出力波动导致的频率不稳定压力部分转移至直流受端系统。在一般预测误差内，送端系统频率稳定性得到保障，同时弃风率、弃光率得到有效控制。这样的方式在技术上是可行的，但在实际运行中，过于复杂的调度运行方式也会带来诸多问题，加入抽水蓄能电站跟踪风电、光电的变化，能够大幅度减少直流系统的调整次数，降低运行调度的复杂程度，提高安全稳定性。

4.4.3　抽水蓄能电站对清洁能源消纳的作用

水利水电发展往往受限于水资源和水能资源，火电发展受限于矿石资源和有害气体的排放，核电无调峰能力，而可再生能源风能、太阳能不稳定，会随机波动，而且有间歇性。在上述电源发展受阻时，考虑蓄能运行即增设抽水蓄能后，情况往往会有大的改观，呈现新的发展空间。

抽水蓄能电站的特殊功能阐述如下。

1. 储存转换、更新利用、“丰补歉”、循环再生

可再生能源和水电、火电发展都离不开其他资源和行业的相互支持、共同提高。抽水蓄能作为水电的补充，可弥补水能资源和能源的不足，使电网中低谷时剩余电能转

换成尖峰时的电能。实质上，其作用相当于使电网中日益增长的、如不用反会带来负面影响的剩余电能转换为可再次利用的电能，和可再生能源一样，再次使用。这样，水利水电和其他资源通过抽水蓄能和电网载体可以和谐共处，共谋发展，形成可持续发展的循环机制，如图 4-11 所示。低谷抽水存入上水库，可供尖峰时再发电和需要时供水，形成了可持续发展的循环链，电和水可重复再生利用。抽水蓄能作为水电的补充可以促进水利水电和能源的可持续发展。如不设抽水蓄能，不能形成循环链，阻止了可持续发展，往往只能采用“火电深度调峰”“水电弃水调峰”或“以水定电”等不合理措施，导致电能和水能大量流失。

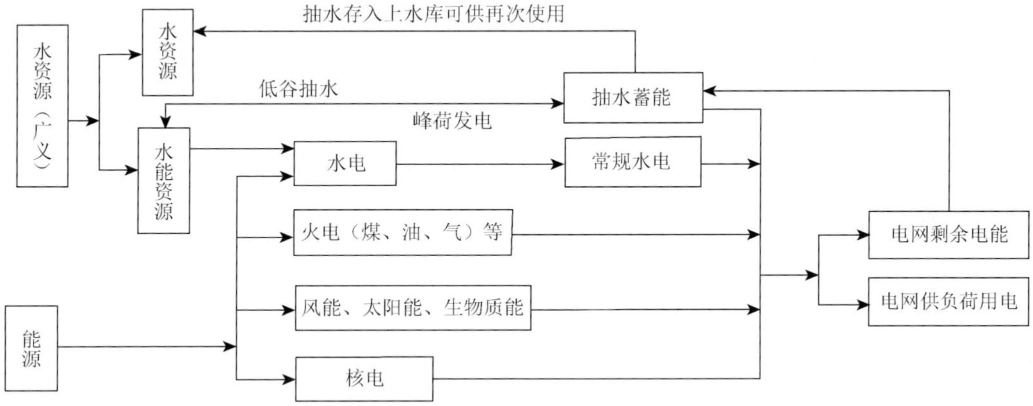

图 4-11　通过抽水蓄能形成循环链——能源可持续发展构图

2. 新的发展空间

江河入海口水域的开发。利用水下地形修建较长的挡潮闸坝以围海造地并拦蓄海水，并考虑蓄能运行，荷兰长达数十公里的 EastSchelt 闸，不仅对发展沿海滩涂有利，并对整条河流的水量调蓄都很有好处。我国长江、珠江等海口正在进行这种研究和设计。

江河上游山区河源段的开发利用又是一个新的开发空间。河源段集雨面积一般很小，只能修建小型或中型水利水电枢纽。但根据我国和欧美等地区的经验，某一小流域面积内有了抽水蓄能的参与，容量会有大幅度的增加，有时会从数万千瓦增至百万千瓦。

跨流域引水，跨地区送电。必要时可考虑抽水蓄能，这样在引水和送电范围内进行水量及电量调度，使水资源的开发利用达到更高水平。

4.4.4　抽水蓄能电站建设

2023 年 11 月 25 日，我国西北地区首台抽水蓄能机组——国家电网新疆阜康抽水蓄能电站（图 4-12）1 号机组投产发电，实现了新疆和西北电网调节性电源的新突破。这是国家电网有限公司服务新疆能源清洁低碳转型与经济社会高质量发展，推动新型电力系统和新型能源体系建设，助力实现“双碳”目标取得的又一重要成果。

图 4-12　国家电网新疆阜康抽水蓄能电站上水库

据了解，阜康抽水蓄能电站位于新疆昌吉回族自治州阜康市，由上水库、下水库、输水系统、地下厂房（图 4-13）和地面开关站等部分组成，安装 4 台单机容量 30 万 kW 的可逆式水泵水轮发电机组，总装机容量 120 万 kW。电站总投资 83.68 亿元，设计年发电量 24.1 亿 kW·h，年抽水电量 32.13 亿 kW·h。

图 4-13　地下厂房机电安装作业人员正在进行首台机组转轮调试安装

阜康抽水蓄能电站是我国西北地区首座投产发电的抽水蓄能电站，也是国家电网有限公司援疆重点建设项目。电站经济、社会、环境效益显著，将对保障电力系统安全稳定运行、推动新型电力系统建设发挥重要作用，对促进新疆地区风光资源优势转化为经济优势，推进“风光火储一体化”大型综合能源基地建设，助力“疆电外送”有重要意义。

阜康抽水蓄能电站机组投产，是推动能源清洁低碳转型，促进新能源消纳，提高电力系统灵活性的有力之举。新疆是我国重要的能源资源战略基地。截至 2023 年 7 月底，新疆电源总装机容量达 1.36 亿 kW，其中新能源装机容量占比 38%，位居全国第三、西北第一。预计到 2025 年新疆新能源并网装机容量有望达 11600 万 kW 以上，超过新疆发电总装机容量的一半，风光项目装机容量将成为新疆新增装机容量的主要来源，新型电力系统对调节电源的需求更加迫切。

抽水蓄能电站是满足电力系统调节需求的关键方式。阜康抽水蓄能电站投运后，将成为西北地区电网的“超级充电宝”，可承担电网调峰、调频、调相、储能、旋转备用和黑启动等任务，并作为新能源发电并网消纳的“稳定器”，为区域电网提供安全可靠、灵活高效、绿色清洁的电力保障。

2023 年以来，包括阜康抽水蓄能电站工程在内，国家电网有限公司已先后投产 5 座抽水蓄能电站工程共 15 台机组，装机容量 455 万 kW。2023 年 11 月，国家电网有限公司抽水蓄能电站在运、在建规模分别达到 3261 万 kW、5318 万 kW。

4.5 吐哈盆地清洁能源与传统化石能源耦合利用

当今世界正处于百年未有之大变局，气候变化加剧、能源价格飙升、经济增长乏力等多重危机叠加对联合国 2030 年可持续发展目标的实现造成严重影响。以风能、太阳能、生物质能、绿色氢能为代表的清洁能源作为下一代能源经济体系的主导因素为复合型危机提供了一种综合性的应对路径。由于化石能源消耗产生的温室气体达到全球温室气体排放的七成及以上，因此能源转型的核心是用清洁能源替代化石能源，提升能效和电力化水平，追求经济发展与碳排放“脱钩”，即 21 世纪中叶碳中和目标的实现主要依靠能源结构的重大转变。在大国竞争加剧背景下，全球清洁能源转型呈现新的发展态势，也面临多重挑战。中国在全球清洁能源转型中发挥重要作用，日益成为全球清洁能源转型的中流砥柱。

全球碳中和态势下清洁能源转型成为应对气候危机的核心方案。政府间气候变化专门委员会（Intergovernmental Panel on Climate Change，IPCC）于 2022 年发布的第六次评估报告警示，全球气候变化速度超出之前预期，多个生态领域日益迫近其临界点，全球平均表面温度升幅将在未来 20 年内达到或超过 1.5℃，气候危机将使数百万人处于粮食和水资源急剧不安全境地。在此背景下，截至 2022 年底，全球已有 139 个国家、116 个地区、241 个城市、804 家企业提出了碳中和目标，占全球 GDP 的 90%和温室气体总排放量的 88%。各国在实现碳中和的中长期路线图中均将能源部门脱碳放在首要位置，通过加大清洁能源领域投资来发展风能、太阳能、绿色氢能、核能、生物质能等清洁能源以及与之相关的绿色交通技术、数字储能技术、工业脱碳技术、可持续基建等绿色产业。

国际能源署（IEA）指出，全球清洁能源产业已经进入一个快速发展期。尽管受到新冠疫情和地区冲突所带来的供应链中断、运输延误及组件价格飙升的影响，但 2021 年可再生能源新增容量仍增长 17%，达到 314GW 的历史新高，特别是可再生能源在净新增电力中的份额达到创纪录的 84%。同时，全球电动汽车销量总计 660 万辆，比 2020 年翻了一番，显示出清洁能源转型的强劲势头。截至 2022 年 10 月，在 193 个气候变化《巴黎协定》缔约方中，183 个缔约方已将可再生能源部分纳入其国家自主贡献（nationally determined contributions，NDC）；其中 143 个缔约方提供了量化的可再生能源目标，清洁能源发展已经被各国视为实现碳中和目标的关键性支柱。2022 年 11 月，在埃及沙姆沙伊赫举行的《联合国气候变化框架公约》第二十七次缔约方大会（COP27），首次将“损失和损害问题”提上议程，并强调通过发展清洁能源切实提升脆弱国家的气候适应力与韧性治理能力。

清洁能源被视为后疫情时代经济复苏的重要绿色引擎。在后疫情时代，很多国家将绿色复苏作为建立新竞争优势的契机，着力发展绿色低碳关键科技，培育绿色新兴产业。基于清洁能源发展的绿色复苏将增强国家的经济韧性、低碳竞争力和社会复原力，在助推可持续发展目标实现的同时提振各国经济和创造就业。欧盟、美国、日本等均提出绿色复苏“一揽子计划”，加大对清洁能源的研发投资和市场开拓。特别是随着绿色和数字化双重转型态势日益明朗，智能电网、智慧储能、物联网、大数据和人工智能等新数字技术的投资和研发均提升了清洁能源在新兴智能发电和配电系统中的使用比例。

IEA 发布的《2022 年世界能源投资报告》指出，2015～2020 年，全球清洁能源投资每年仅增长 2%；但从 2020 年开始，绿色投入年增长达到了 12%。2022 年清洁能源投资超过 1.4 万亿美元，占能源投资增长总量的近 3/4。其中，可再生能源、电网、能效提升和储能占电力行业总投资的 80%以上。同时，清洁能源产业蓬勃发展带来了大量就业和投资机会。国际可再生能源署（International Renewable Energy Agency，IRENA）强调，在全球经济疲软态势下，全球清洁能源就业人数仍从 2020 年的 1200 万人持续增加到 2021 年的 1270 万人，多数工作岗位集中在太阳能光伏、生物质能源、水力发电和风力发电行业。IRENA 预测，如果能源转型措施与全球升温限制在 1.5℃以内的目标一致，到 2030 年将新增就业岗位 8500 万个（与 2019 年相比），远超损失的化石能源就业岗位。

地缘冲突下的能源危机加速全球清洁能源转型步伐。乌克兰危机导致能源市场大幅波动，化石燃料和电力价格居高不下引发了以欧盟为中心逐步波及全球的能源危机。能源安全担忧促使各国和企业都在寻求用替代品迅速取代过于单一的油气来源，即从供给多元化的角度出发，日益转向太阳能、风能等清洁能源，以减少对价格大幅飙升的进口化石燃料的依赖。特别是在技术创新推进下，清洁能源市场竞争优势显现，2010～2020 年，光伏发电、光热发电、陆上风电、海上风电的发电成本分别下降 85%、68%、54%、45%。能源危机使清洁能源在经济上更具吸引力，呈现出前所未有的强劲发展势头。IEA 预计，2022～2027 年，全球可再生能源装机容量将增长近一倍，达到 2400GW，可再生能源有望占全球电力扩张的 90%以上，到 2025 年将超过煤炭成为全球最大的电力来源。

随着清洁能源市场竞争力的攀升，各国日益重视清洁能源转型在能源安全利益保障方面的潜力。如欧盟于 2022 年 3 月发布《欧洲廉价、安全、可持续能源联合行动方案》，表示将采取加速多元化能源供应、提升清洁能源占比和提高能效等措施来降低对进口俄罗斯化石能源的依赖，特别是 2030 年将可再生能源占比从之前规划的 40%提高到 45%。在能源危机引发的国内高通胀态势下，美国政府于 2022 年 8 月紧急出台了《通胀削减法案》，该法案包含了应对气候变化、推进清洁能源转型的 3690 亿美元补贴和税收抵免，使可再生能源、绿氢、储能电池和碳捕集技术等获得前所未有的发展契机。

当前我国提出了“双碳”目标，并制定了清洁能源替代化石能源规划，在电力行业通过大力发展新能源，推动煤电的进一步去产能。

第 5 章　吐哈盆地清洁能源资源利用与开发建议

清洁能源资源的开发，也带来了一些新的问题，根据面临的问题和困难，积极进行探索，寻找解决方法。

5.1　风 能 资 源

5.1.1　风电产业遇到的主要问题及解决措施

1. 吐哈地区发展风电产业遇到的问题、困难

1）能源消纳仍然存在瓶颈

秦春艳（2021）认为新疆新能源产业经历了“十二五”时期井喷式发展，到“十三五”时期之初，新疆风电发电弃电问题严重，2016 年全疆弃风电量达到 137.2 亿 kW·h，弃风率 38.4%。“十三五”以来，新疆多措并举，不断努力推动新疆新能源产业健康有序发展，着力解决弃风弃光问题。截至 2019 年 12 月底，新疆弃风电量 66.05 亿 kW·h，弃风率下降至 13.9%。2019 年，新疆风电发电市场环境监测预警评价由红转橙，但是新能源消纳的前景仍不乐观，能源供需长期处于失衡状态。新疆自身工业发展用电量与产电量不相协调，距离用电大户的沿海开放地区较远，外送通道有限。与此同时，受外部市场的影响，新疆电网负荷、电量增长放缓，导致负荷、电量增长与电网装机增长不匹配，制约了新疆新能源消纳和开发。

2）协作配套能力弱

新疆风电产业经历了 20 余年的发展，产业发展有了一定的基础，产业链条短、产业集聚问题突出，行业基础配套能力不足在较长时间内依然存在，虽然一些配套项目已经开始建设，但从整体上看，今后一段时间内配套能力不足依然是制约行业发展的主要因素。例如，近年来部分风机制造企业退市，使得其生产的机组零部件供应及技术改造无法实施，寻找第三方供应资源迫在眉睫。目前，新疆风能企业以发电企业为主，全系统产业链建设不完整，需加强设备研发、制造、电场运维等方面的能力建设，推进产业链延伸，促进产业集聚，进一步提升风电产业发展水平。

3）更新换代设备回收再利用率低

新疆风电开发较早，风电设备装机容量大，但是不少设备已经不能满足现在电网的要求，亟待新产品替代。例如，新疆早期安装的失速型风力发电机组，虽然机组未到寿命期，但是已经不能满足电网功率控制、高低电压穿越及一次调频等要求，急需产品更新换代。但淘汰产品的回收再利用产业还未形成，大量设备淘汰，必然带来大

量固体废物，对生活环境造成极大危害。“十四五”时期，新疆积极培育发展新能源更新换代设备回收利用产业，促进老旧设备更新换代。

4）人才储备不足与引进困难并存

高校培养的人才与风电产业相关的紧缺型人才缺乏衔接，培养过程中往往缺乏一流的师资和生源，甚至一些学科专业还处于缺失状态。此外，新疆地处偏远、发展相对落后，社会保障水平以及资金待遇相对较低，大多数高校毕业生或是技术人员往往不愿意前往，客观上会造成人才发展的不平衡和人才结构的不合理，特别是高端产业复合型人才引进困难，这些都严重影响新疆区内关键技术突破。

2. 吐哈地区发展风电产业的应对措施

1）积极争取政策支持、促进风电消纳

以“十四五”规划为契机，积极对接国家涉及风电和太阳能等新能源产业发展的规划，争取国家继续支持新疆大型风电发电基地建设，适度延续风电发电上网电价补贴政策，促进新疆风电产业有序健康发展。进一步完善市场机制，促进形成新能源消纳的长效机制，推动行业可持续发展。根据新疆资源禀赋，合理制定清洁能源利用率目标，稳步提升清洁能源电量在能源消费中的占比，促进清洁能源产业健康有序发展，形成有利于清洁能源消纳的电力市场机制。着力推动清洁能源消纳模式创新，探索建立跨省跨区外送电源联合优化配置机制，采取多种措施提升电力消费需求，扩大本地消纳空间。2020 年，新疆暂停阿勒泰、塔城、阿克苏、喀什、和田、克州 6 个地区光伏、风电建设；2021 年 1～2 月，新疆地区累计风电利用率为 94.6%，同比提升了 6.8 个百分点。

2）力促产业链延伸、提升本地制造能力

（1）“十四五”期间，努力补齐新疆风能、太阳能等新能源产业链条，重点培育发展风能、太阳能相关的新材料、新技术和新工艺及高效率的零部件及成套部件能力。利用新疆的资源吸引和龙头企业引领作用，打造风能、太阳能上下游产品供给产业链。

（2）开发电能制取氢气产业。我国当前面临能源短缺与环境污染双重挑战，氢气正在成为化石能源的替代品之一，将会有非常广阔的发展前景。张春雁等（2023）认为，现阶段利用电能制取氢气的技术已经相当成熟，电解水制氢经济上可行，设备简单；利用电能制取氢气，能大大降低化工企业成本，可用电能代替传统的天然气制取氢气，减少化石能源的排放。

（3）开发风电整机配套产业。充分利用新疆风能资源及地域宽广优势，提高新疆新能源产业设备生产能力，建设原材料-零部件-产品-工程建设-生产运行-退役全寿命周期产业链条，在各个环节上扶持新疆本土企业做大做强。重点发展陆上风能发电成套装备及电机、叶片、高速齿轮箱等关键零部件。提高太阳能板转化效率及开发高模碳纤维大叶片应用技术、风电及太阳能一次调频技术。积极发展风能监测与应用装备、风电场功率预测系统、风电机组在线监测与故障诊断系统、风电机组叶片维护平台、风电场监控系统。联合疆内外高等院校、研究所等风电研发机构，搭建为风电全产业链提供技术研发、技术标准、检验认证、实验测试等综合性平台，提升智慧风机、智慧电厂的建设能力。

3）加快发展新能源服务行业、提升新能源运维能力

（1）发展运行维护能力评估服务。新能源行业运行维护涉及高空作业、电力操作等多项技能，但由于没有行业准入评估标准，运行维护人员能力和水平参差不齐，从业人员能力的不足也是造成事故发生的根源之一。新疆是风能产业的聚集地区，发展专业的运行维护能力评估服务业，并制定行业准入标准，对促进行业发展意义重大。因此，“十四五”期间应引导认证机构开展新能源运行维护评估服务。

（2）技术改进及性能提高服务。随着新能源产业的快速发展，部分运行中的设备已难以满足技术改进和升级的需求，亟待提升设备性能，使之满足不断发展的电网要求。因此，“十四五”期间，新疆可依托生产企业、科研机构、检测服务机构等开展技术改进及性能提升服务。

4）培育发展新能源产业回收利用行业、促进资源循环利用

新疆新能源产品开发较早，由于技术的革新升级及设备运行达到寿命，早期投入的新能源设备面临淘汰或者更新换代，特别是新能源产业中的一些玻璃钢叶片、废旧油脂等的回收再利用是新疆风能等新能源行业面临的问题，因此，新疆应研究培育新能源产业淘汰产品的回收再利用产业，对淘汰产品进行回收再利用，减少资源消耗及污染。可根据新疆的自然条件以及人们生活条件不断培育出新能源产业淘汰产品回收利用行业，将一些可利用的资源回收，增强能源的循环利用效率，在比较大且地理位置较好的区域设置自然资源采集基地，不断地收集自然化的能源，通过能量装置的转化，将自然界的资源转化成所需要的资源。

5）强化人才培养、适应新能源产业发展需求

针对国家发展政策，制定新疆相应配套规定，为新能源产业人才的长足发展提供政策保障。从政策上提高支持力度，保障和倾斜新能源产业逐年增加人才培养总数。推进高等教育与急需紧缺人才培养的有机结合，根据疆内企业、行业发展需要，改革人才培养模式。鼓励和引导职业院校围绕新能源产业调整专业设置，突出产教融合、校企合作。形成不同层级的专门人才队伍，提升新能源人才供给总量，优化人才结构。与此同时，为了确保新能源产业的顺利发展，需要根据实际情况提升人员对该项专业的认知度，减少偏见性认知。新疆内部企业或是国家特殊行业在招聘人才时需要考虑人员的区域接受度，不可一味地依据区域经济情况制定人才待遇，这样比较容易流失人才，可适当地给予一些其他行业或是其他地区都无法享受到的待遇，以此增强该类别产业人才的稳定性。

5.1.2　风光发绿电制氢氨醇

1. 新疆风光发绿电制氢的规划

2023 年 8 月，新疆维吾尔自治区发展改革委发布了《自治区氢能产业发展三年行动方案（2023—2025 年）》和自治区支持氢能产业示范区建设的若干政策措施。自治区将支持示范区发挥资源产业市场优势，推进重大项目布局，探索体制机制创新，创造可复制

和推广的典型经验，助力新疆氢能产业高质量发展。风光发绿电制氢的规划，以及《哈密市氢能产业示范区建设方案》指出：克拉玛依市、哈密市、乌鲁木齐市、伊犁哈萨克自治州成为新疆氢能产业发展示范区。哈密市 2025 年达到 2000 辆氢燃料电池重卡的规模。

克拉玛依市将在石油石化、数字经济、风光储能和交通及公共服务事业等十大领域推广氢能应用。特别是在白碱滩区启动的氢储能调峰电站新型储能示范项目，电站建成后将为城市提供零碳供暖，助力打造新疆第一个零碳城市。立足绿氢、绿电、绿热应用需求，围绕风光制氢、石化用氢、氢电供能规划布局。哈密市风光、煤炭等能源资源富集，富余灰氢提纯潜力达 18 万 t 以上，大规模氢燃料电池重卡长短途绿色物流大走廊正在构建，到 2025 年实现 2000 辆氢燃料电池重卡的应用规模。哈密市目标是建成西部最大氢燃料车辆应用场景、西北地区大型低成本新能源制氢基地、西氢东送重要氢源地、氢能产业链装备制造基地。伊犁哈萨克自治州推进的伊宁市绿色氢能创新应用工程，是新疆首个获得国家发展改革委批复的利用清洁低碳绿色氢能的制储加用一体化创新应用工程。乌鲁木齐市提出推动氢能产业链全面发展，打造极具竞争力的氢能产业集群。

2. 电解槽分类及介绍

电解水制氢可细分为以下 4 类技术：碱性电解水制氢技术、质子交换膜电解水制氢技术、阴离子交换膜电解水制氢技术和高温固体氧化物电解水制氢技术。其中碱性电解水制氢技术由于发展最早、技术成熟度最高，因此，目前已成功实现商业化应用。但是，碱性电解水制氢技术仍然存在环境污染、设备腐蚀、制氢效率较低（59%～70%），且启/停响应较慢等系列问题，无法完全契合高波动性可再生能源的即时存储与高效转化等相关需求。质子交换膜电解水制氢技术则具有相对较高的电解制氢效率（65%～82%），且其更为紧凑的结构特征和快速的动力学响应效率，能够更为有效地满足间歇性能源的快速存储需求，降低绿氢制取综合成本。目前该技术已基本成型，初步实现了技术的商业化转化。但其相对高昂的设备成本、贵金属催化材料的使用，以及我国在质子交换膜等核心材料领域的研究积累不足，制约了相关技术在国内市场的规模化发展进程。阴离子交换膜电解水制氢技术则结合了碱性电解水制氢技术和质子交换膜电解水制氢技术的优点，因此不仅成本较低，且能很好地适应波动性能源体系快速响应的需求。但该技术目前尚处于研发阶段，商业化应用的可行性仍有待进一步考证。相比上述电解水制氢技术，固体氧化物电解水制氢技术则属于高温电解制氢范畴，较高的工作温度条件，使该技术表现出最高的电解效率（85%～100%），但催化材料失活迅速、设备使用寿命有限以及制造成本高等问题，使得该技术目前仍处于实验论证阶段。鉴于上述电解水制氢技术的发展现状，目前，我国氢气产能结构中约 98.5%仍来自化石能源制氢和工业副产氢，而仅 1.5%来自电解水制氢。根据中国氢能联盟对未来中国氢气供给结构的预测，未来我国可再生能源制氢的占比将逐年升高，到 2050 年，约 70%的氢气将来自可再生能源电解制氢，剩余 30%则由化石能源制取以及其他制氢技术来填补。因此，电解水制氢技术在消纳风、光等波动性可再生能源方面具有巨大潜力，已被认为是未来主流绿氢制取手段，而相关技术的降本增效，则是实现其规模化发展的重点方向。

1）碱性电解槽

自 1789 年特罗斯特韦克（Troostwijk）和迪曼（Diemann）发现水电解制氢现象之后，碱性电解水制氢路线已经发展成为一项十分成熟的绿氢制取技术，其总储能规模已达兆瓦级别，是当前商业化水平最高的电解技术。碱性电解水制氢技术设备的基本结构（图 5-1），包括电极材料和隔膜等主要部件。电解槽中以高浓度氢氧化钾作为反应电解液（KOH 质量分数为 20%～30%），阴电极和阳电极分别浸润于由隔膜分离出的两个独立腔室。在阴电极端，水分子将通过电催化还原反应转化为氢气和氢氧根离子。为保持两个腔室的电荷平衡，生成的氢氧根离子将通过隔膜转移到阳电极，在阳电极界面处释放电子并生成氧气。在碱性电解水中，阳电极和阴电极往往选用过渡金属作为其析氧和析氢催化材料（一般为镍基催化剂）。早期所用的隔膜一般为石棉材质，出于对健康与安全问题的考虑，其逐渐被聚苯硫醚（PPS）无纺布等其他隔气性及亲水性好的隔膜替代。虽然该项技术目前成熟度较高，但仍然面临着严峻挑战，包括工作电流密度较低（0.2～0.5A/cm^2）以及腔室间气体产物交叉扩散。在长周期运行工况条件下，目前的隔膜材料仍无法完全阻止 H_2 和 O_2 的交叉渗透，这将导致系统的制氢效率大大受限且存在混合气体爆炸的风险。为降低气体产物的交叉扩散风险，电极与隔膜间往往保持一定间距，因此增大了两电极间的内阻值，阻碍了电流密度的进一步提升。

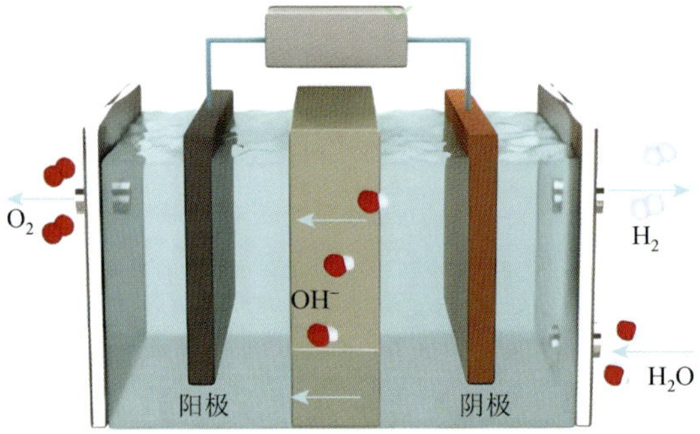

阴极: $4H_2O + 4e^- \longleftrightarrow 4OH^- + 2H_2$

阳极: $4OH^- \longleftrightarrow 2H_2O + 4e^- + O_2$

图 5-1　碱性电解槽示意图

虽然仍存在一定的挑战，但碱性电解水制氢（alkaline water electrolysis，AWE）技术低廉的设备成本和理想的技术成熟度，仍然使其成为工业电解水制氢领域的主流商业解决方案。仅 2018 年，全球 AWE 电解槽的出货量就已达到 115MW，占据电解水制氢设备全球份额的 85%。其中，作为全球最大的 AWE 设备制造国，我国国产化 AWE 制氢设备出货量也达到了 80MW。目前，该技术的规模化制氢成本已接近于传统的灰氢制备成本，且随着氢能经济的蓬勃发展，碱性电解水制氢装备正朝着大型化（吉瓦级）和集约化的方向快速发展。迄今为止，国内碱性电解槽制造商主要包括扬州中电丰业技术开发有限公司、天津大陆制氢设备有限公司、北京中电丰业技术开发有限公司等，而在国际上，挪威 Nel ASA 公司（简称 Nel 公司）则是目前单电解槽产氢能效最高的碱性电解槽设备制造商。该公司研发的 A 系列电解槽产氢量高达 3880Nm^3/h，功耗仅需 3.8kW·h/Nm^3。Nel 公司的主要业务包括制氢设备、加氢设备生产以及氢能系统工程，年产能已达 500MW，预计未来产能将突破 2GW/a。

2）质子交换膜电解槽

质子交换膜电解水技术与碱性电解水制氢技术反应机理近似，但工作原理有一定差异［图 5-2（a）］。去离子水仅从阳极进水口进入反应系统，并于阳极催化剂固液界面处被分解为氧气、质子和电子。游离态质子则通过阳离子导通膜传导并吸附于阴电极界面处，质子则与经外电路输运至活性位点的电子相遇，并重新结合生成氢气。图 5-2（b）展示了质子交换膜电解装置结构示意图。质子交换膜电解槽的主要组件包括双极板、集流器、扩散层、阴极催化剂以及质子交换膜和阳极催化剂。

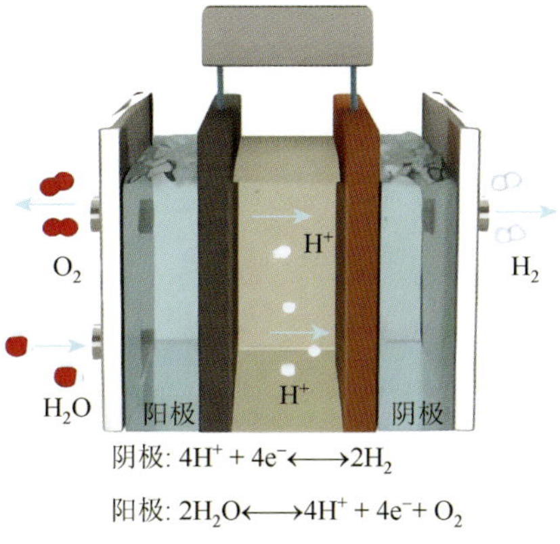

(a) 质子交换膜电解水原理示意图

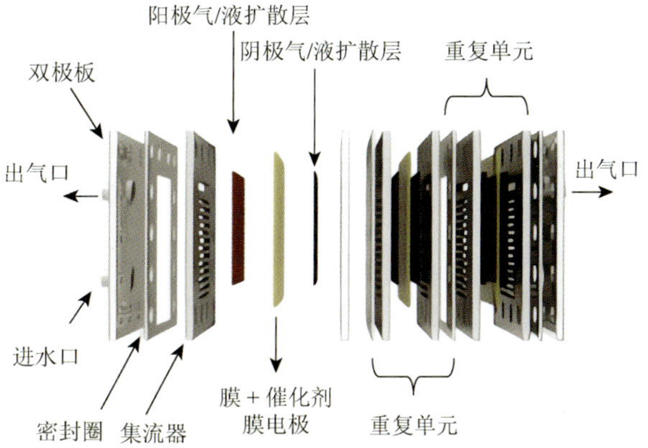

(b) 质子交换膜电解装置结构示意图

图 5-2　质子交换膜电解水原理及电解装置结构示意图

由阴/阳极催化剂和质子交换膜共同组成的膜电极组件（membrane electrode assemblies，MEA）是质子交换膜电解槽的核心，大约占据了电解池设备成本的 24%。目前，在绝大部分质子交换膜电解（proton exchange membrane electrolysis，PEMC）相关研究工作中，其膜电极的制备方法主要为催化剂涂覆膜电极（catalyst-coated membrane，CCM）策略。该方法主要是将阴极以及阳极催化剂与膜材料相对应的离聚体溶液[例如，一定浓度的 Nafion 溶液］分别配制成浆液，并均匀涂敷于膜电极两侧。然后，在 100～150℃以及一定的压力条件下进行热压处理。阴极/阳极催化剂涂层主要用于提高电极处电荷输运效率以及降低对应反应的活化能；而离聚体的添加则能有效提升质子从催化剂层向膜材料界面的传输速率，从而降低电解过程中的系统性欧姆损失，提升整体电解效率。上述制备方法中催化剂以无序的随机堆叠形式分布于质子导通膜界面处，这一分布形式将不可避免地在一定程度上造成催化剂利用率的下降，导致催化界面电流分布不均，加速局部催化材料老化失活。因此，提升膜电极的制备方法是降低膜电极成本、提高膜电极稳定性，进而推动质子交换膜电解水技术商业化进程的关键手段之一。目前众多研究者开始关注于有序化、一体化式膜电极构筑技术的开发，以有效提高膜电极稳定性及质子交换膜水电解（proton exchange membrane water electrolysis，PEMWE）设备整体性能。

在质子导通膜材料的选择方面，目前最为常见的膜材料为全氟磺酸聚合物膜，如 Nafion 膜、Fumapem 膜、Flemion 膜和 Aciplex 膜等。上述商业化膜材料具有独特的性能，如高强度、高氧化稳定性、高结构稳定性、良好的耐久性和高质子电导率。在一众商业化质子导通膜中，由杜邦公司生产的 Nafion 膜（如 Nafion115、Nafion117 等）是第一个实现商业化投产的质子交换膜。Nafion 是一种由电中性半结晶聚合物主链聚四氟乙烯（PTFE）和具有侧链离子基团SO_3^-（聚磺酰氟乙烯基醚）与特定的反离子组成的随机无规共聚物，目前也是质子交换膜电解槽中被广泛使用的膜材料。这主要是因为上述商业化 Nafion 膜在高电流密度（$2A/cm^2$）条件下，仍具有高耐久性、高质子传导性和良好的机械稳定性等独特优点。但是，尽管 Nafion 膜已实现广泛的商业化应用，其高昂的成本仍然是 PEMWE 产氢规模进一步提升的巨大障碍。因此，开发新一代高效、廉价的高性能质子交换膜，对 PEMWE 市场化规模的提升同样有着显著的现实意义。

在催化剂方面，目前商业化 PEMWE 的膜电极中分别使用铱基催化剂和铂基催化剂作为其阳极和阴极催化材料，以保证 PEMWE 具有高效且稳定的电催化析氧和析氢反应性能。为了降低膜电极制备成本，大量的研究工作在保持理想活性和稳定性前提下，有效降低贵金属用量或设计新型酸性稳定非贵金属催化剂。对于阴极析氢反应（hydrogen evolution reaction，HER），其活性位点对界面吸附 H 原子（H*）的结合能强度是该反应的关键性描述符，对 HER 活性起着决定性的影响。对于高活性 HER 催化剂，其活性位点对质子的吸附能（吉布斯自由能）需遵循萨巴捷（Sabatier）原理。具体来说，当活性位点对 H*的吸附能太高时，会导致 H*难以进一步偶联形成 H_2；反之则会导致界面处 H*密度过低，同样将抑制 H_2 的形成。由于铂族贵金属活性位点对质子的吸附能接近理想值，因此表现出了优异的 HER 催化活性。但是，即使是在理想情况下，1TW 氢气产能的 PEMWE 设备最少需要使用 54t Pt 金属，目前，PEM 装置阴极 Pt 用量通常在 0.2～1.0mg/cm^2，为了有效降低贵金属在阴极端的使用量，目前较为常见的方式是将贵金属活性物种以不同纳米、亚纳米或者单原子结构等形式高效分散在相对廉价的高导电性基底材料之上；同时，将贵金属与廉价过渡金属复合形成合金或异质结构同样也能通过材料性能的优化从而实现贵金属用量的减少。相比于阴极析氢反应这一伴随质子转移的 2 电子输运过程，包含 4 电子输运过程的阳极析氧反应（oxygen evolution reaction，OER），由于反应能垒（活化能）相对更高和反应动力学缓慢，成为电解水制氢过程中的关键性限速过程。而且阳电极处于高氧化性、高腐蚀性酸性反应环境对 OER 催化材料的腐蚀抗性提出了严峻挑战。目前仅有高腐蚀抗性的铱（Ir）基催化剂（如 IrO_2）被广泛应用于 PEM 电解槽的阳电极端。但贵金属 Ir 的市场价格十分高昂，已达到贵金属 Pt 的 2 倍及以上。若按目前 Ir 用量 1.0～2.5g/kW 进行估计，即使将全球 Ir 年生产量（7.0～7.5t）完全用于 PEMWE 装置，也仅能满足 3.0～7.5GW PEMWE 装置的组建需求，远远无法满足 2030 年的预期目标（100GW）。作为相对廉价且具有更高电催化析氧活性的钌（Ru）基催化材料，已被公认为是最具市场前景的 Ir 基催化剂替代材料。但是，Ru 基催化剂在酸性反应体系中的长周期稳定性仍然备受挑战，远不及 Ir 基催化材料。因此，通过元素掺杂、界面修饰、异质结构构建、固溶体设计等方式对 Ru 基催化剂进行活性与稳定性优化，成为目前实现 PEM 系统降本增效的主要手段之一。

除膜电极以外，双极板和集流体同样也对 PEMWE 的系统功效起着重要作用。工作过程中水分子在质子交换膜界面处解离出大量质子，导致反应过程中膜电极界面处的 pH 保持在 1～3（具体 pH 由反应条件决定）。因此，双极板和集流体不仅需要良好的导电能力，而且必须在酸性反应体系中保持较高的腐蚀抗性和氧化抗性。此外，集流体还需要具有理想的孔隙率和孔体积，以保证反应溶液与催化剂的良好接触以及气体产物的有效分离与排出。通常来说，钛基材料被认为是目前较为理想的阳极端双极板和集流体材料。该材料往往具有独特的物化特性，包括理想的导电性和酸性氧化体系腐蚀抗性。目前多孔钛材料包括钛网/钛毡已被广泛地用于 PEMWE 系统中，以促进各组件之间的长周期稳定电荷传输。

气体扩散层同样也是 PEM 电解槽的重要组成部分。扩散层的主要作用为支撑催化剂层、稳定电极结构、提供气体传输通道等。扩散层具有如下特点：具有合适的孔隙结构以加速气/液分子的传输；具有良好的导电性，以降低系统内阻；具有理想的机械性能和酸性体系腐蚀抗性以确保系统稳定性。一般，阴极侧将选择多孔碳材料作为扩散层（碳纸、碳布），而阳极侧则倾向于选用高腐蚀抗性金属材料如钛毡、钛板、泡沫钛、不锈钢等以抑制气体扩散层的氧化腐蚀。

总之，质子交换膜在电解过程中可以提供较高的质子电导率、有效抑制气体产物穿梭、具有紧凑的整体结构设计、设备占地面积小、电流密度高（$>1A/cm^2$）且可实现更高的操作压力。不仅如此，质子交换膜电解槽的响应速度可达到毫秒级，使得该技术可以灵活应对可再生能源的绿电波动问题。尽管近年来 PEM 电解槽的市场仍保持增长态势，但最新的技术经济分析结果显示，目前 1MW 级别 PEM 电解槽的制氢成本接近 5 美元/kg，仍是美国能源部 2030 年目标（1 美元/kg）的 5 倍左右，设备固定成本和电力成本较高仍然是目前阻碍 PEMWE 商业化规模进一步扩大的主要制约因素。

3）高温固体氧化物电解槽

高温固体氧化物电解水装置主要由阴电极、固体氧化物电解质层和阳电极等共同构成［图 5-3（a）］，在高温条件下（600～1000℃），水蒸气在阴极区域被分解成 O^{2-} 和 H_2，O^{2-} 通过固体氧化物电解质层在阳极区失去电子变成 O_2［图 5-3（b）］。高温电解过程可通过热能的利用进而降低 20%～30%电能需求。但是高温反应条件也带来较大弊端，如对各个部件的高温稳定性提出了严苛挑战。同时，阳极端高温强氧化反应条件也对相关材料界面电化学稳定性提出了较大挑战。另外，反应过程中氧化界面欧姆电阻的提升等问题将显著影响系统整体性能。高温固体氧化物电解中的关键材料包括阴极材料（一般采用镍-氧化钇稳定氧化锆多孔金属陶瓷）、阳极材料（主要是钙钛矿氧化物材料）和固体氧化电解质材料（氧离子导体）。对于阴极材料，由于其长期处于还原性反应环境下，Ni/YSZ（yttria-stabilized zirconia，氧化钇稳定氧化锆）复合电极结构易在高温还原性条件下发生原子结构的演化，进而影响催化性能。因此，混合离子-电子电导的钙钛矿类材料仍然无法在还原性高电压条件下稳定运行，导致电流密度始终较小。阳极材料则面临着高温氧化条件下性能衰减等问题。有关研究工作认为相关性能衰减可能是由阳电极材料界面处分压分布不均以及界面处材料脱层所引起。同时，高温电解池设备的运行条件也将显著影响设备性能。例如，合理调控电解电压能够使其高温电解池保持热中性状态，避免由电堆内温度与外部温度差异而导致的吸热放热现象。日本东芝能源系统株式会社一直在推进高温固体氧化物电解技术，其小型电解池预期寿命已可达4～5年。总体而言，高温固体氧化物电解水技术目前还处于实验验证阶段，需要克服包括热冲击失效在内的一系列问题，因此距离其全面商业化应用仍有一定距离。

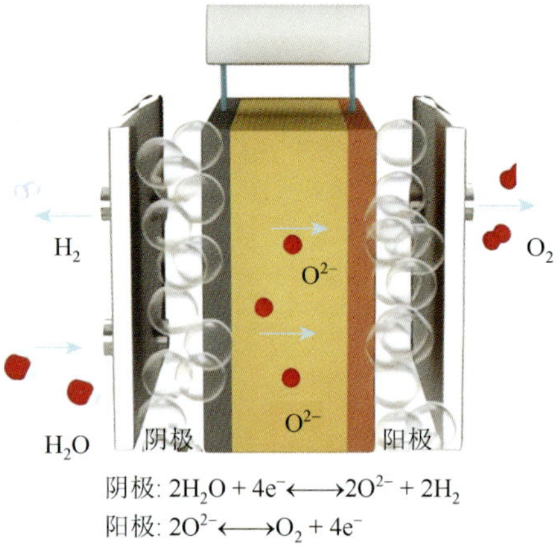

(a) 高温固体氧化物电解水原理示意图

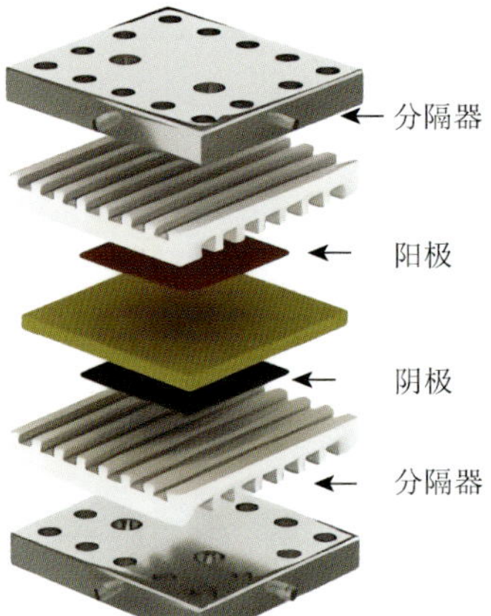

(b) 高温固体氧化物电解槽器件装置示意图

图 5-3　高温固体氧化物电解水原理及电解槽器件装置示意图

可逆固体氧化物燃料电池（reversible solid oxide cell，RSOC）是燃料电池中最先进的一种，它在同一设备上既可以作为固体氧化物燃料电池（solid oxide fuel cell，SOFC）对外界供电或者进行热电联产，又能作为固体氧化物电解池（solid oxide electrolytic cell，SOEC）利用电能电解水生成氢气和氧气，具有能量密度高、使用寿命长、转换率高、使用中无自放电现象且无放电深度及电池容量限制等优点。同时，它配合太阳能、风能、潮汐能等可再生能源可以实现自给工作，因而被认为是解决可再生能源时间和地域不连续性的一种有效途径。

4）碱性阴离子交换膜电解槽

碱性阴离子交换膜电解水制氢技术在延续碱性电解水技术的反应条件与催化材料基础上，有效结合了PEMWE技术的结构优势。如图5-4（a）所示，其反应原理与碱性电解水保持一致。去离子水（或碱性电解液）从阴阳极同时进入反应系统，H_2O分子在阴极催化剂界面处被转化为H_2和OH^-，OH^-通过阴离子交换膜传导至阳极界面处，经由电催化析氧反应转变成O_2和H_2O。图5-4（b）则展示了碱性阴离子交换膜电解装置结构示意图。仅需将膜电极中的质子交换膜替换为阴离子交换膜，即可实现PEM向AEM（anion exchange membrane，阴离子交换膜）电解槽的转变。相比PEMWE，阴离子交换膜水电解（anion exchange membrane water electrolysis，AEMWE）可以使用成本低廉的过渡金属基催化材料作为阴极和阳极反应催化层，大大降低催化剂成本；而相比于AWE，AEMWE中膜电极结构具有更低的系统内阻，能有效实现大电流密度下（>1A/cm^2）的高纯氢气制取。因此，AEMWE被认为是一种极具商业化潜力的低成本绿氢合成技术，从而得到了学术界和工业界的广泛关注。

离子交换膜是 AEMWE 关键部件，既作为 OH^-传输介质，又可有效防止氢气氧气产物交叉渗透引发危险。理想的阴离子交换膜需满足如下性能要求：①高的 OH^-传导速率（80℃，30% KOH 需大于 200ms/cm，纯水需大于 140ms/cm）；②高电化学稳定性（离子电导率以及区域电阻在运行超过 50000h 后需保留 80%）；③高结构稳定性（50000～100000h）；④低氢氧渗透率（离子交换膜材料的设计与开发仍是相关领域亟待攻克的主要难题）。

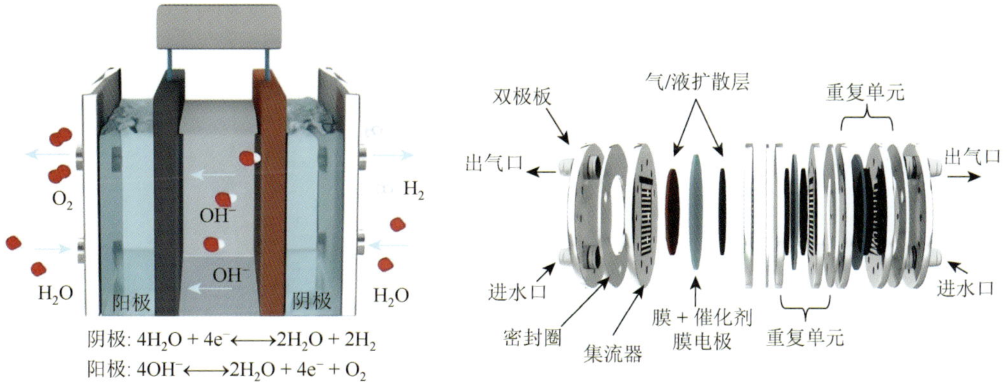

(a) 碱性阴离子交换膜原理示意图　　(b) 碱性阴离子交换膜电解装置结构示意图

图 5-4　碱性阴离子交换膜原理及电解装置结构示意图

几种主流的电解制氢技术对比，如表 5-1 所示。

表 5-1　电解制氢技术对比

特性	碱性电解水制氢	质子交换膜电解水制氢	固体氧化物电解水制氢	阴离子交换膜电解水制氢
压力/bar	1～30	1～35	—	1～35
温度/℃	60～80	50～90	600～1000	50～90
电流密度/(A/cm^2)	0.2～0.5	1.0～3.0	0.3～2.0	0.8～2.5
电解效率/%	59～70	65～82	85～100	60～75
能耗/($kW·h/Nm^3$)	4.2～5.9	4.2～4.6	＞3	4.2～4.6
启停速度	启停较快	启停快	启停慢	启停快
动态响应能力	较强	强	—	强
电能质量需求	稳定电源	稳定或波动电源	稳定电源	—
电解质	20%～30% KOH	PEM（Nafion）	Y_2O_3/ZrO_2	—
系统运维	有腐蚀性液体，后期运维复杂，成本高	无腐蚀性液体，运维简单，成本低	目前以技术研究为主，尚无运维经验	目前以技术研究为主，尚无运维经验
电解槽寿命/10^3h	60～120	60～100	8～20	10～30
固定成本/(美元/kW)	880～1650	1540～2550	＞2000	—
环境友好	较差	较好	—	较好
占地面积	较大	小	—	—

注：1bar = 10^5Pa。

3. 氢能应用

1）耦合煤化工

王明华（2023）认为绿氢耦合煤化工是将氢能技术和煤炭加工转化技术联合应用，以实现煤炭的高效清洁利用，从而节省能源、降低污染、改善环境。绿氢与煤化工的耦合，可实现煤炭由燃料向原料转型发展，构建自主可控的产业链、供应链的能源保障体系，走出一条独具特色的煤炭低碳化利用之路。

绿氢合成氨：目前我国的年合成氨产量近 6000 万 t，其中 4500 万 t 来自煤炭，消耗约 5000 万 t 标准煤，排放近 1.5 亿 t CO_2，排放的高纯 CO_2 中有 3.5%用于侯德榜制碱法生产纯碱 Na_2CO_3，22.5%用于与氨反应生成尿素，从而实现部分高纯 CO_2 资源化利用。合成氨生产产业链示意如图 5-5 所示。

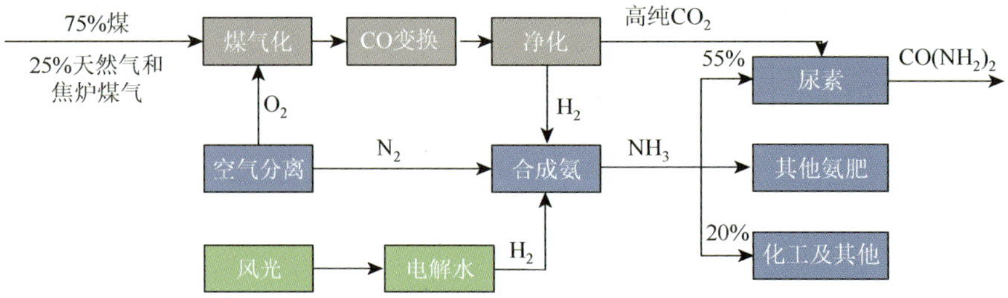

图 5-5　合成氨生产产业链示意图

2）氢能重卡

随着人们对氢燃料电池研究的深入，一个更加适配氢能源的应用场景浮出水面——重型卡车。

氢能重卡（图 5-6）主要用于物流配送，其路线相对固定，以高速公路为主。而高速公路布局是节点式的，配套加氢站可以依托高速网络中的交通枢纽建立，成本大幅降低。例如，我国山西阳泉建设的氢能重卡示范加氢站，一天就可满足固定路线上 70 辆氢能重卡的加氢需求。

图 5-6　氢能重卡

重卡可大幅缓解氢能成本困境。具体而言，氢能重卡已经有能力同柴油车和电动车一较高下。对于货运来说，长途运输要花费几天的时间，电池动辄几小时的充电时间是难以接受的时间成本。此时，氢能重卡加氢时间的优势可以充分发挥，普遍在 3～5min，且续航能力跟燃油车差不多。例如，江铃重型汽车有限公司的新型氢能源重卡加氢时间在 5min 左右，加满之后最大续航里程为 400～500km。随着氢燃料电池转换技术的突破，氢燃料电池重卡车摆脱了纯电卡车笨重的电池组，在载货能力上优于纯电卡车。在实验室中，燃料电池的普遍寿命为 5000h，高于锂电池的 3000h，长期使用成本低于纯电卡车。

3）氢燃料电池

氢燃料电池（图 5-7）是使用氢气发电的装置。燃料电池是一种能量转换装置，用于将燃料中的化学能直接转化为电能。氢燃料电池使用氢气或富氢气体作为燃料。在氢燃料电池中，氢气和氧气在催化剂的作用下发生电化学反应，产生电能和水。

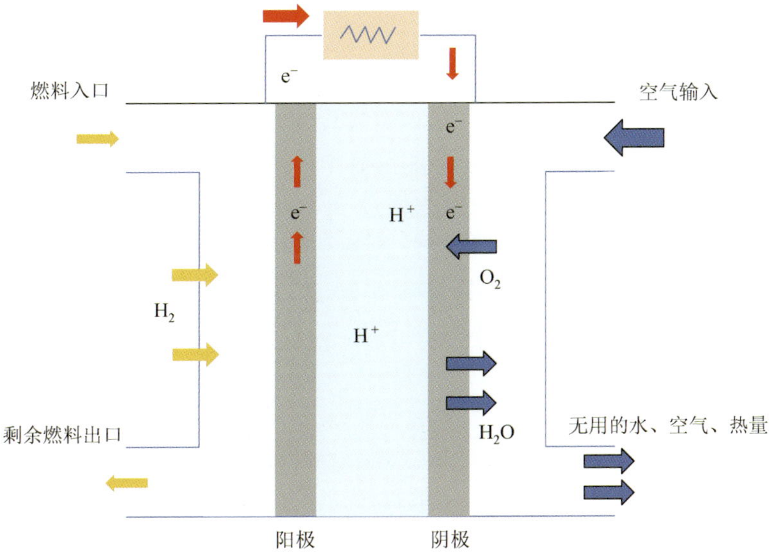

图 5-7　氢燃料电池原理示意图

氢燃料电池是氢能应用的关键设备。氢气中的化学能需要转化为电能、热能等形式应用。燃料电池和内燃机是用于转化氢能的两种装置：燃料电池将氢气中的化学能转化为电能，内燃机则将其转化为动能、热能，或进一步转化为电能。与内燃机相比，氢燃料电池具有效率高、环境友好、可靠性强、灵活性高等优势。因此，氢燃料电池是氢能实现应用的关键设备。

4）储氢运氢

我国电解水制氢-储氢-供氢的耦合发展正处于起步阶段，探索该耦合技术在电力系统中的发展对氢能与传统电力的协同利用具有重要意义。

储氢技术可以分为高压气态储氢技术、低温液态储氢技术、物理吸附储氢技术、化学储氢技术。

高压气态储氢技术：在环境条件下通过高压将氢气储存在压力容器中，是一种应用广泛、简便易行的储氢方式，现阶段发展成熟且广泛使用。其成本低，易于储存和释放氢气，且在常温下就可以进行。以现有的小规模车载储氢罐为例，其工作压力为35～70MPa，对应的氢气密度为0.039kg/L，远大于自然条件下的氢气密度（约为8.1×10^{-5}kg/L）。高压储氢技术的限制因素主要来自两方面。一方面是氢气的压缩能耗及储存压力。目前大量应用的隔膜压缩机可实现22～32MPa的充装压力，加氢站压缩机可实现45MPa以上的高压。然而当压力增大至70MPa后，氢气性质开始大幅偏离理想气体，若继续增加压力，储氢的收益将降低，会浪费大量的压缩功。另一方面，高压氢气需要耐压容器进行储存，容器加工制造成本是另一个主要限制因素，现有高压储氢容器包括全金属气瓶、复合纤维材料缠绕气瓶、复合材料储氢罐、玻璃储氢容器等。尽管现阶段有多种容器材料可供选择，但其造价成本仍较高，难以规模化应用。此外，不同的使用场景中氢气泄漏和容器爆破等不安全因素也需要考虑，如高压气瓶的氢脆现象及其失效机制等。对于高压储氢技术，在不断提高其储氢密度、降低成本的同时，保证其安全性能是长远发展方向。

低温液态储氢技术：低温氢气液化与空气液化相似，在低温液态储氢过程中，先将氢气压缩，在经过节流阀之前进行冷却，经历焦耳-汤姆逊等焓膨胀后产生液态氢。把液体分离后，将其储存在高真空的绝热容器中，气体继续进行上述循环。与高压储氢相比，低温液态储氢密度高，液态氢的密度在常压下可达到0.070kg/L，约为压缩氢气的1.8倍，储氢质量大幅提高，其安全性也相对较高。但是由于氢气液化要消耗很大的冷却能量，液化1kg氢气需耗电4～10kW·h，液化氢气所消耗的能量约为同等质量氢气能量的30%，无疑增加了储氢和用氢的成本。另外，液氢储存容器必须是超低温用的特殊容器，由于液氢储存的装料和绝热不完善容易导致液氢蒸发，使容器内压力升高，因此必须将氢气排出，从而带来沸腾损失。综合而言，液态氢储存成本较高，安全技术也较复杂，民用领域少有应用，在航天领域，火箭助推剂是其主要应用场景。提高绝热技术效率将有助于进一步提高低温液态储氢效率，目前通过额外能量来实现传热的主动绝热技术是低温液化领域的研究热点，有望实现液态储氢容器内超低蒸发率乃至零蒸发率。

物理吸附储氢技术：依靠氢气分子与材料表面间的范德瓦耳斯力，将氢气分子吸附到材料表面，在一定条件下可实现吸附脱、附转换，从而实现储氢。物理吸附储氢技术的核心是吸附材料，常用的吸附材料可分为碳基材料、有机金属骨架（metal-organic framework，MOF）材料、储氢水合物等。其中碳基材料价格相对较低，如碳纳米管（carbon nanotube，CNT）、介孔碳、碳气凝胶等。MOF是一类具有超大比表面积的新型合成多孔材料，目前常用的MOF材料有MOF-5、HKUST-1、MIL-53等，在液氮低温条件下，其饱和氢气吸附质量分数分别为5.1%、3.6%、4.5%。储氢水合物利用氢键连接形成空腔结构，氢分子以浆液的形式在其内部进行储存。通过结构分解进行氢分子的释放，但其本身稳定性较差，储存密度也相对较低，目前停留在实验室研究阶段。总的来说，物理吸附储氢技术由于其材料与氢分子的作用力相对较弱，需要在较低温度下进行储氢，其储氢密度较小，现阶段难以进行大规模的氢气储存与利用，一般将其与其他储氢技术相结合来实现复合储氢。对于物理吸附储氢技术，如何降低材料成本、提高材料循环利用率、增大储氢密度是其未来发展的瓶颈问题。

化学储氢技术：利用化学反应，将氢气转化为其他化合物进行储存，包括储氢合金、化学氢化物、有机液体储氢等。储氢合金依靠某些金属或合金对氢气分子有很强的捕获能力，在一定条件下金属吸附氢气分子，氢气分子 H—H 键断裂，形成氢原子储存在金属或合金的晶格间隙中，形成金属固溶体并释放反应热。将这些固溶体加热到一定温度后，氢气能够被重新释放。储氢合金可以实现较大的储氢量，且稳定性和安全性较高，然而其稳定性使得氢气储存和释放比较困难，只能在高温下进行。氢化物储氢利用氢气与金属反应生成金属氢化物（如 MgH_2、CaH_2、AlH_3 等），从而进行氢的储存。由于这类碱金属具有较高的活性，因此可以生成较为稳定的离子化合物，从而具有较稳定的氢气储存特性。然而其反应可逆性较差，运行条件苛刻，需要在较高的温度和压力下进行储/放氢，目前仍难以实际应用。有机液体储氢利用不饱和液体有机物与氢气之间的可逆反应，采取催化加氢-脱氢过程来实现氢气的储存和释放，具有储氢量大、安全性高、可多次循环等优点。然而，由于加氢脱氢反应控制条件严苛，成本高，且副反应难以完全抑制，氢气纯度较低，因而限制了其规模化应用。总体而言，化学储氢具有较高的储氢密度及稳定性，优化其反应动力学特性、实现温和的操作条件，将有助于其早日实现规模化应用。

供氢技术可以分为撬装加氢站、固定式加氢站、液氢加氢站、制氢加氢一体站。

撬装加氢站。撬装加氢站主要分为不含固定储氢装置的撬装加氢站和含固定储氢装置的撬装加氢站两种模式。其工作流程如下：氢气长管拖车将氢气运输至加氢站后与卸气柜相连接，随后氢气进入压缩机内被压缩，通过顺序控制柜输送至储氢瓶组中进行分级储存。当需要进行加注服务时，氢气通过储氢瓶组至顺序控制柜再到加氢机为用氢设备进行加注。上述两种模式的主要区别在于是否含有固定的储氢瓶组，对于不含固定储氢装置的撬装加氢站，随着氢气长管拖车中余气压力下降，撬装压缩加氢装置加注速率逐渐降低，使得加注时间延长；含固定储氢装置的撬装加氢站加注速率不受限于压缩机的排量，从而提高了加注效率和速率。总体来说，撬装加氢站的特点是可灵活定制，将重点设备进行系统集成整合，占地面积小，投资成本低，施工工期短，设备安装方便，能在短时间内满足客户的加氢需求。然而，撬装加氢站的压缩机和加氢机设置在同一区域，具有一定的安全隐患，因此，目前该类加氢站只作为临时站点，今后将会被固定式加氢站所取代。

固定式加氢站：相比于撬装加氢站，固定式加氢站不依靠长管拖车，而主要是将站外 0.4～2.0MPa 的氢气通过管道引入站内，同时还增设了两组高低压压缩机（图 5-8）。其工作流程如下：氢气先从氢气管道中进入缓冲罐，然后进入 20MPa 压缩机内被压缩，部分氢气随后进入充装柱，再注入氢气长管拖车，剩余氢气进入 45MPa 压缩机内被压缩，提高压力后被输送至储氢瓶组中储存供使用。固定式加氢站主要是为氢燃料汽车及其他潜在客户提供加氢服务，采用氢气管道进行供氢，具有无交通运输限制、无道路运输成本和氢源更稳定的优势，但是一方面由于要添置高低压压缩机和长距离的氢气输运管道，建设成本高；另一方面，其氢源通常来源于工业副产氢，使得其氢气纯度不稳定。

图 5-8　北京飞驰竞立加氢站的金属内衬纤维缠绕储罐

液氢加氢站。由于液氢密度是标准状态下氢气密度的 800 倍左右，储氢密度高，采用液氢储氢后，加氢站的储氢能力和加注能力将大幅度提升。北京特种工程设计研究院 45m^3 液氢槽车（图 5-9）液氢加氢站工作流程如下：液氢槽车将液氢运输至加氢站并接入液氢储罐，液氢储罐中的氢通过泵的增压和汽化器的汽化后进入储氢瓶组供使用。液氢加氢站由于液化消耗了大量冷却能，另外，液氢储存容器必须使用超低温特殊容器，而液氢储存的装料与绝热不完善导致较高蒸发损失，也增加了其储存成本。

图 5-9　北京特种工程设计研究院 45m^3 液氢槽车

制氢加氢一体站。上述三种加氢站都属于外供氢加氢站，随着用氢规模提升，运输成本必然增加，而制氢加氢一体站可同时解决氢源不足和运输成本过高的难题。目前，制氢加氢一体站的制氢方式主要有电解水制氢和天然气重整制氢。站内电解水制氢技术的主要特点是：只要水和电等原料满足供应，即可实现电解水制氢，若考虑利用电网谷电进行电解水制氢，则可进一步降低制氢成本。天然气重整制氢是目前最为成熟的工业制氢技术，因此，站内天然气重整制氢加氢站的建设最有保障。其工作过程如下：脱硫后的天然气和水蒸气在高温和催化剂的条件下在重整装置中反应，生成的氢气、一氧化碳以及二氧化碳通过变压吸附（pressure swing adsorption，PSA）装置将氢气分离出来，然后纯化供使用。目前制氢加氢一体站的推广仍然需要考虑如下问题：①如何将制氢设备一体化和小型化；②电解水制氢耗电量较大，电能紧缺地区使用将受限；③当制氢加氢一体站体量较小时，其经济性仍需要评估。

5）氢制氨技术及其应用

在氢能产业链各环节中，储存是其他各项技术的基础。在常温常压下，氢气的密度为 0.089g/L，仅为空气的 1/14，而将氢气液化需要–253℃的超低温。氢的物化性质为其储运带来巨大难题，也使得氢能储运成为限制其大规模开发利用的“痛点”。

氨的性质。氨是一种重要的基础化工原料，广泛用于农业、工业、军事等领域。目前氨储运技术、相关基础设施、输运标准均已发展成熟，且液氨储存效率高，单罐可储存液氨 4 万 t。在能源领域，氨作为高温零碳燃料和高效储氢介质，具有以下几点优势：①液化储运成本低。氨液化容易（–33℃或室温 10kg 大气压），1kg 液氨公路运输 100km 运费为 0.08 元（不到氢的 1%）。1 辆 40t 的罐装运输车可运输 26t 液氨（约含 4.5t 氢），载氢量较长管拖车（载氢量不到 300kg）提高 1 个数量级，运氨成本[约 0.001 元/(kg·km)]较运氢成本[0.02～0.10 元/(kg·km)]呈数量级降低。②爆炸风险低。氨的火灾危险性为乙类，爆炸极限（16%～25%）较氢（4%～76%）更窄，因此利用过程更安全。其刺激性气味是可靠的警报信号。但氨的燃烧速率低（最大层流燃烧速度仅为 0.07m/s，天然气为 0.37m/s，氢气为 2.91m/s），点火能量高（为 8MJ，天然气为 0.28MJ，氢气为 0.11MJ）。

氨的来源。工业合成氨已有一百多年发展历史，针对氨的生产、储运及使用已形成了完备的产业链、行业标准及安全规范（制氨储氨站如图 5-10 所示）。目前氨的全球年产量接近 2 亿 t，制造设备的规模可达 2000t/d，是可以由万吨级液化气船运输的国际交易产品。2021 年中国氨产量为 5909 万 t，其中 80%用于化肥生产，20%用于其他工业。我国的合成氨产能略有过剩，产能超过 7000 万 t。我国以煤制氢气合成氨为主，由于天然气资源相对匮乏，合成氨成本相对较高。2020 年我国的液氨价格约在 2600 元/t，而在国外尤其资源丰富地区（如中东），利用天然气合成氨的成本远低于国内，2020 年中东的液氨价格仅为 200 美元/t（约合 1444 元/t），即使加上运费（中东至我国约 400 元/t）依然具备价格优势。

传统合成氨工艺被称为哈伯-博施（Haber-Bosch）法，是利用化石燃料制备的氢气与空气分离的氮气反应来实现，其基本反应原理为 $N_2 + 3H_2 = 2NH_3$，该反应具有可逆性，在一定条件下能够将氨气转化为氢气。由于氨气容易液化和运输（保山无水氨运输半挂车如图 5-11 所示），因此可以将氢气合成氨气后运输并在需要时将氨气转化为氢气实现氢能的储存和释放。将传统合成氨工艺中的化石能源制氢用绿氢替代，则可以实现绿氨的生产，并进一步促进绿氢的储运和利用。

图 5-10　制氨储氨站

图 5-11　无水氨运输半挂车

除了哈伯-博施法，氨气新合成技术主要有低温低压合成氨、光/电催化合成氨等。新合成技术旨在降低能耗，但目前效率低、寿命短，短期内无法得到商业化应用。

低温低压合成绿氨。2022 年 3 月，以色列的 GenCell 能源公司宣布，他们可使水在极低的温度和压力下直接生产绿色氨。日本技术提供商 TDK 公司宣布计划继续投资和开发 GenCell 创新的零排放绿色氨合成项目。

光/电催化合成氨。目前化学化工领域最热门的课题之一是，通过光/电催化反应直接催化空气中的氮气生产氨气。该技术难度高，目前转化效率低，使用寿命短，尚处于实验室研发阶段。

氨的储运。目前，氨气被认为是一种应受到相关标准及法规管制的有害物质，其处理需要专业知识和技能，针对氨的储存及运输，我国已制定相应标准，如《液体无水氨》（GB/T 536—2017）。氨作为有毒物质，需要采用钢瓶或槽车罐装，罐装钢瓶或槽车应符合国家质量监督检验检疫总局颁发的《气瓶安全监察规定》《固定式压力容器安全技术监察规程》等有关规定。氨储运设计和运用已经得到立法，安全的利用技术已经确立。总体而言，氨气的储运技术较为成熟，相关标准及规定较为完善，具备一定的应用基础。

氨的利用。在工业领域，氨已在医药、农业、制冷等细分行业得到广泛应用，通过绿氢代替化石能源制氢合成氨，可促进各类产业实现绿色升级。这方面的技术核心为绿氢对于灰氢的替代。在能源领域，氨燃烧技术和氨燃料电池技术可减少化石燃料的使用，降低碳排放。同时，可通过氨能制氢促进氢能利用。

氨能的利用可以分为直接氨利用技术和间接氨利用技术（氨转氢）。直接氨利用技术包括传统用氨工业、氨燃烧技术、氨燃机、氨内燃机、直接氨燃料电池等，将氨的化学能直接转化为动能、电能等利用。间接氨利用技术是将氨气催化重整为氢气用于工业、能源、交通（加氢站）等领域，氨主要起载体作用促进氢的储存、运输。

氨能的绿色利用途径如图 5-12 所示，其实现基础为基于可再生能源绿氢替代灰氢实现绿氨的制备。合成的绿氨可以直接用于原有氨工业和直接氨能源技术，如（掺）氨燃机、氨燃料电池等。同时，绿氨可以作为绿氢的储运介质实现长距离运输，通过催化重整、分离纯化等技术得到高纯度氢，可以用于加氢站或者经短距离运输后用于工业、分布式能源、化工领域。

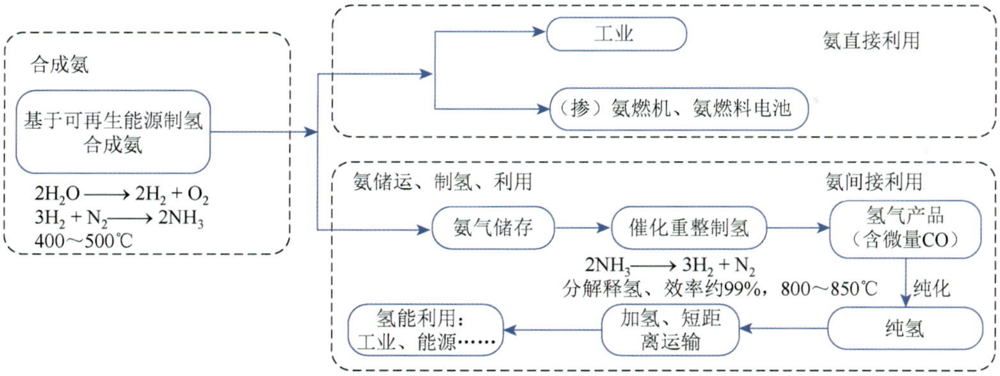

图 5-12　氨能的绿色利用途径

氨的燃点为 651℃，点火温度较高且燃烧缓慢，容易发生断火，因此需要对燃烧器进行改进或采用混氨燃烧模式。国家能源集团烟台龙源电力技术股份有限公司自主研发的混氨燃烧技术，实现了 40MW 燃煤锅炉燃烧 35%比例混氨燃料，NH_3 燃尽率达到 99.99%。在交通领域，挪威 Eidesvik 公司和芬兰瓦锡兰公司对一艘海洋工程辅助船（offshore support vessel，OSV）进行改装，这也是全球首次在 OSV 上应用氨燃料驱动。改装后可使用 70%的混合氨燃料来运行。而其最终目标是要在满足最低燃点燃料需求的条件下，实现 100%氨燃料作为动力。

氨燃料电池技术是另一个值得关注的重点，包括直接氨燃料电池和间接氨燃料电池等。直接氨燃料电池直接使用氨气作为燃料，氨气进入阳极，分解成氮和氢，质子穿过电解质与阴极侧氧气反应生成水，也是一种零碳的应用方式。但该技术难度高，尚处于实验室研究阶段，短时间内难以实现实际应用。间接氨燃料电池是利用氨的氢能载体作用，通过间接氨电池系统中的裂解制氢系统使氨气中的氮氢分离，以生产出高纯度氢气供氢燃料电池系统工作。液氨的体积能量密度是液氢的 1.53 倍，这种方式可以解决重型车辆长续驶里程难题。这种方式的缺点是系统较为复杂，需要较高温度对氨气进行催化重整制氢，但短期内有望成为促进氢能和氢燃料电池发展的重要手段。

目前，限制氨气作为燃料利用的主要因素还包括：氨气的利用成本较高。虽然氨气单价低，但其热值较低。根据换算，$1m^3$ 天然气与 $2.8m^3$ 氢气或 $2.4m^3$ 氨气的热值相等。从表 5-2 对比中可以看出，实现零碳绿氨燃料综合利用成本低于天然气，是氨气作为能源利用实现“双碳”目标的重要保证。

表 5-2　天然气、氢气、氨气综合利用成本

类型	燃料价格/(元/m^3)	能耗(与 $1m^3$ 天然气相比)/倍	燃料费/元
天然气	4	1	4
氢气	5.4	2.8	15.12
氨气	3	2.4	7.2

6）氢制甲醇技术及其应用

甲醇是一种基础化学品，常温下为液态，液化温度为 64.7℃，密度为 0.79kg/L。甲醇既是重要化工原料，也是一种燃料，根据其化学属性，其具有三种重要角色：能量载体、便携燃料、化工原料。与氨类似，甲醇也已经建立了成熟的产业链，已经在油气、树脂、塑料、黏结剂等领域得到广泛应用。同时甲醇也能够通过催化裂化反应制备氢气，因此同样可以作为氢能的载体促进氢能的储运和应用。甲醇作为能源载体，与乙醇、氢气、氨等类似，可以充当清洁能源。与上述能源分子相比，甲醇具备如下优势：不依赖粮食发酵酿造，不会引起相关粮食问题。甲醇加入添加剂之后可与汽油保持长时间混合稳定。利用氢气合成甲醇和甲醇储运技术成熟，且甲醇更容易储存和运输。甲醇催化重整制氢技术成熟，能够实现氢气和甲醇之间的可逆转化，可以促进氢的储运。氨燃烧速度慢、点火能量高，因此氨气燃烧稳定性差。而甲醇燃烧速度快于氨、点火能量低，因此甲醇燃烧稳定性好。但由于甲醇易挥发，被吸入和接触均有剧毒，且对金属、橡胶等物质具有较强腐蚀性，相关安全问题值得重视。

如图 5-13 所示，传统的甲醇生产是利用煤、天然气等化石燃料与水和氧气反应得到合成气原料（碳氧化合物和氢气）。我国是世界最大的甲醇生产和消费国，2021 年全国甲醇产能 9738.5 万 t，产量 7816 万 t，其中 81%为煤制甲醇，其余主要为油气制甲醇。因此，采用绿氢和二氧化碳捕集技术替代化石能源合成气中的氢和碳氧化物，实现“绿氢 + CO_2”技术的开发利用，有助于实现甲醇产业的绿色升级转型。在现阶段甲醇生产研究和示范中，既可以同时利用碳捕集二氧化碳和绿氢生产甲醇，也可以按照具体条件分别利用二者之一（“碳捕集 + 灰氢、蓝氢”）开展示范项目建设。

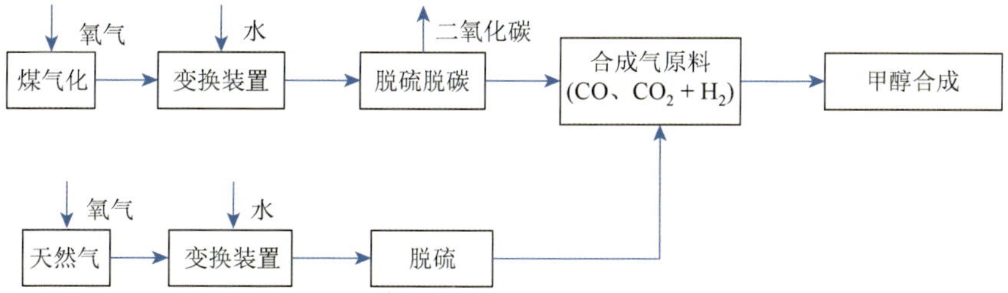

图 5-13　工业合成甲醇流程

目前，甲醇的市场价为 2200～3000 元/t，采用“绿氢 + CO_2”方式制备甲醇，生产每吨甲醇所需的物料平衡关系如下：

$$(1.375t)CO_2 + (0.1875t)H_2 \longrightarrow (1t)CH_3OH + (0.5625t)H_2O$$

按照电厂二氧化碳回收成本 300 元/t，甲醇售价 2500 元/t 考虑，绿氢成本应低于 15 元/kg 才有盈利空间（对应制氢电价约为 0.2 元/kW·h）。若考虑物料损失，按照每吨甲醇使用 1.4t 二氧化碳和 0.2t 氢气计算，绿氢的制备成本应低于 10 元/kg 才有盈利空间（对应制氢电价约为 0.15 元/kW·h）。从具体项目实施情况来看，2020 年国内首个二氧化碳与绿电（氢）制甲醇千吨级示范工程在兰州建成，该项目是全球首套规模化（千吨级）绿色甲醇生产示范装置，由 10MW 光伏发电为电解水提供电能，利用二氧化碳加氢实现甲醇制备。项目总占地约 19hm^2，总投资约 1.4 亿元，其中光伏工程占地 17hm^2，投资 5000 万元。

甲醇储运技术成熟，可通过铁路、轮船、卡车等多种方式运输。作为重要的工业原料，在化工合成、油气生产等领域，甲醇技术成熟并得到广泛应用。结合二氧化碳捕集技术生产甲醇并用于塑料、树脂等生产，则可以实现固碳目的。甲醇燃烧反应：$CH_3OH + O_2 \longrightarrow H_2O + CO_2$，燃烧过程涉及碳排放，需要结合二氧化碳捕集技术实现碳封闭循环。具体而言，甲醇的利用技术包括工业应用：甲醇是一种用于合成碳氢化合物（二甲醚、甲酸、乙酸、乙醇、烯烃、合成烃）、聚合物甚至单细胞蛋白质等在内的许多产品生产的原料，从而将二氧化碳固化在产品中。甲醇本身是一种品质优良的燃料，可以掺杂汽油作为含氧添加剂；可应用于内燃机（internal combustion engine，ICE）、压缩点火式发动机上；它是一种便利的能量储备媒介，在催化裂解后得到氢气，促进氢能的应用。

虽然甲醇具有可燃性，但其作为燃料的应用仍在探索，这些能源应用多处于研发或小型试验阶段。甲醇燃料电池技术是甲醇作为能源材料的研究重点，包括直接甲醇燃料电池和间接甲醇燃料电池。直接甲醇燃料电池是直接通过甲醇的电化学反应发电，目前技术尚处于研发阶段，暂无法实际应用。间接甲醇燃料电池是将甲醇重整为氢气后的氢燃料电池，将甲醇催化、重整后得到高纯度氢气用于燃料电池发电，即将甲醇作为氢能的载体，关键技术在于甲醇催化重整制氢（催化剂为关键因素）技术和氢燃料电池技术。相比之下，间接甲醇燃料电池技术更为成熟，有望得到实际应用，而直接甲醇燃料电池技术难度较大，目前处于实验室攻关阶段，短期内难以实现应用。

作为能源载体，甲醇的利用方式如图 5-14 所示。可以结合 CCUS 技术将绿电就地转化为绿色燃料/原料（甲醇），通过甲醇的运输解决可再生能源资源集中地区和利用分布不均问题。可以直接利用甲醇进行工业生产或能源利用，还可以通过催化重整技术制氢，促进氢能利用。重整后产生的二氧化碳通过碳捕集技术回收并再次用于甲醇生产可以实现碳循环的闭环，无对外排放。

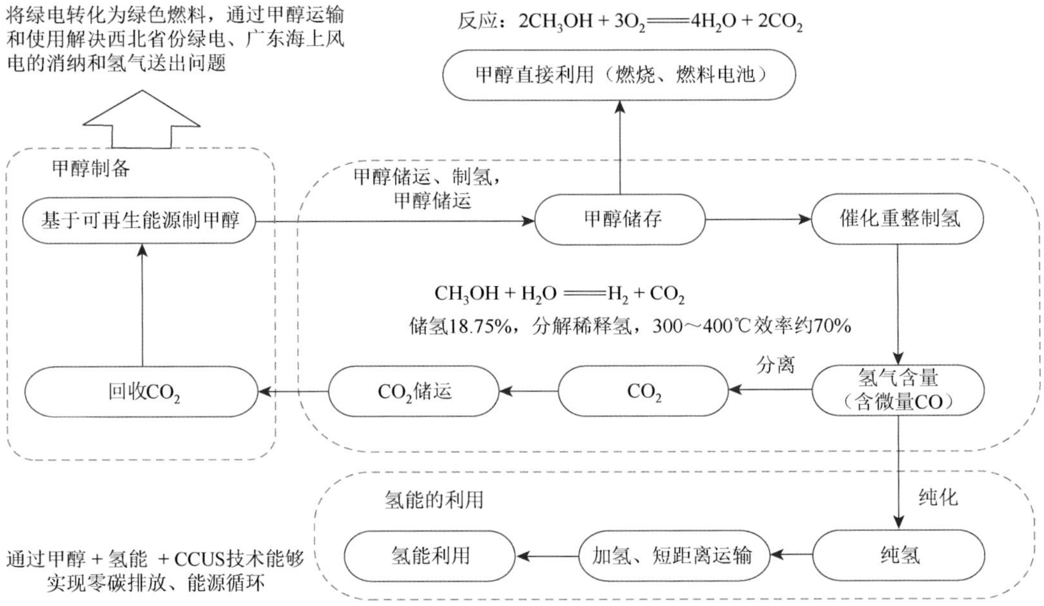

图 5-14　甲醇的能源利用流程示意图

在 2022 年的冬奥会上，我国在张家口开展了绿色甲醇作为绿氢载体的示范应用。通过可再生能源制氢与二氧化碳反应得到绿色甲醇。将甲醇运输至加氢站制备氢气并回收二氧化碳。纯化后的氢气可为燃料电池汽车提供动力。而二氧化碳回收再次作为甲醇制备原料，形成碳循环的闭环。

2023 年 11 月，马士基公司与金风科技股份有限公司（以下简称金风科技）旗下全资子公司签订年产 50 万 t 的绿色甲醇长期采购协议，以支持其首批 12 艘大型甲醇双动力船舶低碳运营，这一协议也是全球首个大规模绿色甲醇采购协议，有效期将持续至 2030 年后，该协议锁定了金风科技位于内蒙古兴安盟的绿氢制 50 万 t 绿色甲醇项目所有产能，该项目于 2024 年 6 月正式开工，预计 2026 年实现首产。该项目位于中国东北的兴安盟，距离北京约 1000km。协议中的甲醇产量包括绿色生物质甲醇和电制甲醇，并将全部利用风能进行生产。金风科技于 2024 年底完成项目最终投资决策，并于 2026 年开始为马士基提供绿色甲醇。

4. 国外风光发电制绿氢情况及对我国的启发

1）欧盟电解水制氢-储氢-供氢的发展

进入 21 世纪，随着欧洲一体化发展战略的进行，欧盟不断加强对能源问题的关注，提出了一系列对氢能发展的支持政策。2019 年 12 月，欧盟委员会发布《欧洲绿色协议》，描绘了欧洲长期绿色发展战略的总体框架。2020 年 7 月，欧盟委员会发布《欧洲氢能战略》，提出了欧洲长期发展氢能的战略蓝图。欧盟委员会认为，氢能是实现《欧洲绿色协议》和欧洲清洁能源转型的关键选项，针对欧盟如何将清洁氢能转化为可行的解决方案，《欧洲氢能战略》给出了渐进的氢能发展目标，即至 2050 年，可再生氢能技术应成熟并大规模部署，覆盖所有难以脱碳的领域。从技术层面来看，欧盟电解水制氢电力来源主要依靠可再生能源，电解装置研究以碱性电解槽为主，质子交换膜电解槽为辅；在储氢方面，以德国为代表的欧盟国家，主要开发液态储氢技术；在用氢方面，以氢燃料电池公共汽车和轻/重型燃料电池汽车为主。总体而言，欧盟目前电解水制氢-储氢-供氢技术推进较为缓慢，主要还是以单独制/储/供氢技术发展为主，未来发展的重点是将风能、太阳能和水能作为绿氢电解制备的动力。同时，随着以德国为代表的欧盟国家的“国家氢能与燃料电池技术创新计划”和“能源转型仿真实验室计划”推进，氢能的制/储/供技术从创新研究阶段到实际应用阶段转化将加速推进。

欧盟将氢能视为碳中和及能源转型成功的关键能源载体，并把氢能产业的工作重点从燃料电池汽车转变为清洁氢，提出“氢加速器”计划，将 2030 年可再生能源氢（即绿氢）供给目标提高至 2060 万 t。赛迪研究院梳理分析了欧盟绿氢来源规划与实践、制氢技术研发示范推广等方面的经验做法，建议我国加大产业扶持力度，成立清洁氢联盟、加大对制氢项目使用可再生能源电力的支持力度、启动财政专项支持大型清洁氢项目，以占领未来产业高地。

2）欧盟的经验做法

氢能是欧盟实现碳中和的重要战略支撑。2022 年欧盟委员会决定加速氢能发展以摆脱对俄罗斯化石能源的依赖，于 3 月 8 日提出了“氢加速器”计划，将 2030 年欧盟绿氢供给目标从 560 万 t 提高至 2060 万 t，翻了近两番，占终端能源消费量的 8%左右。

为实现该目标，欧盟在规划绿氢来源、扩大可再生能源规模、研发制氢技术、增加投资等方面做了诸多有益的尝试。考虑到欧洲境内无法生产出足够多且负担得起的绿氢，欧盟在规划中强调扩大氢能国际贸易的必要性。《欧洲氢能战略》计划到 2030 年，在欧盟和非欧盟国家各安装 40GW 可再生能源制氢装置。“REPowerEU”能源独立方案计划新增的 1500 万 t 绿氢供给目标中，只有 500 万 t 来自欧盟本土，其余 1000 万 t 将从不同来源进口。

以德国为代表的欧盟国家在世界各地寻找绿氢供应合作伙伴，并加快港口氢能基础设施建设。德国已经与挪威等非欧盟的欧洲国家，纳米比亚、南非、摩洛哥等非洲国家，沙特阿拉伯、阿联酋等中东国家，以及加拿大、智利、澳大利亚等国达成了双边氢能合作协议，大力支持绿氢生产和运输项目，以确保未来大量进口绿氢。同时，比利时、荷兰等国也相继宣布加快港口氢能基础设施建设，与智利、澳大利亚、哥伦比亚、澳大利亚、南非等国签署了谅解备忘录，致力于将安特卫普港、鹿特丹港、泽布吕赫港等港口打造成通往欧洲的氢气门户。

风光资源禀赋较好的欧盟国家加快利用可再生能源制氢。在欧盟 27 成员国中，西班牙、法国、德国、意大利的可再生能源资源最为丰富，可再生能源制氢发展目标最为宏大，到 2030 年电解槽容量发展目标分别为 4GW、6GW、5GW、5GW，合计占欧盟 40GW 总目标的 50%。IEA 氢能项目数据库表明，氢能战略发布后欧盟氢能项目数量大幅增加，2019 年以来已有 107 个电解水制氢项目进入具有实质性意义的投资、建设或运营阶段。

加大政策保障力度，支持绿氢研发和规模化，加快可再生能源开发速度，额外部署绿氢专用可再生能源项目，夯实绿氢生产基础。按目前的可再生能源开发进度，欧盟无法达到 2030 年既定目标，最大的障碍是新项目审批速度太慢。“REPowerEU”能源独立方案计划提出简化、缩短新项目的审批流程，将风能和太阳能开发速度提高 20%，释放可再生能源开发潜力。同时，欧盟还将部署额外的 80GW 可再生能源，专用于绿氢生产，可增加氢气产能约 280 万 t/a。

调整氢能技术研发支持重点，提供 10 亿欧元支持绿氢研发。欧盟 2021 年 11 月启动了“清洁氢合作伙伴关系”，是欧盟目前氢能技术研发最重要的财政支持方式，其中政府出资 10 亿欧元，预计撬动私人投资 10 亿欧元以上。同时，欧盟终止了“燃料电池和氢能联合组织”，所有工作移交“清洁氢合作伙伴关系”，表明欧盟的工作重点已经从燃料电池汽车转向绿氢。扩大国家援助基金支持范围，补助大型绿氢项目。

2020 年 12 月，欧盟在氢能领域启动政府援助基金“欧洲共同利益重要项目”，资助大型的研发、首次工业部署和基础设施项目。各个国家自主开展项目预选，候选项目名单交由欧盟委员会审批。2021 年 12 月，欧盟委员会批准了德国绿氢进口计划“H_2Global”，提供 9 亿欧元补贴，支持非欧盟国家生产可再生氢销往欧盟。其他项目仍处于审批过程中。成立联盟汇集社会各方力量，畅通投资渠道。欧盟委员会于 2020 年 7 月发起成立“欧洲清洁氢能联盟”，成员包括政府、工业企业、研究机构、投资机构等，会员数量达 1500 个。联盟负责梳理氢能关键项目，建立投资协调渠道，并组织利益相关方沟通交流。截至 2024 年 4 月底，联盟发布了包含 750 多个重要输氢管道项目的清单，举办了 2 届欧洲氢能论坛，组织了 80 场主题会议和 300 多场一对一的投融资对接会。

3）美国电解水制氢-储氢-供氢的发展

美国是全球最早将氢能及燃料电池作为能源战略的国家，自 1990 年至今颁布了多项推动氢能发展的政策和行动计划。过去 10 年间，美国在氢能技术链上的投入超过 16 亿美元，为其他国家规模化发展氢能提供了科学的样本。2020 年 11 月，美国能源部发布了《氢能计划发展规划》，提出未来 10 年甚至更长期的氢能总体战略布局，设定了包括制氢-储氢-供氢-终端用氢的发展技术和经济指标。在制氢方面，将着力研究成本更低、效率更高、更耐用的电解池。在储氢方面，将开发低成本储氢系统、高容量储氢介质以及大规模储氢设施。在供氢方面，开发包括液化和化学氢载体在内的成本低、可靠性更好的氢气分配和输送系统。在终端用氢方面，将着力开发燃料电池、氢燃机等。从技术成熟度和需求上看，美国能源部提出制氢-储氢-供氢-终端用氢的技术开发选项：制氢主要包含电解制氢技术（低温、高温）以及气化、重整制氢技术；储氢和供氢方面主要依赖于高压气态和低压液态储氢，通过现场配送或氢气长管拖车和液氢槽车输运，供给燃气轮机、燃料电池、便携式电源等终端产品，从而形成美国未来制氢-储氢-供氢-终端用氢全技术链。根据美国的氢能战略，在 2035 年甚至 2050 年后，随着制氢技术（如光解制氢、微生物制氢）以及相关储氢、输氢技术的发展，技术链不断升级和变革，氢能将在美国各地区、各行业大规模部署。

4）日本电解水制氢-储氢-供氢的发展

日本的一次能源供给超过 90%来自海外，汽车燃油领域的原油消费占 98%，其中 87%来自中东地区。为减轻能源的外部依赖，日本从 20 世纪 70 年代就开始了氢能技术的研发，特别是 2011 年福岛核事故以后加快了氢能研发的推进。氢能早已纳入了日本国家发展战略，日本先后发布了《日本复兴战略》《能源战略计划》《氢能源基本战略》《氢能及燃料电池战略路线图》。日本氢能的发展主要集中于制氢、储氢、输氢以及氢气利用方面。目前，氢能的获取主要还是来自天然气和煤炭等化石能源，电解制氢占比极小（4%）；而氢气的储存和输运主要依赖于液态氢、有机氰化物和氨；在使用端，经过气化和脱氢后产生氢气进行使用。氢能技术发展主要有三条路径；一是通过海外化石燃料利用碳捕集和封存技术或可再生能源电解制氢；二是加强氢输运、分配基础设施建设；三是促进氢能在汽车、供电、供热以及发电等领域的应用。日本作为“氢经济”蓝图最早的倡议国之一，在氢能相关的基础研究与应用技术领域布局较早，但由于其国内市场规模及相关政策原因，未能形成完整的产业链条。然而，其累积技术与专利优势使其氢能产业具有迅速发展的潜力。

5）对我国的启示

2022 年，我国发布了《氢能产业发展中长期规划（2021—2035 年）》，提出到 2025 年可再生能源制氢量达到 10 万～20 万 t/a。建议我国结合实际情况，借鉴欧盟经验做法，加大对绿氢生产的扶持力度。

摸清各区域绿氢生产潜力，统筹全国供给。我国疆域辽阔，国土面积是欧盟的两倍多，各区域的资源禀赋和产业基础差异极大。建议以风光资源和水资源为重点内容，系统评估全国各区域绿氢生产的潜力和成本，并结合产业分布特点预测短期、中长期绿氢需求，进而得出未来各地区氢气供需情况，明确各地区绿氢净输入、净输出角色，统筹规划全国绿氢供应。支持制氢项目使用可再生能源电力，提高绿氢市场竞争力。我国可再生能源装机规模遥遥领先，2021 年新增装机容量 134GW，占全球新增装机容量近一半。可再生能源对清洁氢生产的限制主要在于相对偏高的电力价格，而非电力规模。

我国现有氢能产业政策存在补贴“倒置”的问题，优先补贴氢燃料电池汽车，对氢能源补贴的重视程度不够。氢气价格中并未计入环境正外部性，导致绿氢与灰氢在市场竞争中处于不公平的地位。建议综合考虑电价优惠、税收优惠、碳交易等方式，降低绿氢价格，扩大绿氢应用。加大对大型绿氢项目的财政金融支持力度，加速科技创新和基础设施建设。大型项目是科技成果转化、新设施装备试点示范、新技术开发测试的重要载体，也是加快基础设施建设的主要方式。建议以制氢技术装备研发、首台套装备应用和清洁氢基础设施为支持重点，撬动私人投资。加强金融支持，将符合条件的大型绿氢项目纳入地方政府专项债券支持范围、基础设施领域不动产投资信托基金试点范围、气候投融资试点范围。调整中国氢能联盟工作重点，畅通绿氢各方沟通渠道。我国当前具有半官方性质的全国性氢能组织主要为中国氢能源及燃料电池产业创新战略联盟，于 2018 年在多家部委和中国科协的指导下成立，工作内容涉及氢能全产业链。建议聚焦绿氢的生产和应用，强化其作为产业智库、沟通桥梁、合作渠道的作用，通过会议、平台等方式助力项目投融资对接。借鉴欧洲清洁氢能联盟的组织架构，深化部委参与程度，更好地发挥联盟作用。

5.2 太阳能资源

5.2.1 光热、光伏发电

1. 光热发电基本原理及分类

胡国武和陈维铅（2023）认为太阳能热发电（CSP 或 STE）技术与热储能结合能够满足夜间发电需求，可实现连续、持续性发电，输出稳定、高品质电能，被认为是目前最具潜力的太阳能开发利用技术，在太阳能大规模开发利用中显示出独特的优势。光热发电技术原理是利用聚光集热装置将照射至地面较低能量密度（<1000W/m^2）的太阳辐射能集聚到热能接收器表面，加热接收器内传热介质，从而将太阳辐射能转化为传热介质的内能；被加热的传热介质通过热泵及管道输送至换热系统，将传热介质的内能转化为水的内能产生饱和蒸汽压，然后推动汽轮机组驱动发电机组发电。换热后的储热介质通过热泵及管道直接输送至集热器循环换热，或者存在于低温蓄热罐内供下一步循环使用。储热介质多余的热能可储存于高温蓄热罐内供发电系统夜间使用，实现 24h 连续发电。

光热发电系统主要由聚光集热系统、热能接收转化系统、储热系统、换热系统、热发电系统五部分组成（图 5-15）。聚光集热系统主要由反射镜、真空集热管、跟踪控制装置等构成。反射镜分为一次反射镜和二次反射镜，一次反射镜有平面型、微弧型和抛物面型三种结构，二次反射镜采用渐开线和抛物线的复合抛物面结构。以熔盐作为传储热介质为例，储换热系统将接收器吸收热量的热盐送入蒸汽发生系统或者热盐罐，热泵从热盐罐抽取热盐后分两路依次流入过热器、再热器，换热后流入蒸汽发生器再回到冷盐

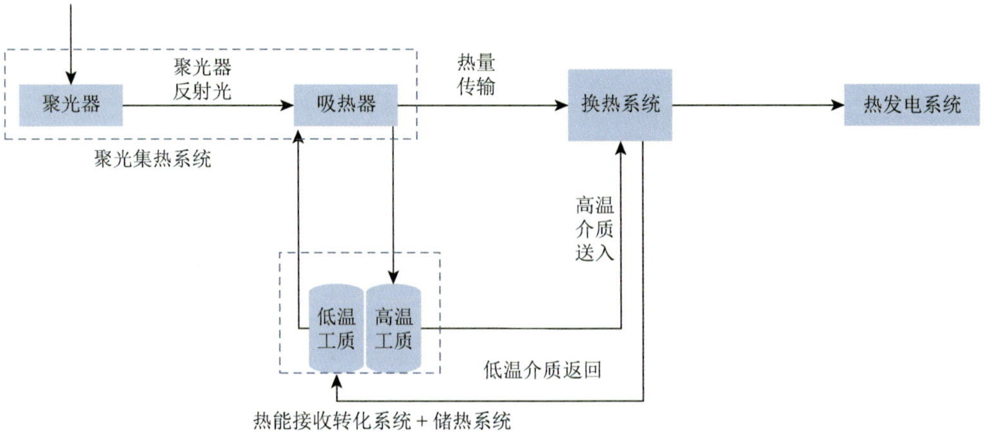

图 5-15　光热发电系统组成示意图

罐，完成能量的转移与转化。发电系统与火电类似，均采用汽轮机驱动发电机发电。太阳能接收器安装在线集热焦线或者点集热焦点上，吸收的太阳能加热吸收器内部的传热介质，通过传热介质实现能量的转移与转化。CSP 技术按太阳能集热方式的不同，可将发电系统分为塔式、槽式、线性菲涅耳和碟式四种发电类型。聚光比对其发电具有非常重要的作用，聚光比越大、集热温度越高，系统发电效率提升的空间越大。四种光热发电类型中，碟式聚光比最大，塔式次之，槽式和线性菲涅耳较低。

1）塔式光热发电系统

塔式光热发电系统（装置如图 5-16 所示）又称点式聚光集热发电系统，是利用大型太阳跟踪镜（定日镜）阵列将太阳辐射能反射聚焦到位于塔顶的吸热器上，使接收器中的传热介质被加热，从而实现光能向热能的转化；再通过热力循环系统将传热介质的热能转化为 540～560℃水蒸气动能，然后驱动汽轮机组带动发电机发电。塔式光热发电系统包括聚光定日镜场、热能吸收塔（中心塔）。储热介质吸收的热量，一部分用来直接或间接发电，另一部分多余的能量通过储热罐存储起来，以备早晚或没有阳光时发电使用。塔式光热发电系统被认为是最具商业前景的热发电技术。美国能源部提出，由于塔式光热发电技术的聚光倍率较高，聚光比一般可达到 300～1000，可使中心塔顶的热传介质温度达 1000℃，可有效提高后续热力循环系统中的发电效率。但是，塔式光热发电围绕中心塔建设大规模的定日镜场，占地面积较大，并且要求有复杂的控制系统对每个定日镜都能单独进行二维控制。此外，由于光热转换效率受限于每个定日镜的余弦效应，必须通过建设足够高的中心塔来改善定日镜的余弦效应，这不仅增加了发电成本，而且过高的中心塔在多风地区并不适用。

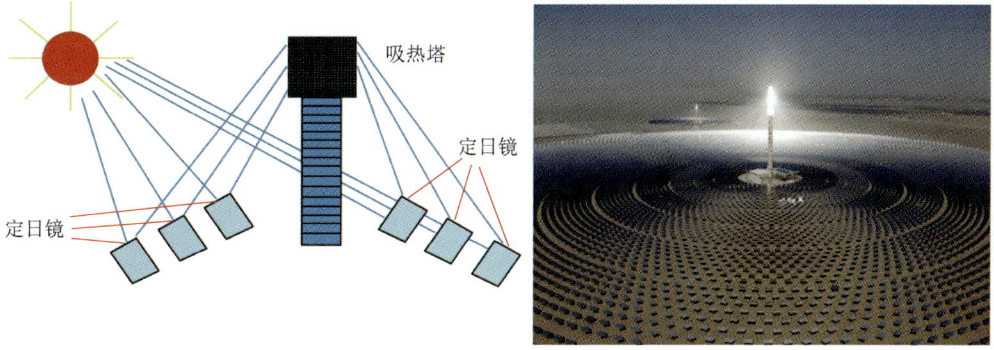

图 5-16　塔式光热发电装置

2）槽式光热发电系统

槽式光热发电系统（装置如图 5-17 所示）又称线性聚光集热发电系统，是通过大面积的“U”形槽式抛物面聚光镜将太阳辐射能反射聚焦到安装在聚光镜抛物线焦线的接收器上，进而加热接收器中的传热介质，将太阳辐射能转化为传热介质的内能。槽式光热发电系统采用单轴控制一维跟踪太阳的方式，集热温度远低于塔式光热发电系统，属于中高温热力发电，集热系统串并联集成后发电容量无限扩展。槽式光热发电系统所用热传递介质可以是导热油、熔盐、水等，其中导热油是商业化槽式系统中最常用的传热介质。相对于塔式光热发电系统，槽式光热发电系统具有结构简单、成本较低、安装与维修较为方便等优势，并且占地面积比塔式、碟式光热发电系统要小 30%～50%，成为目前商业化运营光热电站占比最大的光热发电技术。但是，槽式光热发电系统中反射镜支撑结构的抗风能力差，若加强和改进系统的抗风性能，则会导致发电成本大幅升高。此外，大规模的抛物面槽式集热器以串联或并联的方式进行连接，形成较大面积的集热场，会造成线性接收器过长，散热面积大，不仅增大了热损耗量，而且热传递介质的温度也无法进一步提高，使得槽式系统的太阳能利用效率较低。

图 5-17　槽式光热发电装置

3）线性菲涅耳光热发电系统

线性菲涅耳光热发电系统（装置如图 5-18 所示）与槽式光热发电系统类似，采用多个平面或微弯曲的线性光学镜组成菲涅耳结构聚光镜来替代槽式抛面镜，通过线性单轴控制平放在地面的矩形光学镜组成菲涅耳反射镜场，将一部分太阳光直接反射至线性接收器表面，另一部分太阳光反射至曲面反射镜上，经二次反射聚焦至安装在曲面反射镜焦线的接收器，吸收后将太阳辐射能转化为传热介质的内能。线性菲涅耳光热发电系统

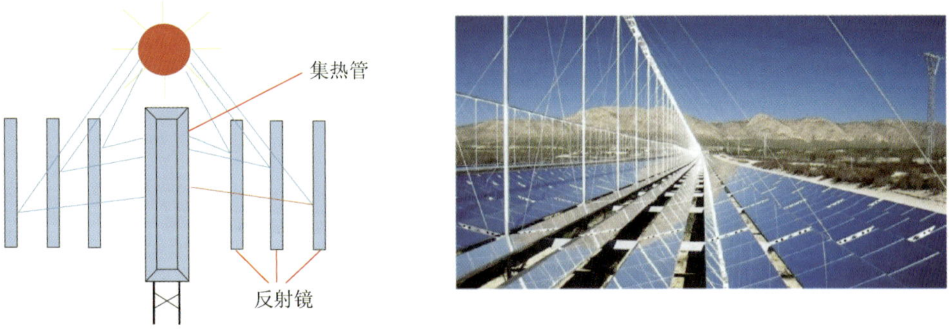

图 5-18　线性菲涅耳光热发电装置

主要包括菲涅耳反射镜场、二次线性曲面聚光镜、太阳能集热器等。兰州大成科技股份有限公司（以下简称兰州大成）在敦煌成功建成了首座以熔盐为传热介质商业化运营的线性菲涅耳光热电站，在国内外首次实现了 550℃线聚焦高温熔盐集热技术突破，建立了熔盐线性菲涅耳式聚光集热技术体系和拥有自主知识产权的产业链。该电站于 2016 年入选由国家能源局和发展改革委批准的首批光热发电示范项目，于 2018 年 6 月开工建设，2019 年 12 月首次并网发电，2020 年 6 月实现太阳能集热发电和商业化运行，2021 年 5 月实现满负荷发电，实现了熔盐线性菲涅耳光热发电站由 0 到 1 的突破。

4）碟式光热发电系统

碟式光热发电系统（装置如图 5-19 所示）又称抛物面反射点式聚光集热发电系统，利用碟状的抛物面盘聚光集热镜场将太阳辐射能聚集至位于抛物镜面焦点处的接收器上，将太阳辐射能转化为接收器内传热介质的内能，再通过斯特林循环或布雷顿循环系统将介质的内能直接转化为电能。碟式光热发电系统主要包括碟式抛物面反射镜、太阳能集热器、发电系统等。碟式光热发电系统通过双轴驱动来跟踪太阳辐射能，而安装在抛物面焦点处的集热器随之转动，避免镜面余弦效应，提高集热效率。其聚光比可达 3000 左右，传热介质的温度和压力可达 700～750℃和 200bar，系统效率高达 28%～30%。碟式光热发电系统既可以独立运行，也可以多台装置并联形成模块化的热发电站。

图 5-19　碟式光热发电装置

综上所述，碟式和塔式光热发电系统聚光集热镜场的光学效率较高，聚光集热及光热转化过程中的能量更集中，系统工作温度和效率较高。碟式光热发电系统受到单机规模和造价的限制，目前在建示范项目的单台机组容量处于千瓦级别；塔式光热发电系统的太阳岛控制系统复杂、维护成本高，但具有聚光倍数高、光热转换效率高、热量传递路径短等特点，非常适合大规模、大容量的商业化应用，因此塔式光热发电系统被认为是极具潜力的技术路线，目前约占全球太阳能热发电总装机容量的 20%。槽式光热发电技术是目前最为成熟、应用范围最广的光热发电技术，约占总装机容量的 76%。槽式光热发电系统具有聚光与集热系统结构部件简单、能量收集跟踪控制简便的特点，但相较于塔式光热发电系统，槽式光热发电系统的聚光比较低、散热面积较大，效率和工作温度相应较低。线性菲涅耳光热发电系统虽然采用了菲涅耳结构聚光镜代替抛物面，降低了聚光镜生产技术难度和成本，但系统总体效率有待提高。截至 2023 年底，国内已建成的线性菲涅耳光热发电项目只有兰州大成敦煌 50MW 光热发电项目。

以上几种技术特点的对比，如表 5-3 所示。

表 5-3　四种光热发电技术特点

项目		槽式	塔式	碟式	线性菲涅耳式
聚光镜场	聚光方式	线聚焦	点聚焦	点聚焦	线聚焦
	二次反射	无	无	无	有
	跟踪方式	单轴跟踪	双轴跟踪	单轴跟踪	双轴跟踪
	聚光比	30～80	600～1500	1000～4000	25～100
	镜面效率	低	高	高	低
集热与储热	集热方式	分布广泛的接收器中回收热	空腔集中接收	空腔接收器、热动力发电机组	分布广泛的接收器中回收热
	传热介质	水、蒸汽、熔盐、导热油	水、蒸汽、熔盐	熔盐	水、蒸汽
	储能	中温储热	高温储热	无	中温储热
	吸热器运行温度/℃	350～740	500～1200	700～1000	270～550
蒸汽发生系统	动力循环模式	朗肯循环	朗肯循环、布雷顿循环	斯特林循环	朗肯循环
	机组类型	蒸汽轮机	蒸汽轮机、燃气轮机	斯特林机	蒸汽轮机
	效率/%	30～40	30～40	30～40	30～40
系统峰值效率/%		21	23	29	20
系统投资成本		中	高	高	中
建设成本/(万元/kW)		1.4	1.5	1.7	1.7
综合光电转化效率/%		11～15	14	16～18	9～11
适宜装机容量/MW		30～450	30～400	5～25	10～320
成熟度		商业化	商业试点	示范	示范
已建装机规模		100MW	200MW	千瓦级	50MW

2. 国内光热发电产业发展现状

张金平等（2023）认为相对于美国与西班牙，我国光热发电产业发展起步较晚，但发展相对较快。“十一五”期间，科技部确立中国科学院电工研究所“太阳能热发电技术及系统示范”项目，2012 年在北京延庆八达岭建设 1MW 太阳能热发电实验电站并成功发电运行，成为我国首座兆瓦级塔式太阳能热发电实验电站，也是亚洲最大的光热发电试验基地。随后，兰州大成研发的 200kW 槽式 + 线性菲涅耳太阳能聚光发电试验系统在兰州新区光热产业基地顺利并网发电，有效功率超过 150kW，标志着我国光热发电产业的开始。2016 年 9 月，国家能源局发布《关于建设太阳能热发电示范项目的通知》，确定我国首批太阳能热发电示范项目 20 座，分别是甘肃 9 座、青海 4 座、河北 4 座、内蒙古 2 座、新疆 1 座，总装机容量 1.35GW，标志着我国太阳能热发电技术从实验室走向工业化生产应用。此外，国家为鼓励扶持太阳能热发电产业，国家发展改革委实行差额电价，在 2018 年 12 月 31 日前全部投运的示范电站可享受 1.15 元/(kW·h)的新能源标杆电价；在 2019 年和 2020 年全容量并网发电的，享受 1.10 元/(kW·h)的电价；在 2021 年 12 月 31 日前全容量并网发电的，上网电价按 1.05 元/(kW·h)执行；2022 年 1 月 1 日以后并网发电的首批示范项目不再享受中央财政补贴。截至 2018 年，我国 20 个太阳能热发电示范电站建成 9 座，其中 2018 年底并网发电有 3 座，分别是青海德令哈中广核 50MW 槽式、青海德令哈中控 50MW 塔式熔盐、甘肃敦煌首航节能 100MW 塔式熔盐太阳能热发电示范电站。2019 年底并网发电 3 座，分别是青海共和中电建 50MW 塔式熔盐、新疆哈密中电工程 50MW 塔式熔盐（塔式熔盐光热电站如图 5-20 所示）、兰州大成敦煌 50MW 线性菲涅耳熔盐太阳能热发电示范电站。2020 年底并网发电 1 座，为内蒙古乌拉特中旗 100MW 槽式导热油传热、熔盐蓄热太阳能热发电示范电站。2021 年底并网发电 2 座，分别是甘肃玉门鑫能 50MW 塔式熔盐、甘肃阿克塞 50MW 槽式熔盐太阳能热发电示范电站。值得注意的是，首航节能 100MW 塔式熔盐太阳能热发电示范电站并网运行，实现 24h 连续发电，成为亚洲最大的塔式熔盐太阳能热发电示范电站。截至 2024 年，我国已有 10 座 10MW 级规模以上的光热发电站，总装机容量 560MW，位居全球第四。2020 年，随着我国“双碳”目标的提出，光热发电技术迎来了前所未有的发展机遇。国家太阳能光热产业技术创新战略联盟在《中国太阳能热发电及采暖行业蓝皮书 2020》中提出，我国光热发电装机容量在 2025 年前实现 10GW，年均电价行业目标降至 0.9 元/(kW·h)。

图 5-20　塔式熔盐光热电站

2022 年 7 月 28 日，鄯善 1GW“光伏 + 光热”一体化项目奠基仪式在新疆维吾尔自治区吐鲁番市鄯善县举行。鄯善 1GW“光伏 + 光热”一体化示范项目总投资 60 亿元，总装机容量 1GW，主要建设 10 万 kW 光热储能，90 万 kW 光伏发电项目，配套建设 2 座 220kV 升压汇集站，总占地面积约 30km^2。其中，光热塔高度达 189.25m，采用光伏、光热熔盐储能相结合的可再生能源发电技术，建成后年均上网电量约 20 亿 kW·h，每年节约标准煤约 66 万 t，减少二氧化碳排放约 158 万 t，具有良好的社会效益、经济效益和环保效益。

新疆托克逊县乌斯通“光热 + 光伏”一体化项目（图 5-21）位于新疆吐鲁番市托克逊县（乌斯通沟）省道 S301 以南 6km，乌斯通沟水库以北，项目用地面积共计 249.83hm^2。项目主要新建 900MW 光伏 + 100MW 储热时长 8h 的储热型光热发电项目及配套送出工程。托克逊 100MW 光热工程采用塔式光热发电技术，设计安装 14680 块中型定日镜，总集热面积为 44 万 m^2。项目建成后，平均每年可供上网的清洁电能为 17 亿 kW·h，与燃煤电厂相比，每年可节约标准煤 66 万 t，相当于每年可减少 1 万 t 二氧化硫、157 万 t 二氧化碳、176t 一氧化碳等大气污染物排放，有利于缓解环境保护压力，实现经济与环境的协调发展，项目节能和环保效益非常显著。

图 5-21　托克逊县煤炭清洁高效综合利用循环一体化产业链项目

哈密市风光资源丰富，经测算，哈密年日照时数高达 3380h，是全国日照最充足的地区之一，其太阳能资源理论蕴藏量达 22.6 万亿 kW，资源可开发量达 49.38 亿 kW，技术可开发量达 32.09 亿 kW。哈密 50MW 塔式熔盐光热发电站位于哈密市伊吾县淖毛湖镇境内，地处天山东麓，于 2019 年 12 月 29 日并网发电，可实现昼夜连续发电，具备稳定的电力输出和良好的调节性能。目前，该电站已实现年供电量 1.983 亿 kW·h，可供 24 万人一整年的生活用电，相当于每年节约标准煤 6.19 万 t，每年减排燃煤所产生的二氧化硫约 61.89t、烟尘约 19.84t。2023 年 11 月 10 日，国网新疆电力有限公司电力科学研究院顺利完成哈密 50MW 塔式熔盐光热发电站机组的最后一项涉网试验——自动发电控制（AGC）试验，标志着该电站已具备正式转入商业运行能力。哈密 50MW 塔式熔盐光热发电站位于新疆哈密市伊吾县，是国家首批太阳能热发电示范项目，也是新疆首个光热发电项目，于 2021 年 9 月 27 日实现全容量发电。受技术和成本影响，光热发电项目的商业化应用仍处于逐步探索阶段。为推动哈密 50MW 塔式熔盐光热发电站顺利转入商业运行，国网新疆电力有限公司电力科学研究院先后完成机组进相运行、自动电压控制（AVC）、一次调频、AGC 等涉网试验，提供专业技术支撑和技术服务。哈密 50MW 塔式熔盐光热发电站（图 5-22）安装了 14500 面定日镜，围绕着吸热塔排列，每面镜子都能像“向日葵”一样“追随”太阳转动角度，统一将阳光反射到中心位置的吸热塔顶部。塔中的熔盐吸收热量后成为高温熔盐，温度达到 560℃，高温熔盐再经过热交换器与水换热，产生高温高压水蒸气，最终由水蒸气推动汽轮机实现发电。哈密 50MW 塔式熔盐光热发电站能够顺利转入商业运行，将对促进太阳能热发电国产化进程，改善地区能源结构，带动当地相关产业经济发展具有十分重要的意义，也为我国实现“双碳”目标作出了积极探索。

图 5-22　哈密 50MW 塔式熔盐光热发电站

3. 光伏发电原理及分类

1）光伏电池的工作原理

光伏电池的工作原理源自光电效应（图 5-23），是一种在太阳光照射下将光子能量转化为电能的物理现象。其基本构造包括半导体材料和 PN 结（即由 P 型半导体与 N 型半导体相接触形成的结构）。

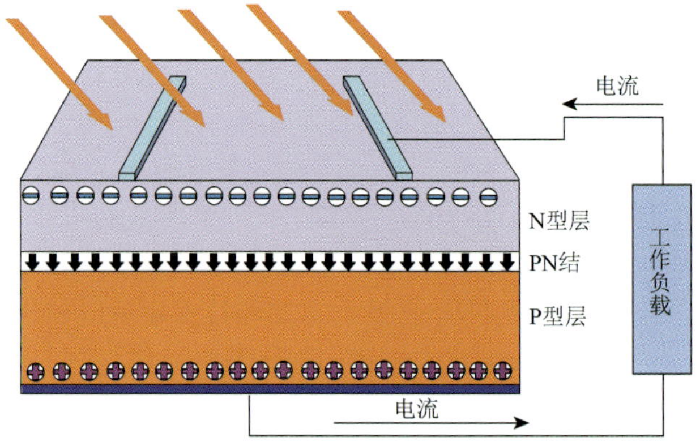

图 5-23　光电效应原理图

光伏电池工作原理的核心在于光子能量的吸收和电子的运动。光子在照射到半导体材料表面后，通过能级跃迁将其能量传递给半导体内的电子，使其获得足够的能量脱离束缚。脱离的电子形成了电子-空穴对，而 PN 结的电场势差推动了这些电子和空穴的分离和流动。电场势差是通过将 P 型和 N 型半导体相接触产生的，形成了一种内部的电场，促使电子流向 P 型半导体，而空穴则流向 N 型半导体。由于 PN 结的形成，电子和空穴的流动方向被限定，形成了电流。通过导线的引导将电流传送到需要电能的地方，如家庭用电设备，或连接到电网进行分配。

此外，光伏电池的效率还受到一系列因素的影响，包括太阳光的强度、入射角度、温度等。优化这些因素有助于提高光伏电池的整体性能。通过深入理解光伏电池的工作原理，更好地应用和优化这项技术，推动太阳能光电转换的发展，实现更为高效和可持续的能源利用。这一工作原理的深入解析为理解光伏电池技术提供了基础，也为未来太阳能发电的不断改进和创新提供了方向。

2）光伏电池的种类

光伏电池作为太阳能光电转换的关键技术，具有多种类型，每种类型都在不同方面展现出独特的性能和应用优势。其中，单晶硅太阳能电池是一种主流型号，它采用高纯度的单晶硅材料制造而成。这种电池因其晶体结构的高度有序性而表现出出色的电学性能，具有较高的转换效率。然而，制造单晶硅电池需要耗费大量的能源和成本，因此在一些应用场景中可能受到制约。相对而言，多晶硅太阳能电池采用多晶硅材料制造，其制造成本较低。虽然相较于单晶硅电池，多晶硅电池的效率略低，但在商业应用和大规模光伏电站中得到了广泛采用。多晶硅电池的制造工艺更为灵活，适用于大面积生产，并在一定程度上缓解了能源与成本的压力。这使得多晶硅电池成为可持续发展和商业化的可行选择。另一类重要的光伏电池是薄膜太阳能电池，它采用薄膜材料制造，因而具有轻巧和柔韧的特点。这种灵活性使得薄膜太阳能电池可以适应各种不同形状和表面的应用场景，如建筑一体化和可穿戴设备。然而，与之相关的挑战是薄膜太阳能电池通常具有较低的转换效率，限制了其在大规模发电项目中的应用。尽管如此，随着对新材料和制造工艺的研究不断深入，薄膜太阳能电池的性能也在逐步提升。

此外，光伏电池的发展也在探索一些新型结构和材料，如有机太阳能电池和钙钛矿太阳能电池。有机太阳能电池采用有机半导体材料，具有轻量、柔韧、低成本等优势，但其效率仍在提升阶段。而钙钛矿太阳能电池则因其在光电转换效率上的显著突破而备受瞩目，成为光伏领域的新兴技术。这种电池采用钙钛矿材料，其结构独特，使其在太阳光吸收和电子传导方面表现出色，带来了更高的转换效率。在未来，光伏电池技术将继续发展，通过不断提升转换效率、降低成本、拓展应用领域等方面的努力，逐步实现对传统能源的替代。这将有助于推动可再生能源的可持续利用，减缓环境问题，同时也为人类社会提供更为清洁、可靠的能源来源。

3）光伏发电系统的组成

光伏发电系统是由多个组件精密协同工作以实现太阳能光伏电池将太阳能转换为电能的复杂系统。其中最核心的部分是光伏电池阵列，它是由许多光伏电池板组成的集合体。这些电池板通常被安装在特制的支架上，以最大程度暴露于阳光之下。光伏电池阵列的规模和布局直接影响着整个系统的发电效率。连接在光伏电池阵列之后的是逆变器，其主要作用是将直流电能转换为交流电能，以适应家庭用电或者并网发电的需要。逆变器在整个系统中扮演着关键的角色，因为家庭用电和电网都通常使用交流电，而光伏电池产生的电能是直流的。逆变器的性能和效率直接影响着光伏发电系统的整体效能。支架和跟踪系统也是光伏发电系统的重要组成部分。支架不仅用于支撑和安装光伏电池板，还可以根据太阳的位置和光照强度调整电池板的角度和方向，以最大程度捕捉阳光。跟踪系统通过实时监测太阳位置和光照强度，使得光伏电池板能够始终保持最佳的朝向，从而提高系统的发电效率。光伏发电系统还包括电池储能系统，它用于存储白天过剩的电能，以备晚上或低光照时使用。这样的储能系统通常采用锂离子电池等先进的蓄电技术。储能系统的引入不仅能够提高系统的自给自足性，还能够应对不稳定的发电情况，确保电力供应的连续性。在实际的光伏发电系统中，还可能包括一系列的监测和控制设备，用于实时监测系统的性能、温度、电压等参数，并根据需要对系统进行调整和优化。这些设备通常通过智能控制系统实现，提高了光伏发电系统的可操作性和可维护性。总的来说，光伏发电系统是一个高度集成的系统，涵盖了从光伏电池阵列、逆变器、支架和跟踪系统，到电池储能系统等多个组件。组件之间的协同作用决定了整个系统的性能和效率。随着科技的不断进步，光伏发电系统的各个组成部分也在不断创新和升级，以适应不同环境和应用场景，推动太阳能发电技术的不断发展。

4. 光热发电和光伏发电性能对比

1）系统效率

光伏发电和光热发电是两种主要利用太阳能的技术，它们在能源转化效率、适用场景、成本等方面存在显著的差异。首先，光伏发电的效率通常较高，特别是在单晶硅和多晶硅太阳能电池方面。电池通过光电效应将太阳光直接转化为电能，具有较高的转换效率，可在理想的条件下达到 20%甚至 30%以上，使得光伏发电系统成为一种相对高效的太阳能转化技术，适用于各种规模的项目，从小型屋顶系统到大型光伏电站。光伏发电系统实时发电的特性使其更适合应对瞬时和波动性的电力需求。相比之下，光热发电系统的效率相对较低。光热发电通过聚光系统将太阳光聚焦到一个小区域，产生高温区域，再利用这一高温区域加热工质，将其转化为蒸汽，最终通过发电机将机械能转化为电能。这一过程中存在多个能量转化步骤，包括光能到热能、热能到机械能、机械能到电能，每个步骤都可能伴随着能量损失。因此，光热发电的效率一般在10%～25%，相对较低。

光热发电的适用场景主要集中在大规模发电项目，如集中式太阳能电站。这是因为光热发电系统通常需要庞大的聚光设备和热能转化系统，适用于大面积的集中式发电。此外，光热发电系统在能量储存方面也具有优势，通过储热系统可以在晚上或低辐射时段继续供电，提高了系统的可靠性。然而，由于系统复杂性和较高的制造成本，光热发电在小规模应用和分布式能源系统中的应用相对较少。在成本方面，光伏发电系统通常具有相对较低的制造成本，尤其是多晶硅电池。光热发电系统则因其需要大型聚光设备、热能转化系统和储热系统而具有较高的制造和运维成本。

2）储能系统

光伏发电和光热发电在储能需求方面有显著的差异，主要体现在其能源产生的特性和能源转化路径上。首先，光伏发电系统通常不需要大规模的储能设备。光伏电池通过光电效应直接将太阳光转化为电能，这一过程是实时的，取决于太阳光的照射强度和持续时间。由于光伏系统产生的电能可以直接注入电网或供应给家庭用电设备，其发电与用电的匹配度较高。在夜晚或低辐射时段，当光伏系统无法直接产生足够的电能时，可以通过电网供电，也可以采用小规模的储能系统，如锂离子电池，来弥补短暂的能源不足。相反，光热发电系统通常需要配备大型储热系统。光热发电系统的能量转化涉及多个步骤，包括将太阳光聚焦产生高温区域、加热工质形成高温蒸汽，这些步骤的产能不可即时匹配发电需求。因此，光热发电系统通常在太阳光充足的白天收集过剩的热能，并将其存储在储热设备中。这样，在夜晚或天气不佳时，光热发电系统可以从储热系统中释放热能，继续产生蒸汽驱动发电机，实现持续供电。储热系统的设计和性能直接影响了光热发电系统的稳定性和连续性，因此是光热发电技术的重要组成部分。光伏发电系统的储能需求相对较小，主要是为了弥补短暂的能源波动。这种相对较小的储能需求使得光伏系统更加灵活，适用于各种规模的应用场景。此外，随着储能技术的不断发展，光伏发电系统的储能成本也在不断降低，进一步增强了其在能源系统中的竞争力。总体而言，光伏发电和光热发电的储能需求反映了它们各自的发电机理和能源转化路径。光伏发电系统通过实时的光电效应直接将太阳光转化为电能，因此其储能需求相对较小；而光热发电系统通过多个步骤将太阳光转化为电能，因此需要较大容量的储热系统以保证能源的稳定供应。这两者在储能方面的差异使得它们适用于不同的应用场景，需要根据具体需求和条件进行选择和设计。

3）适用场景

光伏发电和光热发电作为太阳能的两种主要利用技术，具有不同的适用场景，这取决于它们的发电机理、效率、储能需求以及经济成本等多方面因素。光伏发电系统因其相对高的转换效率和实时发电的特性，适用场景更广泛。小规模的光伏系统可以灵活安装在屋顶、墙壁或其他空间受限的地方，为单个建筑或设备提供清洁的电力。这种分布式的特性使得光伏系统非常适合于分布式能源系统，能够满足城市、农村甚至是偏远地区的电力需求。同时，大规模的光伏电站则可以应用于光照条件较好的地区，为电力网络提供大量清洁能源，降低对传统能源的依赖。相比之下，光热发电系统更适用于大规模发电项目，特别是集中式太阳能电站。光热发电的工作原理涉及将太阳光聚焦到一个小区域上，产生高温区域，再利用这一高温区域加热工质，最终通过发电机将机械能转化为电能。这种集中式的发电方式使得光热发电系统更适用于阳光充足的地区，且其对大面积场地的需求较高。因此，集中式太阳能电站通常选址在沙漠等光照条件极佳的地方，能够大规模地产生电能，为电网提供稳定的清洁能源。光伏发电系统具有较低的建设和运维成本，且适用于各种规模的项目，因此在分布式能源领域具有广泛的应用前景。光伏发电技术的快速发展和不断降低的成本使得其逐渐成为清洁能源转型的主力军。光热发电系统虽然在效率上相对较低，但其优势在于能够提供可控、稳定的发电能力。大型集中式太阳能电站通常需要处理大规模的电力需求，而光热发电的储能特性使其能够应对电力网络的波动性，确保在不断变化的能源需求中保持稳定的供电。总体而言，光伏发电在分布式能源系统、小型到大型光伏电站等方面表现突出，适用场景较为广泛。而光热发电则更适用于大规模发电项目，特别是集中式太阳能电站，其储能特性使其在电力网络中更容易实现平稳供电。综合考虑其特点，未来清洁能源发展中将充分发挥光伏和光热发电的优势，以满足不同场景下的能源需求，实现可持续能源的更广泛应用。

4）发电成本

光伏发电和光热发电的成本差异在于其技术特点、设备制造与维护成本、储能系统以及适用场景等多方面因素。光伏发电的制造成本相对较低，尤其是采用多晶硅太阳能电池的系统。多晶硅太阳能电池的生产工艺相对成熟，制造规模大，生产成本相对较低，这使得光伏电池在市场上的价格逐渐降低，提高了光伏电池在能源市场上的竞争力。此外，光伏发电系统的运维成本相对较低，因为其组件相对稳定，不涉及复杂的机械系统，维护工作主要集中在电池板的清洗和检修上。相比之下，光热发电的制造和运维成本相对较高。光热发电系统涉及大规模的聚光设备、热能转化系统以及储热系统等复杂组件，这使其制造和安装的初投入成本相对较高。尤其是对于大型集中式太阳能电站，需要大规模的镜面或透镜来实现聚光，增加了制造和安装的复杂性。此外，储热系统的设计和实施也需要投入大量资金，以确保系统在夜晚或低辐射时段能够继续供电。光热发电系统的复杂性和储能需求进一步增加了其运维成本，因为需要对聚光设备、热转化系统和储热系统进行定期检查和维护。然而，光热发电在一些方面具有优势，尤其是在能源存储方面。光热发电系统能够将白天过剩的热能储存在热储罐中，晚上或天气不佳时释放以继续供电。这种储能特性使得光热发电系统在提供持续、平稳的电力输出方面更具有竞争力。虽然这增加了初期投资，但在一些大型集中式电站的应用场景中，这种能源存储的优势可以抵消一部分成本。总体而言，光伏发电和光热发电在成本方面各有利弊。光伏发电系统由于其制造成本、运维成本相对较低，更适合于各种规模的项目，尤其是分布式能源系统。光热发电系统的制造和运维成本较高，但其能源存储的特性使得其在大型电站、需求平稳的电力网络中有一定的优势。未来随着技术的不断进步和市场竞争的加剧，这两种技术都有望找到更具经济效益的应用场景。

5.2.2 钙钛矿太阳能板的应用

单晶硅、多晶硅、薄膜材料和钙钛矿制作太阳能电池的特点及比较如下。

1. 单晶硅

单晶硅太阳能电池作为太阳能领域的关键技术之一，在性能、制造成本和应用范围方面具有其特点。首先，从性能方面来看，单晶硅太阳能电池表现出较高的效率、稳定性和高温性能。其晶格结构的有序性使得电子在晶体中的迁移更为顺畅，因此单晶硅太阳能电池的效率通常较高，能够达到20%，有些尖端技术甚至可接近25%。这使得在相同光照条件下，单晶硅太阳能电池能够产生更多的电能，为电力系统提供更高的能源密度。此外，单晶硅太阳能电池具有卓越的稳定性和长寿命。其材料结构相对纯净，不容易受到外界环境的影响，从而具备较长的使用寿命。这使得单晶硅太阳能电池在需要长期可靠运行环境的应用场景中（如大型光伏电站）成为理想的选择。同时，单晶硅太阳能电池对高温环境的适应性较好，相比其他一些太阳能电池技术，在高温条件下性能衰减相对较小，这使其在一些炎热气候地区的应用更为优越。然而，这些卓越的性能特点也伴随着较高的制造成本。在制造成本方面，单晶硅太阳能电池面临一些挑战。首先，原材料成本相对较高，因为制造单晶硅太阳能电池需要高纯度的硅材料。其生产过程中涉及硅锭的制备和切割等复杂工艺，这进一步增加了制造成本。在制造工艺方面，采用丘克拉斯基（Czochralski）法等先进工艺需要高度纯净的制造环境和先进的设备，增加了制造过程的复杂性和成本。能耗是影响单晶硅太阳能电池制造成本的另一重要因素。制造过程中高温制备硅锭、切割晶片等工艺需要较大的能量投入，这也对整体制造成本构成了一定压力。尽管制造成本相对较高，但由于单晶硅太阳能电池的性能卓越，其在一些成本敏感度相对较低的应用场景中依然有一定竞争力。在大型光伏电站或商业光伏系统等大规模应用中，规模效应和系统效益的提高有助于抵消一部分成本。单晶硅太阳能电池更适用于对电池性能要求较高的场景。在成本敏感型应用方面，虽然制造成本相对较高，但在一些大规模应用场景中，如大型光伏电站，单晶硅太阳能电池由于高效率表现和长期可靠性，成本相对优势逐渐凸显。在空间有限型应用方面，由于单晶硅太阳能电池的高效率，其适用于对空间有一定要求的应用场景，如屋顶光伏系统。而在高端市场，单晶硅太阳能电池由于其卓越性能，更适用于对电池性能要求较高的领域，如太空应用等。

2. 多晶硅

多晶硅太阳能电池是太阳能领域中应用广泛的一种技术，其性能、制造成本和应用范围在光伏产业中被广泛研究。首先，从性能方面看，多晶硅太阳能电池在近年来取得了显著的技术进步。虽然相对于单晶硅而言，多晶硅太阳能电池的晶格结构相对不规则，导致电子在晶格中的运动无序，效率稍低，但近年来的技术创新和工艺改进使得多晶硅太阳能电池的性能逐渐提升，逼近甚至达到了 20%及以上的高效率水平。在制造成本方面，多晶硅太阳能电池相较单晶硅具备一定的优势。首先，多晶硅的原材料成本相对较低，制备过程相对简单。多晶硅通过直接凝固或溶液法等工艺制备，原材料利用率相对较高，降低了硅材料的浪费。在制造工艺上，相较单晶硅的丘克拉斯基法，多晶硅采用铸锭法等简化工艺，减少了生产的复杂性，从而进一步压缩了制造成本。在能耗方面，多晶硅太阳能电池的制造过程相对节能，这也有助于降低生产成本。

多晶硅太阳能电池在应用范围上展现了广泛的适用性。首先，在成本敏感型应用方面，多晶硅太阳能电池由于相对较低的制造成本，更适用于大规模光伏电站和商业光伏系统等大型项目。在这些场景中，规模效应和系统效益的提高有助于弥补制造成本的相对劣势。其次，在空间有限型应用方面，多晶硅太阳能电池虽然相对单晶硅效率略低，但由于成本更为经济，更适用于屋顶光伏系统等对成本敏感但空间有限的场景。最后，在高端市场方面，多晶硅太阳能电池在满足一般性能需求的同时，更符合一些大规模应用场景的成本考量，如电力发电站。总体而言，多晶硅太阳能电池在性能、制造成本和应用范围上呈现出平衡的特性，使其成为目前太阳能市场上应用最广泛的一种技术。随着技术不断创新和产业链的不断完善，多晶硅太阳能电池有望继续在清洁能源领域中扮演重要的角色，为可持续发展和能源转型提供可靠的支持。

3. 薄膜材料

薄膜太阳能电池（图 5-24）是继硅基光伏电池后出现的新一代光伏电池，与硅基光伏电池相比薄膜太阳能电池用料更少，且理论上也具有更高转化效率。在“双碳”目标背景下，推广光伏建筑一体化是重要举措，而薄膜太阳能电池半透明和柔性的特点使其能够很好地满足光伏建筑的需求。目前，薄膜太阳能电池主要产品包括碲化镉（CdTe）薄膜光伏电池、铜铟镓硒（CIGS）薄膜光伏电池、砷化镓（GaAs）薄膜光伏电池等。

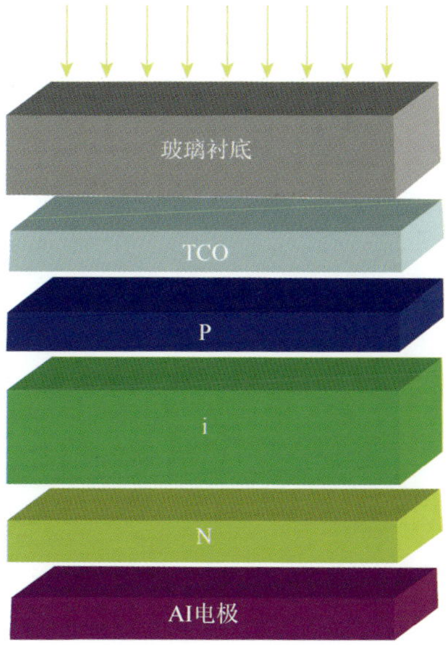

图 5-24　薄膜太阳能电池结构

CdTe 薄膜光伏电池在近年来发展较快，其主要优势是性能稳定、制造成本低并且其大规模运行效率高于非晶硅光伏电池，具有非常诱人的发展前景。GaAs 薄膜光伏电池是目前光电转化效率最高的光伏电池，三结 GaAs 薄膜光伏电池的效率已经达到了 37.9%，该纪录由日本夏普（Sharp）公司研发的倒装型电池创下。GaAs 薄膜光伏电池的优势除了高光电转化效率外，还有个优势是耐高温性能好，在 200℃以上硅电池基本不能工作，但 GaAs 薄膜光伏电池可以正常工作。但其缺点也十分明显，除了成本高昂，还有机械性能较差，较难加工。现阶段，由于 GaAs 薄膜光伏电池的造价是普通硅基光伏电池的数倍，很难做到大面积推广应用，主要是用在空间卫星、无人飞行器及概念汽车上，在民用消费领域应用还较少。相比于 CIGS、CdTe 薄膜光伏电池，GaAs 薄膜光伏电池的优势十分明显，即效率更高，稳定性更好，但是其高昂的成本使其市场竞争力较低，这也是该电池未来亟须解决的问题。

在性能、制造成本和应用范围方面，薄膜太阳能电池与传统的硅基太阳能电池存在明显的差异。

在性能方面，薄膜太阳能电池通常表现出相对较低的效率。相比于单晶硅和多晶硅太阳能电池，薄膜太阳能电池的效率一般较低，主要受制于其薄膜材料的光电转换效率。然而，薄膜太阳能电池具有柔性和轻质的特点，使其在一些特殊应用场景中表现出色，如建筑一体化和柔性电池应用。此外，薄膜太阳能电池对弱光条件的适应性较好，有利于在光照较弱的环境中产生电能。

在制造成本方面，薄膜太阳能电池相对具备一定的优势。首先，薄膜材料的制备过程相对较简单，不涉及复杂的晶体生长和切割工艺，降低了制造成本。特别是非晶硅太阳能电池，其制造工艺更为简便，有助于降低生产成本。此外，薄膜太阳能电池通常可以在大面积的基材上直接涂覆，进一步提高了生产效率。然而，需要注意的是，薄膜太阳能电池的原材料中，如 CIGS 中的铟等元素相对较为稀缺，可能对长期的供应链造成一定压力。能耗方面，薄膜太阳能电池的制造过程一般相对较短。由于薄膜材料不需要高温处理或高能耗的制备过程，薄膜太阳能电池的生产对能源的需求相对较小，这有助于减轻环境负担。这也使得薄膜太阳能电池在环境友好型能源解决方案中具备一定的竞争力。

在应用范围方面，薄膜太阳能电池具有一些独特的优势。由于其轻质和柔性，薄膜太阳能电池适用于一些需要曲面设计和柔性结构的应用场景，如建筑一体化、智能服装等。其较低的制造成本也使得薄膜太阳能电池在大规模、低成本的光伏项目中更具竞争力。然而，由于效率相对较低，薄膜太阳能电池在要求高效能转化的大型光伏电站中的应用相对有限。

总体而言，薄膜太阳能电池由于其柔性、轻质和较低的制造成本在一些特定的应用场景中展现出独特的优势。尽管在效率上存在差距，但其在建筑一体化、柔性电池等领域的应用潜力仍然巨大。随着技术的不断进步和市场的发展，薄膜太阳能电池有望在未来更广泛地融入清洁能源解决方案中。

4. *钙钛矿*

钙钛矿结构（图 5-25）光伏材料凭借自身良好的光吸收特性、载流子输运特性以及是直接带隙半导体材料等优势，日益成为太阳能电池研究领域的一个重要热点。钙钛矿太阳能电池是近年来备受关注的新兴太阳能电池技术，其独特的性能、相对低的制造成本以及广泛的应用前景引起了科学家和产业界的广泛兴趣。在理论极限上，普通单晶硅电池、异质结（HJT）电池、隧穿氧化层钝化接触（TOPCon）电池和晶体硅太阳能电池的极限转换效率分别为 24.5%、27.50%、28.70%和 29.4%。但是单结钙钛矿太阳能电池理论最高转换效率要高于晶体硅太阳能电池，达到 31%，且价格为晶体硅的一半；多结钙钛矿太阳能电池理论效率可达 45%，且制作过程无需硅料，原材料储量丰富、价格低廉。

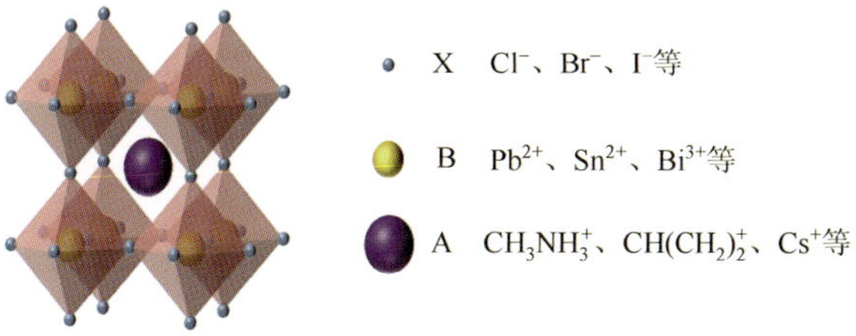

(a) 钙钛矿的晶体结构

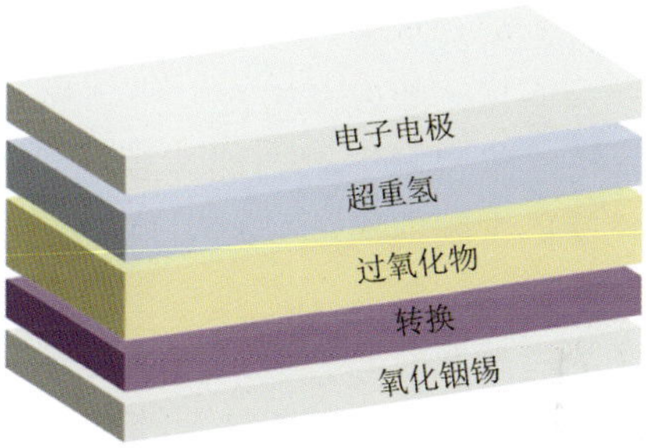

(b) 正置平面型钙钛矿太阳能电池结构示意图

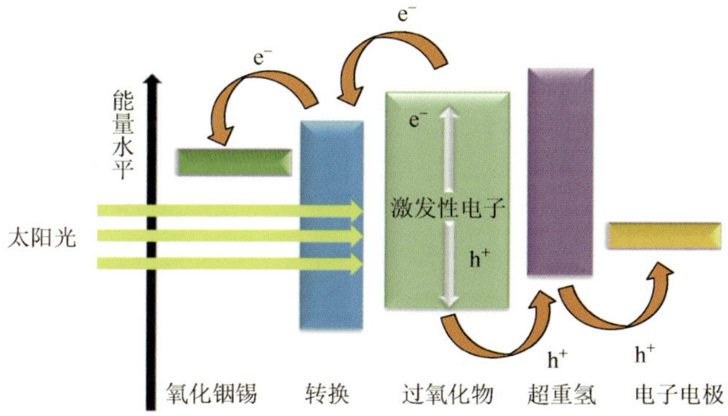

(c) 正置平面型钙钛矿太阳能电池工作原理图

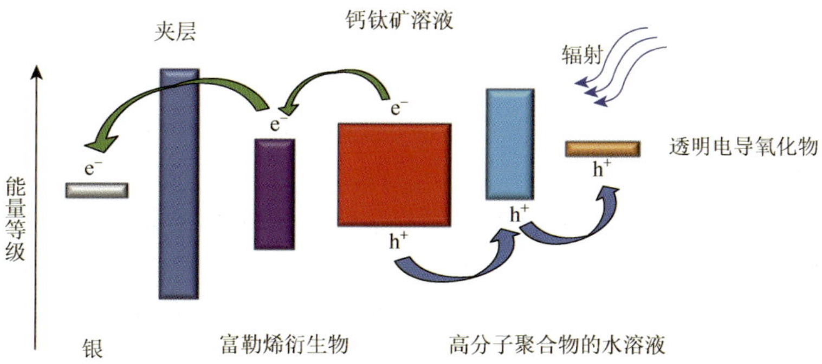

(d) 倒置平面型钙钛矿太阳能电池工作原理图

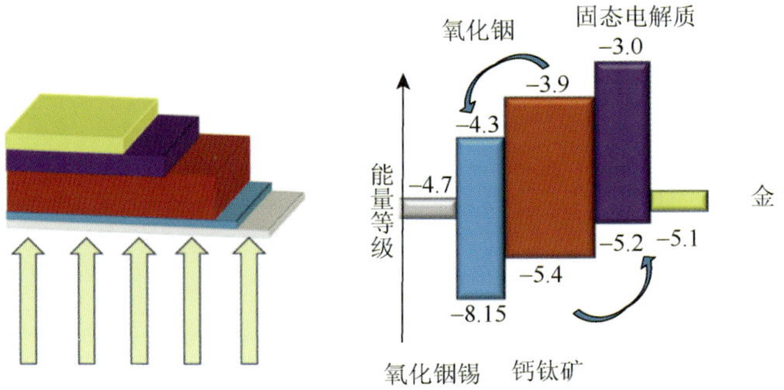

(e) 钙钛矿电池结构以及能级结构示意图

图 5-25　钙钛矿结构图

钙钛矿太阳能电池（PSC）因其带隙可调、吸收光谱宽、载流子扩散长度长、激子结合能小等优点，以及生产过程中材料消耗少、材料配方多样、易制备、设备简单，在成本方面具有较大优势，适用于大面积的工业化生产。钙钛矿材料具有高消光系数，薄膜厚度较小时，具有高的光电流密度。与其他薄膜太阳能电池，如铜铟镓硒（CIGS）太阳能电池、染料敏化太阳能电池（dye-sensitized solar cell，DSSC）、硅基太阳能电池相比，PSC 中钙钛矿光吸收层更薄，具有更高的机械耐受性，为制备柔性 PSC（F-PSC）提供了极大可能。钙钛矿材料的晶格结构独特，有助于提高电子在材料中的迁移效率，使得钙钛矿太阳能电池的光电转换效率在短时间内取得了快速的提升。目前，钙钛矿太阳能电池的效率已经达到甚至超过了一些传统太阳能电池技术，经十余年发展，已实现 26.1%的光电转换效率，甚至接近 30%。这种高效率使得钙钛矿电池成为一个备受期待的候选者，有望在未来成为主流太阳能电池技术。

钙钛矿太阳能电池的产能计算公式为：产能（W）= 面积（m^2）×光照强度（W/m^2）×效率。其中，面积为钙钛矿组件的有效面积，光照强度指光照平均强度，效率为钙钛矿光伏电池的转换效率。例如，一个钙钛矿组件的有效面积为 $1m^2$，光照强度为 $1000W/m^2$，效率为 15%，则其产能为 $1\times1000\times0.15 = 150W$，即在标准测试条件下，该组件最大产能为 150W。

在制造成本方面，钙钛矿太阳能电池具备相对较低的制造成本，这也是其备受关注的原因之一。首先，钙钛矿材料相对易于制备，其制造过程相对简单，不需要复杂的晶体生长和高温切割等工艺。相较于传统硅基太阳能电池，钙钛矿太阳能电池的制造工艺更为灵活，这有助于降低生产的复杂性和成本。此外，钙钛矿材料的原材料相对丰富，制备过程中的能耗也相对较低，有助于降低生产环节的能源消耗。然而，尽管制造成本相对较低，钙钛矿太阳能电池在长期的稳定性和耐久性方面仍然面临挑战。钙钛矿材料对潮湿和氧气的敏感性可能导致电池在特定环境中的性能下降，这对其在实际应用中的可靠性提出了一些要求。科研人员正致力于解决这些问题，以提高钙钛矿太阳能电池的长期稳定性，使其更适用于各种环境条件。在应用范围方面，钙钛矿太阳能电池具有广泛的潜在应用前景。其高转化效率和相对低的制造成本使得钙钛矿电池在大规模光伏电站和商业光伏系统中具备竞争力。由于制造工艺的灵活性，钙钛矿太阳能电池还适用于一些特殊场景，如建筑一体化、智能玻璃等应用。钙钛矿太阳能电池作为一种具有高转化效率和低制造成本的新兴技术，吸引了广泛的关注。尽管在长期稳定性方面仍存在一些挑战，但随着科研不断深入和技术不断进步，钙钛矿太阳能电池有望在未来成为太阳能领域的重要推动力。

5. 综合比较

单晶硅、多晶硅、薄膜材料和钙钛矿是当前太阳能电池领域四种主要的光伏材料，它们各自具有独特的性能、制造成本和应用范围。从目前全球光伏市场来看，单晶硅以及多晶硅电池因具较高性价比，仍然占市场主体，高转化效率和较低的制备成本也凸显出诱人的发展前景。虽然目前新型光伏电池种类繁多，其中已经能够产业化并且应用到民用领域的光伏电池只有钙钛矿光伏电池。单晶硅太阳能电池因其晶格结构的有序性表现出较高的效率，通常能达到 20%，甚至接近 25%，且具有较好的稳定性和高温性能。多晶硅相对于单晶硅在晶格结构上稍显不规则，其转化效率略低，但制造成本相对较低。薄膜太阳能电池因其轻质、柔性和相对简单的制备工艺，在建筑一体化等特殊应用中具有优势。而钙钛矿太阳能电池近年来迅速崛起，高转化效率、相对低的制造成本和良好的适应性使其成为备受瞩目的新兴技术。

在制造成本方面，单晶硅太阳能电池的制造过程相对复杂，涉及高纯度硅材料的制备、硅锭的生产和切割等工艺，因而成本较高。多晶硅相对于单晶硅在制造工艺上有一定优势，其铸锭法等简化工艺降低了成本。薄膜太阳能电池由于制备工艺简单，原材料成本相对较低，但在长期稳定性和耐久性方面存在一些挑战。而钙钛矿太阳能电池制造成本相对较低，其制备过程简便，但对材料的长期稳定性提出了一定要求。在应用范围方面，单晶硅太阳能电池由于高转化效率和长寿命，适用于对电池性能要求较高的高端市场，如太空应用。多晶硅太阳能电池在大规模光伏电站和商业光伏系统中具有竞争力，尤其在成本敏感型应用方面。薄膜太阳能电池因其轻质和柔性，适用于建筑一体化、智能玻璃等空间有限型应用。而钙钛矿太阳能电池，由于高转化效率和相对低的制造成本，适用于大规模光伏电站和商业光伏系统，并在建筑一体化等领域崭露头角。

几种电池组件的对照如表 5-4 所示。

表 5-4　电池组件性能对比

电池种类	平均转换效率/%	优点	缺点	应用场景	成本/(元/W)
单晶硅太阳能电池	24.2	技术成熟	高成本	光伏发电站等	1.04～1.12
多晶硅太阳能电池	22.8	技术成熟	效率低	光伏发电站等	0.73～0.83
硅基薄膜太阳能电池	11.9	半透明、柔性基板	效率低	光伏建筑一体化等	4.54
铜铟镓硒薄膜太阳能电池	23.4	质轻、弱光性能好	含有稀有元素 In	光伏建筑一体化等	5.00
钙钛矿太阳能电池	26.7	成本低、原材料丰富	使用寿命短	光伏建筑一体化等	1.00

5.2.3 废旧晶体硅光伏组件回收

光伏组件作为光伏电站中最核心的部件，是绿色环保的“直流发电机”，尽管在其正常运行阶段能够实现零排放的绿色电力，但其报废阶段对环境的影响也应被考虑在其整个生命周期评估中。由于当前报废光伏组件的回收成本高于其填埋方案，这使得其回收过程在经济上是一个不利的选择。截至 2024 年，全世界范围内只有约 10%的报废光伏组件被回收利用，大多数的组件被丢弃和填埋，随着装机容量的急剧增加，垃圾填埋将不可持续。

晶体硅光伏组件成分组成中，玻璃约占总重的 70%，铝边框约占 18%，太阳能电池约占 4%，铅、银、镓等金属约占 1%，这些材料大部分可通过回收实现循环再利用。一些光伏材料为达到性能所需的最低纯度要求而需要进行必要的提炼，这在一定程度上增加了光伏组件的能源负担，如应用于光伏组件的硅料需要通过西门子工艺提炼出纯度高达 99.9999%的太阳能级硅。另外，一些金属材料如镓、碲等，是作为铜、铅、锌等矿业的副产品以低浓度生产的，需要高能量的生产技术（如电解等），从废旧光伏组件中回收这些光伏材料将大大降低加工和提炼的成本。此外，全球光伏回收产业市场潜力巨大，根据国际可再生能源署的预测，2030 年全球报废光伏组件累计质量将达到 80 万 t，2050 年累计质量将达到 8000 万 t，其中可回收的材料潜在的经济价值高达 150 亿美元。

在光伏组件工业生产和应用市场中，晶体硅光伏组件（包括单晶硅和多晶硅光伏组件）是最常见的组件类型，其市场份额一直保持在 85%～90%。晶体硅光伏组件的结构从上到下依次是玻璃、EVA 胶膜层、太阳能电池、EVA 胶膜层及背板。各层材料经真空层压后再安装铝边框和接线盒等部件，封装成光伏组件。封装除了可以保证光伏组件具有一定的机械强度外，还具有改善光伏组件绝缘、防潮、耐候等性能的作用。

光伏组件制造商已将光伏组件寿命设计成 25～30 年或更长时间，以最大限度地平准化度电成本。铝边框、玻璃及封装材料的应用在提高光伏组件寿命和环境适应性的同时，也为光伏组件报废阶段的拆解回收带来了难题。

光伏组件回收过程中最关键的步骤是去除/解离组件中的 EVA 胶膜层。EVA 在常温下为固体，在组件层压过程中，熔融 EVA 中的偶联剂一端与 EVA 结合，另一端分别与玻璃、太阳能电池、背板结合，EVA 固化后将电池、玻璃和背板黏结成一个整体（层压件）。而且在光伏组件 EVA 的基本技术指标中，EVA 层与玻璃之间的黏结强度一般大于 $40N/cm^2$，无法通过手工剥离。

根据晶体硅光伏组件目前的回收方式及工艺水平，基于其回收过程中电池硅片的完整性考虑，可将现有的回收方式分为两大类：电池无损回收路线和成分综合回收路线。电池无损回收路线关注回收电池硅片的完整性，所采用的回收工艺通常很大程度上受到“无损硅片”的限制，并期望将回收的电池硅片直接再利用于生产光伏电池，从而降低制造光伏组件的成本；而成分综合回收路线则不集中关注电池硅片的完整性回收工艺，而是综合考虑组件中各成分的回收价值和环境评估，力争使回收效益最大化。

1. 废旧光伏组件回收技术

1）无机酸溶解法

EVA 由非极性结晶体的乙烯链段和极性非晶体的乙酸乙烯链段组成，相对于 HNO_3 等无机酸，非极性溶剂（如苯、甲苯）和极性溶剂（如乙醇、甘油）等有机溶剂对 EVA 有更好的溶解效果。首先将废弃电池进行清洗和干燥，去除表面的污染物。接着将清洁的电池片浸入硝酸溶液中，通过化学反应将银和其他金属分离出来。电池片经过进一步处理，可以分离出不同的材料，如硅材料。这些步骤能够确保电池组件中的各种材料得到有效回收，同时不会造成材料损坏。化学处理分层由于需要大量的化学试剂、反应周期长等缺点，不太可能成为一个可行的工业化过程，同时，处理化学废液和氮氧化物等有毒物质不仅大大增加了组件回收的复杂性及处理成本，而且极可能对环境造成不可逆的污染和破坏。

2）热处理法

热处理法是指在高温加热条件下将 EVA 封装胶膜分解，以达到分离钢化玻璃、硅电池片和其他部分的目的，具体实施可以采用固定容器热处理法或流化床反应器热处理法。固定容器热处理法是在焚烧炉中设置反应温度 500℃以上，将光伏组件放入其中进行热解。热解反应完成后，将硅电池片、钢化玻璃和涂锡焊带等材料进行分离，回收的各类材料分别进入相应的回收工序中，EVA 有机物分解燃烧的热能可以余热再利用。当前，热分解最为成熟的回收方法当属德国 Deutsche Solar AG 公司采用的热分解光伏组件示范技术，即采用光伏组件在高温炉 600℃条件下进行 EVA 热解反应，使组件各层压件分离，反应结束后将剩余部分进行人工分离。流化床反应器热处理法是指将退役光伏组件放入流化床反应器中进行热处理。将光伏组件放入流化床中后，EVA 胶膜和背板材料会先后在流化床反应器中气化分解，废气则从反应器中进入二次燃烧室。通过流化床热处理法可完好地回收厚度 400μm 以上的硅电池片。随着制作工艺进步，硅电池片逐代变薄，热处理法因无法获得完好硅片只能用于分解回收硅料。热处理法目前处于中试研究阶段，该法具有 EVA 去除率高、适合大规模工业生产等优点。不足之处为硅电池片热解过程受热不均匀易导致碎裂而不能保持其完整性。

3）机械分离法

机械分离法是采用切割、破碎、筛分和磨削等机械力对晶硅光伏组件进行分离的方法。在晶硅光伏组件回收领域已从研究阶段逐步迈向初步工业化应用，但尚未实现大规模普及。当前，铝外框和接线盒拆解技术基本成熟，主要依靠人工或自动化机械从退役光伏组件上拆除，随后将去边框的光伏组件粉碎，分离出玻璃颗粒和涂锡焊带，组件剩下的部分再进一步粉碎成细粉，通过静电分离方法分别得到硅电池片粉末、金属、EVA 颗粒和背板颗粒。采用此法无法充分分离得到单一组分产品，最终得到的只能是不同材料的混合物。机械分离法的优点是环保性好，操作较简单，易于大规模生产；其缺点是回收能耗较高，分离的各物质纯度不高，特别是硅电池片和钢化玻璃都含硅，其物理化学性质相似，难以分离，会增加再利用的成本和流程。

2. 废旧组件的成分综合回收

尽管晶体硅光伏组件的基本结构是相同的，但不同的制造商使用不同的生产程序和原材料（如不同的减反射层、封装聚合物及背板材料等），不同组件成分之间的差异越来越明显。光伏组件成分和太阳能电池结构上的差异性对无损电池的回收是一种限制。而且随着硅片厚度的减小，预计回收完整的电池将变得更加困难。同时，电池的效率每年都在提高（如发射极背面钝化电池的最高转化效率从 2014 年的 21.40%提高到 2019 年的 24.03%），制造商不太可能对转化效率较低、旧的再生电池感兴趣，同时面对复杂的处理工艺和高昂的分离成本制造商对完整的电池硅片回收望而却步。因此，无须关心太阳能电池硅片完整性的成分综合回收路线在实现低成本、绿色化回收方面更具优势。废旧组件的成分综合回收路线的优势是可处理如晶体硅、薄膜等不同类型的光伏组件，不再受组件间成分差异的限制。其次，通过不同的破碎、分选程序，可对其中的玻璃、高价金属、硅等材料进行回收，混合材料每通过一步分选，将缩短后期的分离和纯化过程。同时，该路线不集中关注电池硅片的完整性回收，通常可采用机械设备进行大吞吐量的作业。

1）破碎

破碎光伏组件可采用传统的机械设备，如双转子破碎机、锤式破碎机、三叶破碎机等。在破碎过程中通过制冷剂提供的低温环境进行低温破碎，此外，也可采用高压脉冲破碎等破碎方式。鉴于光伏组件尺寸、破碎设备及技术等因素，目前采用高压脉冲破碎前一般需要将组件处理至 3～12cm^2 的块状试样。

A. 传统机械破碎

使用双转子破碎机和锤式破碎机对层压件进行破碎，通过机械振动筛进行分选，对粒径大于 1mm 的颗粒（EVA 未解离的层压件块料）于 650℃条件下进行热处理，组件总质量的 85%材料被回收。

B. 高压脉冲破碎

与传统破碎方式相比，高压脉冲破碎为光伏组件中金属更高的分离效率提供了可能性。光伏组件由不同材料层通过层压构成，各层材料间的电气和机械特性差异较大，在高压放电的条件下，层间界面处形成放电通道，高能量的脉冲沿着放电通道进行传播，导致局部产生高温高压，一旦超过了材料的抗拉强度，就会导致材料断裂和材料间解离。

C. 低温机械破碎

低温改性技术已逐渐在各领域得到应用，如废旧锂离子电池电极材料、液晶显示器的低温破碎回收，尤其显示器中的液晶屏与光伏组件有着相似的结构。玻璃化温度 T_g 是聚合物在低温下力学性能发生突变时所对应的温度。在玻璃化温度下，EVA 呈玻璃态，表现出一定的脆性。在光伏组件中，玻璃化温度直接影响 EVA 的低温性能，从而影响组件的环境适应性。在低温条件件下利用 EVA 的低温特性及各层材料的不同热力学性质进而在各层间形成间隙，减弱层与层之间的黏结强度；同时，当作业环境温度低于 EVA 的玻璃化转变温度甚至脆化温度时，采用较小的机械作用力能对其产生破碎和分层效果。低温破碎与常温机械破碎相比，层压件各层材料之间的分离效果更好和破碎效率更高。

2）分选

破碎后的混合颗粒可根据材料不同的导电性进行高压静电分选、通过密度差异进行重介质分选、根据不同的电导率进行涡电流分选，或直接通过破碎后颗粒的粒径进行振动筛分选。鉴于破碎颗粒中材料的多样性，一般需要同时应用单次或多次、相同或不同的分选工艺进行多次分选，以提高材料在某粒径范围内的富集程度。通过机械振动筛对不同粒径的破碎产品进行分选是最常用的分选手段。光伏组件经机械破碎后，由于各材料层尺寸及材料弹性、脆性等物理性质之间的差异，破碎产品中各材料粒径尺寸会有所差异。高压静电分选是根据待分选颗粒的导电性差异，在电晕电场的作用下产生不同的运动轨迹，使物料落入不同的收集槽中从而达到分离的目的。根据组件中材料不同的电导率，也可以使用涡电流分选，当具有导电性能的金属（如铜、铅等）碎料以一定速度通过一个交变磁场时，这些金属中产生感应涡流从而形成交变磁场，通过与外部的交变磁场的相互作用，从而将金属从混合碎料中分离出来。

值得注意的是，静电分选和涡电流分选均对混合物料的粒径提出了较高的要求，粒径过小，颗粒的比表面能较大，不利于待分选物料的运动和分离；粒径过大，重力效果会对颗粒的运动轨迹产生较大影响，从而影响分选效率。光伏组件通过机械等方式破碎成细小颗粒后，可以根据颗粒的密度进行分选，也称为重介质分选。由于组件破碎后的混合颗粒材料种类众多，无法对所有材料进行分选，但可通过不同的介质（水、氯化钠溶液、不同密度的聚钨酸钠溶液）进行多次分选，根据密度差异可对其中部分材料进行提纯，通过分选可提高材料在分选产物中的富集程度，但其纯度通常较低，提高材料的分选效率和纯度仍是光伏组件回收过程中的一大挑战。分选产物中的有价金属若需进一步提高其纯度，通常需要使用浸出剂将其溶解在溶液中或沉淀在新的固相中，再通过萃取和沉淀分离金属组分。

3. 废旧组件材料回收及再利用

1）玻璃的回收及再应用

对于组件分离后回收的完整玻璃，可直接再用于组件的封装，然而，由于光伏组件尺寸问题（60 片电池商用光伏组件，长约 1.65m，宽约 1m），设备难以满足处理整块组件的要求，实验过程中一般需要对组件进行剪切处理，将组件裁剪至合适的尺寸再进行实验，或由于机械破碎处理等工艺程序，无法回收整块完整的玻璃。通过机械破碎处理，根据破碎后玻璃的不同粒径，可投入不同的价值链中。如高价值的清洁粗玻璃颗粒（＞3mm），可被用于制造新的光伏组件玻璃面板；对于细玻璃颗粒（＜3mm），与原来相比只能用于较低价值的应用，如建筑材料中的惰性基料以及低质聚合物等。

2）硅料的回收及再应用

对于回收的完整硅片，在检测硅片厚度、电阻率、载流子寿命、间隙氧、替代碳等相关标准后，满足条件的无损硅片可用于制作再生电池。破碎的硅可作为纯度较高的硅源添加到稻壳灰中以生产太阳能级硅，用于作为某些材料的添加剂以制备合金材料，或作为某些合金钢的添加剂来改善合金钢的机械性能、作为非金属粉末用于制造陶瓷材料

（如氮化硅陶瓷等）。除此之外，硅片经刻蚀清洗后，在熔盐中制备多孔硅，可用于锂离子电池高性能硅阳极的制备。

3）金属材料的回收

金属材料通常需要使用化学试剂进行浸出，浸出后的金属离子可通过沉淀、电解的方式进行回收或提纯。对于某些低熔点金属，可通过真空蒸馏的方式进行回收。组件中的汇流带和互连条以及太阳能电池中的银电极，亦可采用机械等方式进行回收。银浆通过丝网印刷技术在电池硅片上制备银电极，且银作为一种贵金属，有必要从废旧光伏组件中回收以提高回收过程的经济可持续性。

铝的回收主要有两个来源：一部分为光伏组件铝合金边框，其常用的铝合金型号是6063-T5。另一部分主要以铝背电极的形式存在，可通过 KOH 溶液以 $Al(OH)_3$ 沉淀的形式回收，或通过进一步的煅烧，以氧化铝（Al_2O_3）的形式回收。聚氯化铝是一种广泛应用于造纸废水和其他工业废水的净水材料，将破碎的太阳能电池碎料作为铝源，通过金属铝法合成聚氯化铝，并出售给废水处理企业。铅主要以铅锡合金（如 62Sn-36Pb-2Ag）的形式存在于焊带的涂层中。铅对人体有很强的毒性，从光伏组件中去除铅是有必要的。在含有 Pb^{2+}的浸出液中加入 5mol/L 的 NaOH 溶液，生成的 $Pb(OH)_2$ 可通过过滤去除，对于溶液中残留的 Pb^{2+}，在 HNO_3 环境下通过添加 Na_2S 溶液，生成 PbS 沉淀来去除。通过酸溶液去除焊带表层的铅锡涂层，以回收内部的铜。

5.2.4　太阳能光伏产业遇到的主要问题及解决措施

以太阳能光伏发电为代表的新能源开发与利用已经取得了显著的进步，这些进步与成效涵盖了新能源产业发展的多个维度，如新能源开发建设规模不断扩大、关键技术取得突破、产业竞争力持续增强，对节能减排和建设美丽新疆作出了巨大贡献。但是在新疆太阳能光伏产业发展取得巨大成就的同时，也暴露出了一些矛盾和问题。面对这些矛盾和问题，应该迎难而上，夯实太阳能光伏产业发展根基，以保障新能源产业长期健康发展。

市场体制机制尚不完善。新疆地区虽已制定了一系列促进光伏产业发展的政策法规和激励机制，但新疆光伏产业仍面临成本高、市场竞争激烈、并网消纳难等问题，保障太阳能光伏电力优先上网的机制仍不健全，全额保障性收购制度未得到充分落实，相应的考核机制也不够完善。

并网问题难解，消纳机制未达预期。一是太阳能光伏大规模并网可能导致系统转动存量不足，对大电网的安全稳定运行带来巨大压力；二是光伏发电出现的间歇性和反调峰特性明显，但火电占比仍然较高，系统调峰能力不足，影响系统消纳能力提升；三是与太阳能光伏并网配套的输电网规划建设滞后，导致光伏电力无法被输送到需求端，引发电力供给与需求失衡（李涛，2018）；四是太阳能光伏并网调度及运行管理机制不完善。

补贴政策支持力度持续减弱，上网电价竞争加剧。随着国家对光伏发电补贴政策支持力度持续减弱，光伏发电陆续迈入平价甚至低价时代。对太阳能光伏企业来说，当前是一个比较艰难的阶段。一是当前国家大力推进光伏发电补贴政策退坡，支持力度明显减弱；二是光伏发电项目市场化招标竞争加剧，相互竞价压价比较普遍，太阳能光伏企业利润空间不断受到挤压。

“重规模投入，轻自主创新”倾向明显，技术研发投入不足。太阳能光伏产业“重规模投产，轻自主创新”问题较为普遍，自主研发投入相对不足。一是初期以产业链中低端的装备制造作为切入点，以规模优势实现了光伏产业的迅速发展，但是主要技术水平与发达国家相比仍然存在一定差距；二是研发与创新体系相对落后，太阳能光伏产业的核心技术过于依赖国外；三是光伏产业目前相对集中于光伏发电等主要应用领域，与其他相关产业的技术结合度不够。

5.3　地热能资源

5.3.1　地热能资源利用

1. 直接利用

国外对地热能的非电力利用，也就是直接利用，十分重视。因为进行地热发电，热效率低，温度要求高。所谓热效率低，是指由于地热类型的不同，所采用的汽轮机类型不同，热效率一般只有 6.4%～18.6%，大部分的热量白白地消耗掉。所谓温度要求高，是指利用地热能发电，对地下热水或蒸汽的温度要求，一般都要在 150℃以上，否则，将严重地影响其经济性。而地热能的直接利用，不但能量的损耗要小得多，并且对地下热水的温度要求也低得多，在 15～180℃温度范围内均可利用。在全部地热资源中，这类中、低温地热资源是十分丰富的，远比高温地热资源大得多。但是，地热能的直接利用也有其局限性，由于受载热介质-热水输送距离的制约，一般来说，热源不宜距离用热的城镇或居民点过远，不然，会导致投资多、损耗大、经济性差。

地热能的直接利用发展十分迅速，已广泛地应用于工业加工、民用采暖和空调、洗浴、医疗、农业温室、农田灌溉、土壤加温、水产养殖、畜禽饲养等各个方面，收到了良好的经济技术效益，节约了能源。地热能的直接利用，技术要求较低，所需设备也较为简易。在直接利用地热的系统中，尽管有时因地热流中的盐和泥沙的含量很低而可以对地热加以直接利用，但通常都是用泵将地热流抽上来，通过热交换器变成热气和热液后再使用。这些系统都是最简单的，使用的是常规的现成部件。

地热能直接利用中所用的热源温度大部分在 40℃以上。如果利用热泵技术，温度为 20℃或低于 20℃的热液源也可以被当作一种热源来使用（如美国、加拿大、法国、瑞典等国家的做法）。热泵的工作原理与家用电冰箱相同，只不过电冰箱实际上是单向输热泵，而地热泵则可双向输热。冬季，它从地球提取热量，然后提供给住宅或大楼（供热模式）；夏季，它从住宅或大楼提取热量，然后又提供给地球蓄存起来（空调模式）。不管是哪一种循环，水都是被加热并蓄存起来，发挥了一个独立水加热器的全部或部分功能。

由于电流只能用来传热，不能用来产生热，因此地热泵将可以提供比自身消耗能量高 3～4 倍的能量。它可以在很宽的地球温度范围内使用。在美国，地热泵系统每年以 20% 的增长速度发展，而且未来还将以两位数的良好增长势头继续发展。美国能源信息署预测，到 2030 年地热泵将为供暖、散热和水加热提供高达 68Mt 油当量的能量。

对于地热发电来说，如果地热资源的温度足够高，利用它的好方式就是发电。发出的电能既可供给公共电网，也可为当地的工业加工提供动力。正常情况下，地热能被用于基本负荷发电，只在特殊情况下，才用于峰值负荷发电。其理由，一是对峰值负荷的控制比较困难，二是容器的结垢和腐蚀问题，一旦容器和涡轮机内的液体不满和空气进入，就会出现结垢和腐蚀问题。

地热能直接利用于烹饪、沐浴及暖房，已有悠久的历史。至今，天然温泉与人工开采的地下热水，仍被人类广泛使用。据联合国统计，世界地热水的直接利用规模远远超过地热发电。中国的地热水直接利用规模居世界首位，其次是日本。

2021 年 9 月，国家能源局与相关部门联合印发《关于促进地热能开发利用的若干意见》，明确营造有利政策环境，要求各级能源主管部门编制可再生能源发展规划时涵盖地热能开发利用情况，确定目标、布局和实施方案，并做好规划环评等工作。尽管我国地热产业已具备一定规模，地热直接利用规模多年位居世界第一，但在地热发电方面仍有较大发展空间。

2. 供暖技术

冰岛将地热能源应用于多种供暖技术，使之成为国家供暖的支柱（图 5-26）。以下介绍一些主要的供暖技术。

图 5-26　冰岛地热供暖系统

1）地热供暖系统

冰岛的大多数建筑都采用地热供暖系统。这些系统利用地下的热水管道，将地热能源引入建筑内部（图 5-27）。供暖时，热水在管道中流动，释放热能，使室内保持温暖。

图 5-27　冰岛地热供暖系统管道

2）温泉供暖

冰岛地热丰富，而且有许多天然的温泉。一些地区会将温泉中的热水输送到房屋中，为居民供暖。

3）地热发电和供暖联合系统

冰岛的地热不仅用于供暖，还被广泛用于发电。地热发电站将地下的高温水转化为电力，而产生的热水则被输送到供暖系统中，实现了电力和供暖的联合利用。

4）天然蒸汽供暖

冰岛一些地区的地下蕴藏有天然蒸汽，这些蒸汽可以通过管道输送到建筑中，为室内提供热量。

3. 启示与建议

对于中国能源企业来说，应切实转变地热开发利用的观念，高度重视地热资源的开发利用，牢牢抓住地热发展的战略机遇期，积极拓展地热产业布局，要为长远能源转型提前做好准备，在能源转型接替上起到示范引领作用。

1）与其他新能源结合

可用于地热发电的高温资源分布常与太阳能、风力等资源分布呈区域叠加态势，为地热与其他可再生能源互补综合利用和协同发展提供了难得的条件。未来应充分发挥地热发电与风能、太阳能开发的协同效应，联合调度、多能互补，充分发挥各自能源种类的优势，实现良性循环，可持续发展。

2）国外建厂投资

中国能源企业应在国家“一带一路”倡议背景下，优选地热资源丰富、国家双边关系和谐、电力需求大、地热发电支持政策多，并有已建成投运项目的国家来开展工作。优先考虑印度尼西亚、土耳其、肯尼亚等国家，通过整合当地资源，与各国国家能源局、企业等建立互信共赢良好关系，筛选有利的地热发电项目开展投资建设。

3）政府资金支持

地热产业发展离不开政策和资金支持。政府的扶持政策对地热产业的有序、健康和快速发展起到显著的推进作用。中国能源企业应积极抓好国内外地热发电产业政策红利，做好顶层设计和整体布局，指导促进下属专业化公司快速推进合作共赢的地热发电项目。

4）加强国际合作

科技研发在地热发电中起到至关重要的作用，要重视加强地热科技领域的国际交流与合作。虽然这些年地热开发利用技术取得显著进步，但仍有很多技术瓶颈和挑战未得到有效解决。中国能源企业应加强国际地热科技合作与交流，推动地热科学技术进步和“地热＋”业务规模化发展。

5.3.2　世界地热能发电情况

地热资源在全球的分布主要集中在三个地带：第一个是环太平洋带，东边是美国西海岸，南边是新西兰，西边有印度尼西亚、菲律宾、日本还有中国台湾；第二个是大西洋中脊带，大部分在海洋，北端穿过冰岛；第三个是地中海到喜马拉雅山，包括意大利和中国西藏。

就全球来说，由于地热资源分布的不平衡，各国地热利用情况也不同。

1. 美国

美国地热发电量稳居全球首位，装机容量占全球总量的近 25%。其优势主要源于增强型地热系统（enhanced geothermal systems，EGS）技术的突破，例如内华达州试点项目通过水平井技术降低钻井成本 40%，Fervo Energy 公司开发的凯普地热项目计划为谷歌数据中心供电。2022 年 8 月，美国政府通过《通胀削减法案》，提供税收抵免，并计划到 2028 年新增 116 万 kW 装机容量。目前，加利福尼亚州和内华达州贡献了美国地热发电量的 90%以上。

2. 菲律宾

菲律宾地热发电量占全国总发电量的 20%，因蒂维、帕拉扬和比里兰项目推动装机容量增长。政府通过税收优惠和免税政策吸引投资，计划 2030 年装机容量提升至现有水平的 1.7 倍。菲律宾火山资源开发效率在东南亚领先，高温地热技术成熟，低温热泵应用广泛。

3. 印度尼西亚

印度尼西亚地热能源已探明储量达 2700 万 kW，居世界第一，占全球地热能源总量的 40%。2024 年新增装机集中在爪哇岛的索里克马拉皮五号机组、萨拉克和拉汉东地热发电扩建项目。政府计划投入 198 亿美元开发 687 万 kW 项目，目标是 2025 年地热发电占比达 5%，并吸引日本、中国等外资合作。

4. 冰岛

冰岛所有电力都来自水电、地热发电等清洁能源，同时该国还建起了完整的地热利用体系，所有供暖系统也都使用地热。利用地热还有助于减少二氧化碳排放。据冰岛国家能源局的数据，如果每年用在取暖上的石油为 64.6 万 t，用地热取代石油，冰岛可以减少 40%的二氧化碳排放。得益于水力和地热资源的开发，冰岛现在已成为世界上最洁净的国家之一。

5. 日本

日本作为火山岛国，地热资源量为 2347 万 kW，是全球第三大地热资源国。东日本大地震引发核电站事故以来，日本为了确保国内电力供应，大幅增加海外燃料资源进口，随着国际能源价格的上涨，电力公司不得不上调电价。为了缓解企业和居民的用电负担，日本出台可再生能源相关法案，鼓励自主发电的同时，加快了地热发电等可再生能源开发利用步伐。

6. 土耳其

土耳其是欧洲地热增长最快的国家，2024 年新增装机容量超 20 万 kW，主要项目包括格林埃科 7 号电站和开放山 T-01 电站，均采用双循环技术提升中低温资源利用率。土耳其的地热开发主要集中在西部安纳托利亚地热异常区，政策支持外资参与勘探。

5.3.3　地热资源开发技术

1. 地源热泵

1）地源热泵工作原理

地源热泵的工作原理与制冷机类似，它是利用浅层地热资源既可供热又可制冷的高效节能空调设备。通过输入少量的高品位能源（如电能），实现从低位热源吸收热量并与高位热源发生热交换，从而达到制冷或供暖的效果。目前，使用较广泛和应用前景较好的地源热泵主要是地埋管地源热泵系统，它主要由室内空调末端系统、热泵机组以及埋置于地下的地埋管换热系统组成。由于地表 5m 以下的岩土层常年保持相对恒定的温度，相对于地表来说具有“冬暖夏凉”的特点，因此可利用地源热泵系统通过地埋管内循环流体与岩土层的热量交换，实现制冷、供暖。在夏季制冷时，地能作为制冷的冷源，将岩土层作为排热场所，通过地埋管将从室内取出的热量释放到土壤中，再通过土壤的导热和土壤中水分的迁移把热量扩散出去，达到室内降温的效果。而在冬季供热时，地能作为热泵供热的高温热源，地源热泵系统利用地埋管获取地下热量为室内供热。通常地源热泵消耗 1kW·h 的能量，用户可以获得或被带走 4kW·h 以上的热量。地源热泵-太阳能复合系统示意图如图 5-28 所示。

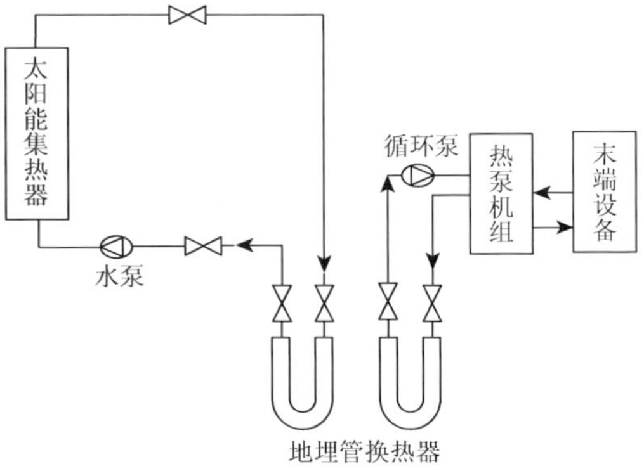

图 5-28　地源热泵-太阳能复合系统示意图

地源热泵系统中最重要的部分就是地埋管换热系统，它直接影响整个地源热泵系统的性能优劣。目前，地埋管采用的材料主要是耐腐蚀的高密度聚乙烯管。采用的循环流体主要是水，也可添加其他特殊介质，如在特别寒冷的地区可以添加适量防冻液以防止循环流体冻结。对于埋管方式，有竖直埋管和水平埋管之分，但是由于水平埋管方式占地面积大且挖掘工程较重，在土地资源紧张的公共建筑规划设计中很少使用，所以目前市场上主要采用竖直埋管方式，钻孔占地面积也较小。在竖直埋管换热器的埋管方式中，以“U”形埋管应用最为广泛（图 5-29），规范埋管深度为 60～100m。另外，随着埋管深度的增大，换热效果也会随之变好，当达到一定深度后，温度趋于恒定。但是由于费用随埋管深度增大而提高，不同地区土壤热物性差异、建筑物的需求不同等原因，具体埋管深度还要做具体考察。以苏州某地产项目为例，该项目总建筑面积约为 9.4 万 m^2，最大建筑高度为 57m。全项目生活热水集中由地源热泵热水系统提供，此工程采用钻孔垂直埋管，单 U 连接，共设计钻孔 150 个，钻孔间距 5m，地源孔垂直有效深度为 80m。通过管路中的水循环，从浅层常温的土壤中获取或者散发的能量，供室内的采暖或制冷，能量通过一套低耗机组传输，以保证室内常年保持在人体舒适的温度和湿度。

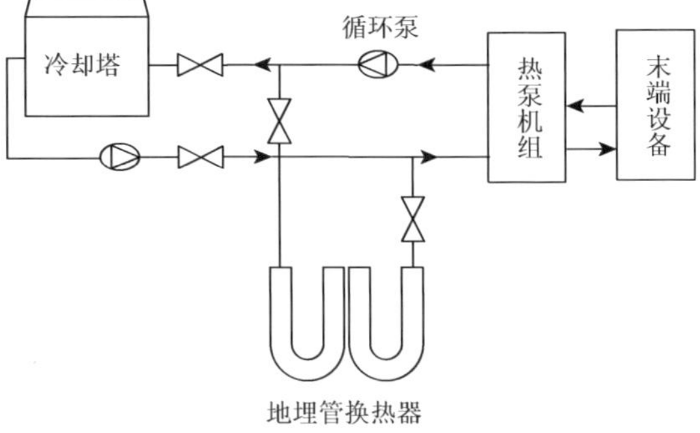

图 5-29　冷却塔辅助冷却地源热泵系统示意图

2）地源热泵的分类

A. 传统地源热泵系统

国际上根据地热能交换系统形式的不同，通常将传统地源热泵系统划分为以下三种。

（1）地埋管地源热泵系统（又称土壤源热泵系统或大地耦合系统），其热源是岩土体。岩土体温度波动较小、热容量大、换热能力低，地表内的空气波动具有一定的延迟和衰减的作用，有助于进行热汇，稳定性较高，因此应用范围很广。但它占地面积大，初期投资较高，热物性测试偏差较大，所以建筑密集区受空间限制严重。

（2）地下水源热泵系统。地下水源热泵系统的热源是地下水。地下水水温波动较小，因为水的比热容高，所以换热能力很强，一般适用于地下水水量充沛、岩土体孔隙率大的地区。但地下水完全回灌能力差，维护量很大，并且潜水泵的耗能很高。

（3）地表水源热泵系统。相较于前两种地源热泵系统，地表水源热泵系统的占地面积最小，且换热能力较强，一般适用于地表水水体面积、深度较大，地表水流量较大、流速较高且水流稳定的地区。但这种热泵系统的区域性限制较大，易受水文环境影响，温度波动也很大，换热设备易结垢，导致寿命较短。

B. 复合式地源热泵系统

由于传统地源热泵系统的诸多局限性，无法满足当前市场需求，因此复合式地源热泵系统得到了快速发展。复合式地源热泵系统作为新形式，具有多热源协同互补、蓄能调峰等特点，更加节能环保，经济效益和社会效益更加显著。目前，复合式地源热泵系统主要有以下两类。

（1）地源热泵-太阳能复合系统。地源热泵-太阳能复合系统由地源热泵机组、地埋管换热系统、太阳能集热系统、末端系统四部分组成，其能量来源主要是太阳能和浅层地热能。太阳能作为一种清洁可再生能源，提供地源热泵压缩机需要的电能，与地源热泵系统结合节能效果优越。但地源热泵系统本身造价较高，太阳能集热器的造价也比较高，因此导致该复合系统初期投资较高，应用较少。

（2）冷却塔辅助冷却地源热泵系统。冷却塔辅助冷却地源热泵系统是利用冷却塔作为系统的辅助冷源，由热泵机组、冷却塔、地埋管换热系统、末端系统组成。当冷负荷大于热负荷，且超过 20%时，可采用此复合地源热泵，避免地埋管吸热量与放热量不平衡量加大。地源热泵的容量由冬季热负荷确定，夏季超出部分的冷负荷由冷却塔提供。在夏季利用冷却塔与地埋管换热器联合运行，可以减少对地下土壤的影响、加速土壤温度的恢复，实现冷却塔与地埋管都能高效运行。

3）吐哈盆地地源热泵项目

A. 鄯善县楼兰帝王大厦地下水地源热泵项目

鄯善县楼兰帝王大厦及居民活动中心建筑面积为 11 万 m^2。该区域地下水深埋 12m 左右，周围 200～500m 的农业机井出水量丰富，水量在 120～200m^3/h。项目区第一眼探采结合井，设计位置距离第一口出水量 200m^3/h 的井不足 30m，但是其出水量却很小，不足 80m^3/h。后据物探勘察分析，该探采结合井恰好位于两条古河隆起处。由此可见，对水文地质勘察论证工作不能抱侥幸心理，有时也许会碰巧出现预想不到的结果。

该地区属于地下水超采区，年水位下降 0.5～2.0m，地下水主要用途是农业灌溉。利用冬闲农业灌溉井抽水，在夏季只获取地下水的温度，可以节省打井、泵用电等很多费用，但是这种设想难以实现，需要地方政府等有关部门协调统一。

B. 吐鲁番示范区地源热泵项目

吐鲁番示范区应用地源热泵技术，利用地源、水源、土壤源等地能，通过热交换系统转换水温，为示范区公共建筑和住户供热、制冷（梁德婧和曹海霞，2019）。冬季，将地上相对较冷的水输入地下，使之在温度相对较高的地下环境里变热，再输送给用户使用，保证冬季室内温度适宜。夏季，将地上相对较热的水输入地下，使之在温度相对较低的地下环境里变凉，再提供给用户使用，保证夏季室内凉爽宜人。应用地源热泵技术为小区供热或制冷，不会向外界排放任何“三废”，不仅节省资源，而且不污染环境，小区环境质量自然会提高。一期起步区全面采用地源热泵供冷及供暖。目前，区内设置的 5 个热泵机房已顺利实施运行，每个热泵机房均设有 3 台高效离心式热泵机组，最大应用面积可达到 90 万 m^2。

根据实际能效测试评估，热泵机组运行稳定，制冷能效满足国家标准要求，但比设计的能效值低。经测算，地源热泵冬季耗热量达到 24.17W/m^2，比节能 65%的耗热量指标要高，需要通过提高运行效率降低耗热量，但与传统的燃煤锅炉房供热相比，仍可节省标准煤约 2.96kg/m^2，具有较好的节能效果。示范区地源热泵系统制冷用电量指标为 26.35kW·h/m^2，比分体式空调能耗高，这与集中式地源热泵无法进行户内独立、分时控制的运行方式有一定关系，但与集中制冷采用常规水冷冷水机组相比，能耗较低。

另外，自动控制系统未投入运行，无法对热泵机组、循环水泵运行能耗进行有效的控制，造成热泵系统运行能耗较高。而且小户型户内因节约造价，没有安装控制阀，导致住户无法调节送风大小，可控性差。因此，后期应进一步提高机组能效，并进一步完善系统运行能耗控制程序和管理策略。

C. 哈密市住宅楼地源热泵供暖系统项目

2015 年，哈密铭箭房地产开发有限公司的创业小区、八一新城小区住宅楼地源热泵供暖系统项目（2×80kV·A）正式投入商业运行。该项目是国网哈密供电公司 2015 年积极推广“电能替代”，开展“绿色电能服务万家 国家电网蓝天行动”实施的地源热泵代替燃煤锅炉供暖的示范性工程。

4）地源热泵技术的应用及存在问题

A. 设备容量问题

土壤作为一种导热系数小的物质，一方面可以常年保持恒温，为热泵最终实现热交换提供可贵的条件，另一方面需要埋设的换热器面积也相应要求较大，占地面积增大。再加上各地区客观条件的限制，如土壤岩层密度、地下空洞较多、其他管线的埋设、地下水流量变化大等，单靠地源热泵系统难以满足当地人们的需要。

B. 技术限制

尽管与传统不可再生能源利用相比，地源热泵有着许多明显的优势，但仍有许多技术上的问题有待解决。地下土壤与岩石的不确定性，使得勘探充满了未知的风险。土壤源热泵系统的热源来自肉眼不可探知的地下土壤与岩石，土壤源热泵的工作情况与当地土壤与岩石的热性密切相关。当地土壤环境和气候条件决定了地热源系统的埋设深度和最佳间隔。当地四季条件下土壤中的热工性能、能量平衡与湿热传导对土壤热物性有着直接的影响。如何准确而详尽地描绘出当地土壤温度的季节变化与分布成为地源热泵埋设的技术难题。大地耦合热泵的埋设集中反映了投资回收年限、埋设深度与形式。在安装之前，土壤对地源热泵的制约因素有很多，一旦安装，地源热泵反过来会对土壤产生一系列影响。若不加以控制，地源热泵仍然会危害当地的土壤环境。在换热过程中，当地微生物环境会随着土壤温度变化而剧烈变化。因此，热泵的埋设深度、布置方式、面积大小，对当地土壤微生物、植物的根系及建筑物都会造成影响。如何尽量降低负面影响又不影响热泵的正常使用，也是技术上的一大难题。

C. 热泵系统与换热器的匹配问题

当前，在不同的冷热负荷条件下，对换热器和热泵系统的要求不尽相同。而我国在这方面的研究还不够。当前研究方向主要集中在强化换热、换热机理、热泵系统同地热能换热器的匹配方面。与单纯的“线源”模型不同，如今的研究开始关注传热与传质模型，以更好模拟真实换热情况；材料方面的研究也同步进行，从而达到强化土壤中埋管的导热过程的目的，这样就能降低系统埋管时期的资金投入。

D. 施工与设计难度

在设计之初，设计者为确定地下部分的冷热负荷、换热器的选型与布置、室内空气的组织形式，必须根据当地水文情况、地质特征、地表特征、试验区情况、水质、土壤质量进行有效的综合考量，以认真负责的态度为地源热泵的安装提供良好的基础勘探资料。研究运用的数据不能太陈旧，最好实地考察后得出结论，并与近几年资料做出比较甄别，以免影响管线铺设的可操作性。管线的铺设主要集中在地下，对施工的要求极高，施工质量的好坏直接决定了地源热泵系统的运行情况、使用寿命、使用时的安全性。因而，要严把质量关，使最初的设计能够尽量完美地实现。由于整个工程在地下，工程开始初期的钻井和投入使用之后的维护对技术的要求极高，需要专业理论知识做指导。

E. 投资问题

地源热泵在投资初期耗资很大，系统完成初期，地下埋管所需的钻井费用可能会占到整个工程费用的 50%左右；而当地土壤岩石介质不同的热物性会为系统的完成增加难度，无疑在客观上增加了整个项目的投入资金。较高的初期投资最后仍需要当地用户买单，而开发商的价格定位在很大程度上影响了人们对热泵的接受能力和地源热泵的市场方向。在当今市场条件下，我国空气空调、燃气燃煤供热技术相对成熟，而地源热泵的技术开发还欠佳，开发商最终的目的是追求高额的利润，前期的巨大投资和用户接受难度偏大使得开发商更愿意开发燃气燃煤、空气空调项目。

5）未来我国地源热泵的发展趋势

随着国家“环境友好型、资源节约型”可持续发展道路的提出，未来我国地源热泵的发展趋势有以下几点。

（1）各种新型的地源热泵系统将会不断被开发并使用。

（2）土壤源、地表水源热泵的数量会增加，而相应的地下水源热泵数量会减少。

（3）地源热泵与蓄能系统相结合，针对系统配置、运行策略等进行研究，提高系统性能、降低装机容量、降低投资及运行费用。

2. 干热岩

李偲等（2023）认为干热岩（hot dry rock，HDR）是地球内部天然存在且分布广泛的清洁能源，用于发电过程的容量系数（70%～80%）明显高于风电（30%～50%）及太阳能发电（16%～30%），且其碳排放强度远低于燃煤火电。自 20 世纪 70 年代启动干热岩开发利用以来，多个国家先后进行了干热岩发电研究，且美国、法国等国家均实现了兆瓦级干热岩发电并网。我国干热岩资源储量丰富，发电潜力巨大，但目前干热岩发电研究处于起步阶段，尚无大规模干热岩发电项目投运及并网。

不同于其他地热资源可被直接开采利用，干热岩资源需借助增强型地热系统（enhanced geothermal system，EGS）开采（图 5-30），即通过在低渗透性的干热岩岩层中构造人工热储层，并利用采热介质与热储层进行换热，以实现将干热岩中所蕴含热能采出的人工系统。EGS 的原理是通过各种手段在低渗透性干热岩岩层中制造出网状裂缝来形成人工热储层，随后通过注入井将高压水注入热储层中换热产生高温水或蒸汽，而后通过生产井将高温热流体抽取至地面发电或直接利用，最后将换热后的低温水重新注入人工热储层吸热，完成循环。理想情况下，干热岩发电是封闭的循环系统，基本不污染和破坏环境。从原理来看，上述常见的地热发电方式均可与 EGS 结合并用于干热岩发电过程，但实际过程中需结合干热岩资源采出特性选择合适的发电方式。

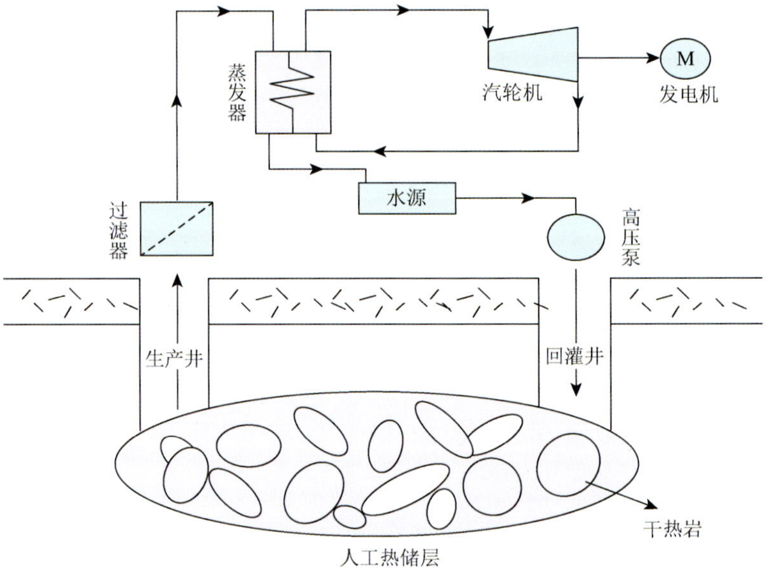

图 5-30　增强型地热系统示意图

1）干热岩资源及其发电潜力

自干热岩概念提出以来，其定义不断变化，目前普遍认同的概念是：埋藏在距地表 3～

10km 内，温度在 150～650℃，不含或仅含少量水或蒸汽，渗透率极低的变质岩或结晶岩类岩体。干热岩资源则指在当前技术条件下能被经济地开发利用的干热岩中蕴含的热能。与生物质能、风能、太阳能等可再生能源相比，干热岩资源开发利用过程稳定性高，不易受季节、昼夜及天气条件影响。同时，干热岩发电过程清洁环保、碳排放强度低，有望成为未来电力供应的重要组成部分。干热岩中的热量主要来源于三种过程：一是地球内部超高温的岩浆侵入岩层后的冷却过程；二是岩体中富含的铀、钍等放射性元素的衰变过程；三是熔融态岩石形成变质岩的过程。由于距地表一定距离内部分特定区域覆盖有数千米厚的沉积岩层，阻隔了上述热量向地表散失，这些区域的地温梯度明显高于地壳内的平均地温梯度，因而形成干热岩区域。在世界范围内，距地表 3～10km 的干热岩中蕴藏的热能是全球所有石油、天然气、煤炭等蕴藏能量的 30 倍，可利用当量接近 5000 万亿 t 标准煤。按当前消耗水平估算，可供全球使用数十万年。干热岩资源发电潜力巨大，预计到 2050 年全球装机容量将达 70GW，届时将占全球电力生产总量的 4.2%。我国干热岩资源丰富，仅大陆区域距地表 3～10km 的资源储量约为 2.5×10^{25}J，折合标准煤近 856 万亿 t，以国际上常用的 2.0%可采量估算，是 2021 年我国一次能源消耗总量的 3300 多倍。因此，干热岩的大规模发电利用对推动我国构建新型电力系统、实现碳中和目标具有重要意义。

2）干热岩发电研究现状

常用的地热资源发电技术与火力发电相似，地热发电的基本原理是利用高温高压蒸汽驱动汽轮机做功，进而带动发电机运转发电。其区别在于地热发电过程中蒸汽的能量来自清洁的地热资源，而非化石能源的燃烧放热过程。常见地热发电技术如下。

（1）干蒸汽发电技术直接以采出的地下高温蒸汽为介质，经净化分离去除杂质（岩屑、少量液滴等）后送入汽轮机做功发电。该技术较为成熟，系统简单可靠，通常用于具有较高地下压力的高温地热资源。

（2）闪蒸发电技术需先将采出的汽水混合物进行闪蒸分离，并以分离出的蒸汽为介质做功发电，可用于汽水混合物型地热资源。闪蒸过程将造成一定的能量损失，因此发电效率略低。

（3）双工质发电技术中地热流体不直接接触发电设备，而通过载热介质与地热流体换热产生高温高压蒸汽做功发电，尤其适用于化学成分复杂的热水型地热资源。目前常用的双工质发电技术包括有机朗肯循环发电和卡林那循环发电技术。

（4）全流发电技术以膨胀机代替汽轮机，可直接将含有蒸汽、热水、不凝气体的全部地热流体送入膨胀机做功发电。理论上全流发电技术适用于所有的蒸汽型或热水型地热资源，但需考虑膨胀机的腐蚀与磨损问题。

3）国内外干热岩发电项目

1974 年，美国 Fenton Hill 项目最早开始了干热岩资源开发利用研究，证实了通过人工干预来开采干热岩资源的可行性，随后，多个国家也开始投入相关研究探索中。例如：英国 Rosemanowes 项目首次使用砂粒作为支撑剂来改善热储层的渗透率；1989 年，日本 Hijiori 项目进行了干热岩发电尝试，但最终因地热流体温度的骤降而导致项目终止。基于先前研究成果，德国、英国、法国联合开展的 Soultz 项目最先于 2011 年实现了干热岩资源的稳定发电利用，其机组容量达 1.5MW。随后，美国 Desert Peak 项目（1.7MW）和澳大利亚 Habanero 项目（1MW）也先后成功实现了干热岩稳定发电及并网。此外，美国 Geysers 项目建造了单机容量为 5MW 的干热岩发电机组，其发电温度高达 347℃。为促进干热岩资源的大规模利用，各国均加大了对其开发利用技术的研发投入。其中，美国能源部于 2015 年实施的“地热能前沿瞭望台研究计划”影响巨大，其目的为于 2050 年达到 10GW 及以上的干热岩发电规模，并使其成为清洁、灵活的可再生能源的代表。

我国干热岩开发利用研究起步较晚，2010 年由国土资源部牵头开展了国内首个干热岩科研项目，对钻探过程的相关技术难题进行了研究。2012 年，国内多所高校和研究院所联合开展的“干热岩热能开发与综合利用关键技术研究”项目，为我国干热岩开发利用提供了理论依据和技术支撑。2015 年，福建漳州白水镇干热岩项目标志着我国干热岩开发利用进入实践阶段。随后，海南澄迈打出我国东部第一口干热岩井，其井底温度超过 185℃。2017 年，青海共和县恰卜恰镇完成了 GR1 井的钻孔，在 3.7km 深处获得了温度高达 236℃的干热岩。为加快我国干热岩发电技术研究，国家发展改革委、国家能源局和国土资源部于 2017 年联合发布了《地热能开发利用“十三五”规划》，明确要积极开展干热岩发电试验研究，在干热岩资源丰富的地区选择试点建立 2～3 个勘查开发示范基地，进而形成相关技术序列，为后续大规模推广积累经验。目前，我国已在唐山市马头营凸起区和青海海南州实现了干热岩试验性发电。

4）干热岩发电利用存在的问题与建议

尽管国内外干热岩发电研究已取得较大进展，也有不少 EGS 项目投产，但干热岩大规模发电利用仍存在诸多问题有待解决。

A. 干热岩形成机制和分布不完全明确

准确掌握干热岩的孕育环境、形成机理及分布规律，是合理划分远景区、科学评价储量、准确寻找采靶区的前提。但目前对干热岩的形成机制及分布规律仍未完全掌握。因此仍需结合地质、地球物理、地球化学等学科进一步完善相关勘探及资源评价技术。

B. 干热岩发电站场址难以确定

干热岩发电需要水作为传热介质，而富含干热岩地区的水资源可能不足。同时，不同岩石类型的干热岩开发利用难度不同，因此需增强干热岩资源勘探与评价能力，以合理确定电站场址，从而降低其开发及运行成本。

C. 干热岩发电利用系列技术尚不成熟

干热岩发电过程仍有诸多技术瓶颈有待突破，如安全高效的高温钻井、致密干热岩层中的热储层构造、高效流动换热、地下事件检测等。因此，仍需加强自主技术创新或引进先进技术，以促进我国干热岩开发利用技术体系的建立与完善。

D. 环境地质风险评估及监督不完善

EGS 系统建造及运行期间可能带来地质风险，但目前对干热岩开发利用过程的风险评估能力、监督力度仍有待加强，如瑞士 Basel 项目和德国 Landau 项目均因诱发地震而被迫停产。

5）未来干热岩发电技术重点研究方向

A. 高温钻井与完井技术

安全高效钻达干热岩岩层，并建造稳定的井眼是实现干热岩发电的前提。针对干热岩岩层的“四高”特点，未来需加大耐高温钻头、快速钻探技术、耐高温钻井液及高温水泥浆快速固化技术等的研发力度，以经济实现安全、高效、高温、快速钻井与成井。

B. 压裂与储层构造技术

构造复杂的立体缝网状人工热储层是干热岩发电利用的核心环节，但目前建造大体积的人工裂隙热储层仍存在诸多挑战，如形成的裂缝过于单一、注入井/采出井沟通困难、存在诱发地震风险等。为此，应加大对水力压裂、爆炸压裂、热开裂技术及化学激发技术等的研发力度，明确地下裂缝形成及发展过程中的力学机制等。

C. 高效流动换热技术

EGS 工程的最终目的是从热储层中高效取热，但该过程涉及多场（温度/应力）、多相（气/液/固）、多过程（流动/传热等）间的紧密耦合作用，传热过程十分复杂。因此，应加大对该过程中耦合机制的研究，明确热储层内的换热机制，为干热岩开发过程中注入井/采出井参数匹配及采热调控提供理论依据。

6）促进我国干热岩发电发展的建议

我国干热岩的大规模发电利用对构建以新能源为主体的新型电力系统十分重要。为此，可从如下方面促进我国干热岩发电技术与产业发展。

A. 加大政策支持力度

干热岩属于战略性资源，但其积极作用却未被明确。应像促进风能、太阳能开发利用一样给予相应的政策倾斜，提升企业投资建立干热岩发电站的信心与热情。

B. 加大技术研发投入

干热岩发电过程涉及的高温钻井建井、大型压裂储层构造和高效换热均属于前瞻性技术，需投入大量人员、资金才可能突破技术瓶颈，进而形成干热岩高效发电利用的自主技术体系。因此，应鼓励更多专业人员从事干热岩开发利用技术研究，并为其提供更多的持续性研发资金支持。

C. 加强国际交流合作

国外干热岩开发利用研究开展较早，应加强国际交流合作和先进技术引进，从国外已有 EGS 项目中总结经验教训，从而助推或倒逼我国干热岩技术的自主创新。

3. 油区地热开发技术

1）油区地热利用方式及现状

地热开发技术。油区地热资源开发技术包括废弃井改造、钻完井、热储压裂改造、地热水回灌、地热开发数值模拟等技术，目前中国在地热钻完井方面达到国际先进水平，地热水回灌技术和地热开发模拟技术是发展的重点。

油、气、热协同开发技术。随着油田含水率进一步提高，油气开发突破边际效益，此时可以将油气生产过程中产生的地热水用于发电或直接利用形成规模经济，以提高含水油田开发效益。20 世纪 90 年代，华北油田开始利用油田水进行供暖和农业生产，同时代替化石燃料进行伴热输油等，取得了很好的经济效益和环境效益。对于有底水或边水的油田可以采取高部位采油气、低部位采水的地热开发模式，以实现油、气、热协同开发与利用，推动油气产业向地热产业有序转型。目前，华北油田的任丘、八里庄、南孟等油气田的油、气、热协同开采已形成示范效应。

2）废弃油气井改造技术

从废弃油气井中开采地热能需要将废弃井改造为地热生产井，目前井筒的改造方法包括开天窗侧钻法、改造泵室射孔法和直接射孔法。例如：中原油田对马古 6 井采用改造泵室射孔法开展改造试验，成功实施了井口恢复、储层解堵和试水测试，验证了改造方案和工艺配套技术的可行性和可靠性；大港油田使用直接射孔法对滨海新区 T38 井、T38-1 井、T38-2 井 3 口废弃油井进行改造后，采用“一采两灌”的地热开发模式，通过降压试验，获得 T38-1 开采井出水量 $60m^3/h$，水温 62℃，静水位 102m，动水位 130m，达到供暖要求；辽河油田首个地热应用示范项目——欢三联地热工程，将 10 口废弃油水井成功改造为地热井，改造完成后每年可节约天然气 900 余万 m^2，减排二氧化碳 3 万 t，减少运行成本 600 余万元。以上现场试验都验证了废弃油气井改造成地热井的可行性，不仅造价低，而且工期短，但都是开放系统，需要通过回灌来保持地层水位，维护成本较高，且可能会污染储层，所以现阶段进行大规模推广应用还存在一定难度。

3）地热回灌技术

目前，油区地热能的开发主力为水热型地热资源。水热型地热系统需要通过回灌来维持地层压力，避免因压力衰减而导致产量下降，同时还需避免产生热突破。碳酸盐岩热储孔渗性好，易于开采与回灌，不易发生地面沉降，回灌率可达到 90%以上，已基本实现了循环利用。碳酸盐岩热储是目前雄安新区及其周边油区地热开发的主力。砂岩热储平均仅达到 30%的回灌率，热储阻塞、普遍回灌率低是制约砂岩热储开发的关键难题。

“雄县模式”作为油区中-深层地热开发利用的样板间，以地热回灌和数值模拟为技术支撑的雄安新区地热开发水平已经达到了世界先进水平，其核心是“取热不取水”，即同层回灌技术。一般采用对井采灌模式，为提高地热井的使用效率，还陆续开发出两采一灌、五采三灌的地热井群模式，目前集中采灌模式已被写入雄安新区地热开发利用规划中。图 5-31 为雄安新区古潜山热储对井采灌地热流体循环示意图，采水井通过降低井内压力进行诱喷或排液，采出的低密度高温热水经换热后形成高密度低温水注入回

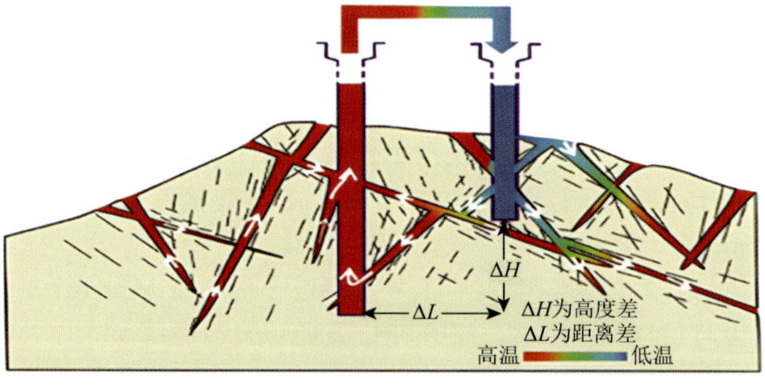

图 5-31　雄安新区古潜山热储对井采灌地热流体循环示意图

灌井，在密度差、重力和泵动力的推动下，水体在“地层→采水井（低密度）→地表换热→回灌井（高密度）→地层”之间形成循环，从而实现采灌全封闭“取热不取水”和地热水循环利用。

4）油区地热开发利用面临的挑战

目前油区地热的开发利用日益受到重视，取得了显著发展，但在深入、全面、快速发展的过程中仍存在不少挑战，主要表现在以下三个方面。

A. 资源条件制约决策者

中国油区蕴含丰富的水热型地热资源，虽然中国地热资源评价给出了水热型地热资源储量折合 853 亿 t 标准煤，但这些储量大多是中低温地热资源，与高温地热资源的发电效率相比偏低；而高温地热资源主要分布于交通条件较差的川西、西藏地区，开发成本与市场收益不成正比，这也是中国地热发电长期停滞不前的主要原因。因此，要结合资源条件，充分发挥技术和区位优势，在资源禀赋好的东部油区大力开展地热直接利用，在满足油田生产和生活用热需求的基础上，辐射周边城镇，提升油田综合开发效益。

B. 技术创新力度不够

饶松等（2022）认为目前在中低温地热发电方面，发展主要受技术成熟度和经济性的影响，地热发电企业难以做到地面技术与地下勘探兼顾，且地热发电设备陈旧，发电机组导致热电转化效率低和电力传输损耗大，成本高；国内创新力度不够，目前新建的中低温地热发电站与国外相比，装机容量小，经济效益低，且未形成规模化生产。提高地热发电效率及相应技术的创新是解决中国油区地热发电困境的关键。

C. 相关激励政策不够完善

根据相关数据，地热开发的预估成本比太阳能和核能低，与风能相当。“十一五”期间中国风力发电增加了 670 倍，“十二五”期间太阳能发电增加了 100 倍，然而“十三五”期间国家重点支持地热能，但地热发电只增长了 46%，仅完成计划指标的 4%。地热能开发企业无法享受与太阳能、风能等其他清洁能源同等的补贴待遇，地热水管理制度的协调工作有待进一步提升。此外，统一细分的行业标准的缺乏也制约了地热产业发展。因此，要理顺管理流程，建立统一的矿权制度，规范行业发展标准，营造有利于地热能开发利用的政策和行业环境。

5）油区地热开发利用技术展望

在油区地热开发利用方面，大量专家、学者以提高地热资源开发潜力和热转化效率为目标开展了大量工作，同时一些新技术，如深井直接换热技术、多分支径向水平井取热技术、热电发电技术、纳米技术被认为可以推动油区地热开发利用进程。

A. 深井直接换热技术

深井直接换热又称套管换热，通过在深井中安装同轴套管进行单井内部流体循环，基于热传导与地层换热，从而以“取热不取水”的方式开发地热能。深井直接换热技术是目前国内外地热开发探索的新方向，实践证明井下换热器（borehole heat exchanger，BHE）可用于油区深层地热能的开采。目前，常见的井下换热器主要有同轴式、“U”形管式、双“U”形管式和双管式四种（图 5-32），其中以“U”形管式和双管式井下换热器最为常见。“U”形管式井下换热器的底部有一个连接两个平行管的特征弯管。在“U”形管式井下换热器中，工作流体在“U”形闭环内循环，即工作流体从其中一个平行管中注入，同时从围岩中吸收热量，流体到达井底后改变方向并携带热量上升到井口，当热量被提取后，流体再次注入环形空间循环利用。

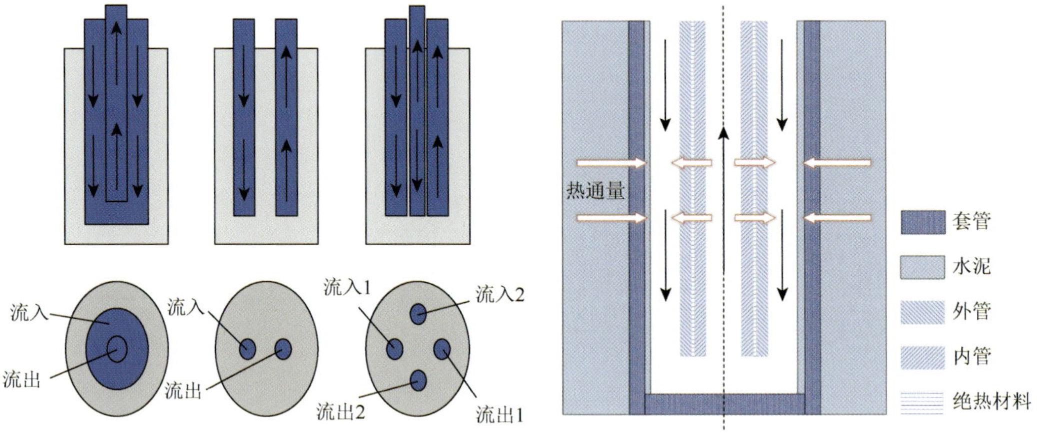

(a) 同轴式　(b)“U”形管式　(c) 双“U”形管式　(d) 双管式

图 5-32　四种井下换热器

在双管式井下换热器中，流体被注入套管和外管之间的环形空间并流向井底，同时从周围地层中吸收热量，流体到达井底后，通过内管之间的通道上升至井口。当流体中的热量被利用后，被再次注入环形空间，实现流体循环。与“U”形管式井下换热器相比，双管式井下换热器内外管之间的隔热材料有助于减少循环流体上升过程中的散热量，同时循环流体与围岩更大的接触面积提高了换热效率。在相同的流量下，双管式井下换热器的流体流速更低，因此管内流体循环所需的泵压更低，能耗也更低。此外，双管式井下换热器的同轴几何学在降低循环流体和井孔之间的热阻方面更具优势。由于油区大量废弃的油井已经存在外管（套管），改造成双管式井下换热器可更加节省资金和时间。因此，双管式井下换热器是当前深井直接换热研究的重点。

为评估“U”形管式和双管式井下换热器在废弃井地热开发上的潜力，国内外学者建立了不同的数学模型，开展了大量的案例研究。尽管案例情况各不相同，但基本确定了影响地热开发潜力的关键参数，如流体注入温度、流体注入速率、隔热材料类型、井底温度和循环流体性质等。

B. 多分支径向水平井取热技术

在油气开发领域，水平井、丛式井被广泛应用于复杂油气藏高效开发、老油田剩余油挖潜、气藏及凝析气藏开发、注水开发等。同样，多分支径向水平井也可以用于地热开发。在相同的流速下，注入直井的流体持续从围岩吸收热量并在井底达到最高温度（图 5-33），而在水平井中，注入的流体在温度最高的井底被持续加热，这使得流体到达井口时可以携带更多的热能，因此可通过改造废弃水平井来提高地热采收效率。目前国内外陆续报道了利用水平井进行地热开发的成功工程案例。由中国煤炭地质总局水文地质局承担实施的“取热不取水”地热开发利用工程，施工垂直深度 2500m、水平距离 684m、总换热长度 5499m 的大型“U”形对接井，通过换热试验，获得换热量为 1565kW，在采用燃气调峰补充的模式下，能够满足 8 万～10 万 m^2 节能建筑物供暖，一个供暖季可节约标准煤 1040t，环境效益显著。

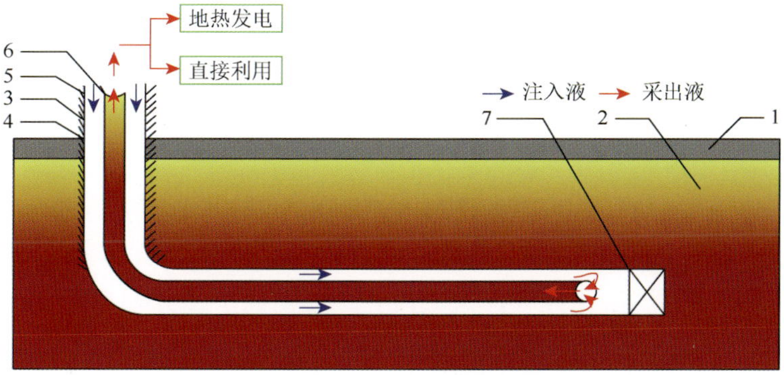

图 5-33　利用水平井开发利用油区地热

1-盖层；2-储层；3-地面套管；4-水泥；5-套管；6-绝热材料；7-底部密封

C. 热电发电技术

制约中国中低温地热资源高效开发利用的最大技术障碍之一是中低温地热发电发展缓慢，而热电发电技术被认为是加快中低温地热发电发展的重要方向。热电发电技术基于温差热电效应直接将地热能转化为电能，具有运行简单、无机械能损耗、体积小、原地发电、生态环境影响小等优点。提高热电发电效率的核心在于高性能热电材料和相应器件的研发。张长东（2015）将热电技术与油气生产相结合，在胜利油田提出了油气生产井下热电发电的设计方案，即通过在管道上安装热电装置，利用管道和环形器之间的温差发电，计算结果表明热电发电的最大效率为 4.1%，最大功率为 8538W。谢和平等（2018）创新性地提出了基于大尺寸单晶热伏材料将热能直接高效转化为电能的中低温地热发电技术构想，以及基于冷、热、电联供一体化的工程实施和精准对接的技术原理与构想，该技术构想有望引领全球地热发电新的技术革命。王振波等（2024）先后设计了两款热电发电机，一款温差为 200℃、装机容量为 500W，另一款温差为 120℃、装机容量为 1kW，实验表明热电器件的发电功率与冷热端间的温差几乎成正比，但热电转化效率偏低，最高转化效率仅为 4.5%，目前工程推广仍存在一定难度。热电发电技术具有广泛的发电温度范围，最低可至 30℃，因此发展空间巨大。

D. 纳米技术

近年来，纳米技术被广泛应用于分子器件、电气工程、石油工程等领域。在地热开发利用方面，纳米技术的应用主要体现在与热电材料相结合提高热电发电性能、增大热提取效率，以及纳米涂层结构减少热交换器和循环工质的腐蚀等方面。高品质的热电材料能显著提高热电转换效率，将纳米技术与热电材料相结合有望大幅提高热电材料品质。Bi_2Te_3（低温热电材料）和 PbTe（中温热电材料）体系一直被看作是理想的候选热电材料，如郭鑫（2015）认为利用高性能纳米结构的 Bi_2Te_3 热电发电机可以提高热电转化效率；巴倩等（2024）指出温度为167℃时，层状 Bi_2Te_3-Sb_2Te_3 纳米复合材料能够显著增强热电性能。这些研究展示了纳米材料在油区热电发电技术中的广阔前景。

纳米技术在油区地热开发中的另一个重要应用是利用纳米流体进行热提取。所谓纳米流体是指将纳米材料分散在基液中的流体，在基液中添加纳米级颗粒可以提高流体导热系数从而增强传热能力。雷佳杰等（2020）利用 Al_2O_3 纳米流体作为工质开发废弃油井中的地热能，结果证明纳米流体不仅能够增加返回流体进而提取更多地热能，而且能够提高油田地热资源的开发温度。此外，与传统材料相比，ZrO_2-TiO_2、SiO_2 等纳米涂层能够有效防止地热系统腐蚀，在地热换热器表面使用聚四氟乙烯和碳纳米涂层后，换热器耐高温、耐腐蚀性和阻燃性显著提高。

6）结论

（1）中国含油气盆地蕴含着丰富的地热资源，油区地质资料丰富、开发技术成熟、设备人员齐全、市场利用空间巨大，大量废弃钻井消除了钻井初期资金成本高的最大障碍，开发利用油区地热是高含水油田实现能源接替和可持续发展的必然选择。

（2）虽然目前油区地热开发利用日益受到重视，取得显著发展，但在全面深入发展的过程中仍存在一定的障碍，表现在资源条件制约决策者、技术创新力度不够、相关激励政策不够完善等方面。

（3）一些可能加快油田地热开发利用的新兴技术如深井直接换热技术、多分支径向水平井取热技术、热电发电技术、纳米技术是未来油区地热发展的重要方向。

4. 地下储热工程

地下储热工程是将热能存储在介质中并将介质置于地下空间的工程。我国建筑采暖热负荷占国内能源消费总量的 20%左右，利用地下储热工程存储太阳热及各类余热，以用于冬季建筑采暖，是实现碳减排的重要途径之一。早在 20 世纪 80 年代，瑞典通过与国际能源署（IEA）的广泛合作，率先进行了大规模地下跨季节储热系统的研究。如今，众多国家如美国、瑞典、德国和丹麦等均已建成基于跨季节储热技术的区域供热系统。

地下储热工程主要包括浅层地埋管储热工程、地下天然含水层储热工程、地下人工水体储热工程等。地埋管储热技术的储热介质为土壤，充热过程中，热流体通过埋在地下的闭环管网与土壤换热，将热量储存在土壤中；放热过程中，冷流体通过埋在地下的管网与土壤换热，将热量从土壤中提取出来。土壤单位体积储热密度比水小，储存相同热量的前提下，土壤储热体积是水体的 3～5 倍。地埋管储热技术需要可以打孔的地质，循环水温一般要低于 50℃，另需增加热泵提升温度，且土壤在放热过程中，埋管分区控制策略复杂，阀门启停较为频繁，系统可靠性相对较差，目前已经较少使用。含水层是地下的含水多孔结构，其建设成本在这几种储热体中最低，但是含水层必须确保有两个互不连通的地下含水层且含水层内基本无地下径流干扰，才能实现稳定的储热与取热。因此，地下天然含水层储热技术受限于自然资源量和选址，目前几乎没有实际运行的工程。地下人工水体储热技术，采用人工建造坑式水体，坑内储存水体内存在垂直温度分布和季节性周期变化，且顶部最高水温可能达到 95℃，因此该类人工水体对高温防渗、保温浮顶技术要求较高。由于水具有较高的比热容，且易于实现换热调控，因而地下人工水体储热技术成为目前应用最为广泛的大容量跨季节储热技术。

近年来，国内外在地下储热工程示范与建设方面取得了一系列成就。我国最大的土壤储热工程是赤峰 50 万 m^2 地埋管土壤储热示范工程，利用太阳能与低品位工业余热相结合，通过跨季节储热实现“夏热冬用”，用于城市集中供热。丹麦等国家已经建成很多采用地下热水储热的跨季节储热系统（图 5-34），运行效果很好。西藏浪卡子建造的太阳能供暖系统，储热体积为 15000m^3，集热器总面积为 24300m^2，供回水温度为 65℃/35℃。中国科学院电工研究所在张家口也建造了黄帝城 3000m^3 地下储热水体，并用于建筑供暖示范。

图 5-34　丹麦太阳能跨季节储热商业化热站

1）地下燃料储存工程

采用天然洞穴或废弃矿洞进行天然气存储的技术已经得到应用。考虑可再生能源制备清洁碳氢燃料的远景，在电制燃料工厂附近建设人造地下空间，并直接以地下空间为燃料储存室（如存储天然气）或者在地下空间的燃料储罐外充满氮气，可以解决燃料储存空间的地面占地并大大降低火灾风险，因而也是一个值得探索的方向。瑞典 Skallen 项目将埋深在 115m 的浅埋型地下人工储气室用于压缩天然气的储存，项目已经投入商业运行。韩国地球科学与矿产资源研究所对一个储存冷冻食物的地下空间进行扩建，经过内衬处理后用于液化天然气存储，该项目已经完成。

2）地下储热与光伏备用容量综合利用工程

太阳能和风能特别是风能具有短时出力波动性的特点。当电网中的太阳能和风能占比达到一定的水平时，为了平滑短时功率的波动性，以便于大型太阳能或风能发电站更友好地接入电网乃至实现对电网短时有功调节，一般需要在电源侧合理配置相适应的储能系统。然而，能够频繁地用于上述目的的储能系统（如飞轮、超级电容器或超导储能等），一般来说造价都比较高昂。

随着光伏发电的成本日益下降，采用光伏备用容量作为虚拟储能系统，以部分替代用于上述目标的储能系统，就成为一种经济上较为可行的方案之一。其基本思路是：按照可再生能源发电（光伏或风电）并网容量的一定比例（如 10%）配置光伏备用容量；根据平滑本区域可再生能源短时发电功率的需要或电网短时有功调节需要，每一个可投入运行的光伏备用容量可以部分或全部实时地投入或切出电网。同时，光伏备用容量还可以部分地向其他系统如同步调相机提供动力，从而为系统提供无功支撑和增加系统惯量。对于经常性切出电网的那一部分光伏备用容量，由于其功率波动性较大，最好的利用方式是直接用于电加热，同时将该部分热能存储于地下储热系统。这样一来，光伏备用容量不仅部分替代了相应的储能系统，而且实现了热储存，因而系统综合效益大大提高。

5. 煤矿余热资源

针对煤矿工艺特征，发掘其生产过程中产生的余热资源。同时，找出煤矿所在地自然环境中可利用的余热资源。

1）煤矿回风余热

煤矿回风温度受室外气温影响较小，冬季相对稳定，是一种可利用的低温热源。煤矿回风热能提取的回风风量大，如果增加的换热设备不当很可能会增加阻力，造成煤矿通风机电机负荷加大，浪费电能，甚至会影响煤矿通风质量。根据现场调研，甘肃省张掖市花草滩煤矿回风量、温度和湿度全年较为稳定，且随着井下开拓的延伸，进风量、回风量同步增加，可采用煤矿回风热能提取装置直接换热提取回风余热。冬季时煤矿回风风量为5953m^3/min，回风温度为22℃，相对湿度为69%；根据回风余热提取方式不同，提取热量后的回风温度为2～12℃，可从煤矿回风余热中提取的热量为4800～2600kW。花草滩煤矿通风方式为副井进风、主井回风，主副井距离150m。进、回风井的距离和周边场地均具备布置回风余热设施的条件。因此，回风余热是该项目优质的余热资源。

2）矿井水余热

目前，矿井水正常排水量约100m^3/h，排水温度为20℃左右，考虑到矿井水处理过程散热损失，取冬季可利用温差为10℃，则矿井水余热量约1100kW。为了达到煤矿废水零排放，矿方将采用先进技术手段在井下对矿井水进行处理及综合利用，逐步减少矿井水上井量，最终达到矿井水全部井下利用。因此，不考虑矿井水余热资源利用。

3）空压机余热

煤矿空压机房设置4台风冷式螺杆空压机（3用1备），单台电功率为250kW。根据现场实际运行情况，煤矿最少2台空压机24h运行，第3台空压机根据井下生产情况进行调整。空压机在运行时，约有80%的电能转化为热量，通过风冷或者水冷的方式排放到空气中，该部分热量中有82%可被回收利用，计算可得：空压机运行24h可制备的热水量（即每天热水产量）为226m^3，满足煤矿每日150m^{3}洗浴用水量需求。目前，空压机余热利用技术成熟、设备市场化水平较高，已广泛应用于厂矿企业的洗浴、供暖等领域。因此，优先利用该余热资源。

4）空气能

空气能是指空气中所蕴含的低品位热能。根据热力学第二定律，热量不可能从低温热源传到高温热源而不引起其他变化。所以，要利用低品位热能空气能时，需要采用空气源热泵技术，从空气中吸收热量并传到高温物体或环境。目前，我国空气源热泵技术已广泛应用于民用、工业建筑物供暖和热水供应。花草滩煤矿地处严寒地区，热泵选型是保证空气能有效利用和供暖效果的关键。双极型空气源热泵能在严寒条件下有效利用空气能供暖，同时可避免普通型空气源热泵在同类条件下运行时存在的吸气比容大、吸气压力降低、压比增大、排气温度过高，导致能效比急速下降的问题。该类型热泵由低温级和高温级两个独立的冷媒系统耦合组成，低温级通过其冷媒优良的低温环境蒸发性能，从环境中吸取低品位热能转移至高温级。高温级运用其冷媒高冷凝温度、低系统压力的物理性质，通过冷凝蒸发器的耦合使压缩机维持在合适的压比，可稳定制取供暖热水，使系统能效比保持在较高水平，保证供暖效果。因此，优先考虑使用空气能。

5）供热改造方案

空气源热泵系统由双级高温热泵机组、水泵、补水定压装置及水箱等组成。其中，双级高温热泵机组通过两个独立冷媒系统耦合运行，能在极低温度空气中提取低品位热能，以确保供暖系统在当地严寒气候条件下正常运行。考虑到煤矿工业场地与公司驻地距离 3km，且各区域内供暖建筑物分布疏密不均，空气源热泵供暖系统采用分布式布置，将区域内距离相近的供暖建筑物作为一个供暖区域，共划分为 7 个系统区域，每个区域设置空气源热泵设备和辅助设备机房一座，并利用就近的室外供暖管网。

6）空压机余热利用系统

空压机余热利用系统主要设备包括空压机余热回收机组、水-水换热器、循环水泵、管路等，通过换热器提取空压机中的部分压缩热，制得 60℃/50℃热水，通过间接连接换热系统将洗浴用水加热至 45℃，洗衣烘干用蒸汽供应改造为电加热方式。

7）回风余热利用系统

目前，国内煤矿回风余热利用方式主要有：喷淋式换热 + 热泵、气-液间壁式换热 + 热泵、低温热管。

（1）喷淋式换热 + 热泵方式通过取热水和回风直接接触提取热能，系统由喷淋间、循环泵、储水及补水系统组成，设备设施多、运维工作量大，受回水温度影响，其取热温差小，能耗、水耗较大。

（2）气-液间壁式换热 + 热泵方式通过闭式循环水系统换热，在添加乙二醇后可实现较大温差取热，能耗和水耗与喷淋式换热 + 热泵方式相当。

（3）低温热管方式利用风-风间壁方式通过热管将回风加热进风，可实现大温差取热，系统设备少，运维工作量小，能耗和水耗均小于其他两种方式，对矿井通风系统运行基本无影响。

当地干燥缺水、冬季严寒，结合上述三种回风余热利用方式特点，确定采用低温热管方式，该方式系统简单，运行成本低，检修维护方便，负荷适应性强，且不存在结冰风险，场地条件满足设备和风管布置需求。低温热管回风余热利用系统主要包括低温热管换热机组和风阻平衡诱导风机，后者可平衡换热器增加的风阻并提高换热效果。系统采用间壁换热方式，利用热管工质的气化吸热过程提取煤矿回风中的低温热能，通过热管工质冷凝放热过程加热煤矿进风，实现煤矿回风和进风的热量交换，满足井口防冻的进风要求。

5.3.4　我国地热利用

1. 西藏羊八井浅层地热资源概况

中国最著名的地热发电站在西藏羊八井镇。羊八井地热发电站（图 5-35）位于拉萨市西北 90km 的当雄县境内，这里有规模宏大的喷泉与间歇喷泉、温泉、热泉、沸泉、热水湖等，地热田面积达 17.1km^2，是我国目前已探明的最大高温地热湿蒸汽田，这里的地热水温度保持在 47℃左右，是我国大陆开发的第一个湿蒸汽田，也是世界上海拔最高的地热发电站。过去，这里只是一块绿草如茵的牧场，从地下汩汩冒出的热水奔流不息、热气日夜蒸腾。1975 年，西藏第三地质大队用岩心钻在羊八井打出了我国第一口湿蒸汽井，第二年我国大陆第一台兆瓦级地热发电机组在这里成功发电。

图 5-35　羊八井地热电站

羊八井地热田以中尼公路为界，划分为南区和北区。由于南区地面地热现象显示好，且热储为层状孔隙型，易开发，1970～1980 年，羊八井的资源勘查也主要围绕南区展开，先后完成 1∶10000 地热地质测绘、1∶50000 物探普查、1∶5000 构造调查和钻探等工作，并于 1977 年在南区始建羊八井电站一站。1986 年在中尼公路以北建成羊八井电站二站。两个地热发电站先后安装 9 台发电机组（1#机组于 1986 年退役），装机总容量为 24.18MW。羊八井地热发电站总规模曾一度占整个拉萨电网总装机容量的 21%，为西藏自治区的国民经济建设做出过突出贡献。多年后，羊八井地热发电站发电机组超期服役，其设备和系统的设计、运行监控、使用维护等多个方面均较落后，可靠性差，安全隐患大量存在，且电站运行能耗大，地热资源利用效率低。2020 年 7 月站区内地热发电机组已全面关停，现有站区也改建为工业历史博物馆。通过羊八井地热发电站的改造与扩容，实现羊八井地热资源的高效可持续开发，对推动我国地热发电行业优化发展具有十分重要的意义。

1）热储资源评价

2019 年，核工业北京地质研究院对羊八井地热田的资源量重新进行了评价，使用地表热流量法计算得到羊八井地热田可发电潜力为 109.9MW。采用热储法，按热储服务时间 30 年计算，羊八井地热田总发电潜力为 66.27MW，其中南区浅部储层可发电潜力为 6.43MW；北区浅部热储可发电潜力为 14.01MW，北区深部热储可发电潜力为 45.83MW。2020 年，江苏长江地质勘查院选取羊八井地热田 3 口典型浅层地热井实施了单井放喷试验，结合 3 口井放喷流量，推算羊八井已有 15 口浅层生产井流量在 1133t/h，南区井底温度约 150℃，北区井底温度约 155℃，井口温度为 125～130℃，放喷期间（8h）未见井底压力波动。热田生产井的生产能力依然很好，温度范围适合发电。测试的 3 口生产井流量比成井时有所下降，其中南区流量下降 40%，北区流量下降 20%，平均流量下降 27%。通过井筒流量模型及井下静态-动态压力变化判断流量下降的原因是井内闪蒸面之上结垢致使井筒出流面积减小，通过修井、清井恢复流量后，假定流量恢复到初始状态，则总流量可达到 1552t/h。保守估算 15 口生产井流量为 1400t/h，参考江苏长江地质勘查院已完成的放喷实验数据，初步预测浅层系统发电潜力满足 22MW 装机规模。综上所述，羊八井地热田拥有丰富的储量，保守估算，浅部热储可发电潜力为 22MW，北区中深层热储可发电潜力为 40MW，合计可建地热发电机组总装机规模为 62MW。

2）羊八井地热资源利用规划

羊八井地热田热储分为浅部热储和深部热储。地热水上涌主通道位于邻近念青唐古拉隆起带的北区。大气降水或雪山水自念青唐古拉山入渗后被加热，并沿张性断层涌至浅表；至浅部后，沿裂隙、孔隙通道自北而南流出并汇聚，形成丰富的浅部热储层。由于浅部热储呈层状、易开发，目前是羊八井电站的主要生产层。自 20 世纪 90 年代以来，随着勘探的深入，已基本明确了深部热储的存在。但由于对深部断层裂隙型热储的分布掌握程度有限，开发风险较大。已完成 ZK4001、ZK4002、ZK3001 三口深井钻探，但仅 ZK4001 井一例成功。因此，结合羊八井资源情况和西藏高海拔自然条件，推荐羊八井地热田资源开发利用分期实施，一期以已有浅层地热生产井为目标。

3）地热发电系统规划

到 1993 年，羊八井地热田内共施钻地热井 70 眼，其中勘探井 20 眼、探采结合井 8 眼、生产井 40 眼、回灌井 2 眼。目前，地热发电技术主要为有机朗肯循环（organic Rankine cycle，ORC）发电系统、闪蒸发电系统、螺杆机发电系统和闪蒸＋ORC 发电系统四种技术。依据核工业北京地质研究院对地热资源的评估，现有浅层生产井可以支持 22MW 的发电装机规模。螺杆机发电系统受螺杆机结构特征的限制，其单机功率较小，若要实现大功率化，或采用多级串联方式，或多组设备联合发电，安全可靠性低，因此，暂不推荐采用螺杆地热发电技术。依据羊八井电站现有地热井台账统计，现有浅层生产井井口热流体平均温度约为 115℃，平均压力约为 0.17MPa（绝对压力），井口参数较低，不适用于闪蒸＋ORC 发电系统。因此，一期浅层地热资源开采主要为闪蒸与 ORC 两种地热发电技术比选。

A. 闪蒸发电技术

地热蒸汽和水经一级或两级扩容器降压扩容后，得到部分饱和蒸汽，饱和蒸汽进入常规地热汽轮机做功发电，将热能转化为汽轮机的机械能，再带动发电机转子转动，最终实现热能转换为电能的过程。做功后的乏汽通过凝汽器混合冷凝后，尾水加压进入回灌水系统。汽轮机采用射水抽汽形式建立真空。闪蒸发电技术开始于 20 世纪 50 年代，据统计资料，采用闪蒸地热发电机组的总容量占世界地热发电总装机容量的 60%，机组数量占世界地热发电机组数量的 39%。我国 1970 年在广东省丰顺县邓屋村建成的 0.086MW 地热试验电站就是采用这一技术，羊八井电站一、二站也是采用闪蒸地热发电技术。由此可见，闪蒸发电技术是成熟、有效、可靠的。

B. ORC 发电技术

ORC 发电系统采用有机工质汽轮机和一个发电机，每套有机工质汽轮机均设置独立的换热设备，利用地热流体对有机工质加热，将有机工质从液态加热到过热蒸汽状态。机组换热设备包含蒸发器、预热器和复热器。ORC 发电系统介质工作流程如下：地热流体经汽水分离器后分成两路；地热水和地热蒸汽分两路进入机组的蒸发器，将预热器出口的液态有机工质加热至饱和蒸汽状态。有机工质饱和蒸汽被送入有机工质汽轮机做功发电，将热能转化为汽轮机的机械能，再经过联轴器带动发电机转子转动，最终实现热能转换为电能的过程。有机工质乏汽经空冷器冷却后由工质循环泵升压，依次进入复热器、预热器和蒸发器加热循环工作。经过蒸发器和预热器换热后的地热尾水加压后送至回灌井。ORC 发电技术开始于 20 世纪 70 年代，据统计资料，采用 ORC 发电技术的机组总容量占世界地热发电总装机容量的 19%，机组数量占世界地热发电机组数量的 46%。相对于闪蒸的地热发电技术，ORC 发电技术有着以下特点。

（1）有机工质沸点及凝固点较低，可在较低温度下出力，有着良好的热力学性能；工质比容较小，汽轮机末级叶片无须做得很大，较常规闪蒸汽轮机占地面积小。

（2）地热蒸汽及热水不直接参与推动汽轮机发电，汽轮机本体不存在腐蚀。在不停机低负荷工况下，可实现对换热器检修，年运行时间长；有机工质存在易燃易爆的特点，需要专门运输工具和存储设备，对机组密封性要求高，经过多年的技术积累和加强运营管理，有机工质泄漏问题已经得到解决；闪蒸汽轮机组汽水系统复杂，运维检修工作量大，要求运营维护工人数量多、素质高。ORC 发电机组系统高度集成化，适用于不同工程现场复杂、恶劣的环境。

C. 发电技术比选

羊八井电站数据显示，随着发电量的增加，地热井口参数有衰减的趋势，停机保汽后，井口参数逐步回升，随着发电量再次增加，井口参数再次衰减，井口参数的波动说明浅层地热资源量较不稳定。地热闪蒸发电技术属于低品质蒸汽发电技术，机组对蒸汽品质的稳定性要求较高，蒸汽的品质和供汽量是影响地热汽轮机效率的关键因素。因此，在浅层地热资源量极不稳定的工况下，建议采用适应能力更强的 ORC 发电技术，ORC 发电系统可以通过调节有机工质流量适应地热流体参数波动。由于地热流体携带有二氧化碳、氮气、硫化氢等不凝结气体，这些气体在地热蒸汽中的质量分数为 1.5%～3%，如果积聚在凝汽器中会造成汽轮机排气压力升高，严重影响汽轮机运行，因此机组设置抽气设备连续抽出不凝结气体，以维持凝汽器的真空度。ORC 发电系统采用传热设备，地热流体与有机工质换热后，有机工质做功。在同种冷却工艺条件下，ORC 发电系统的耗能低于闪蒸发电系统。站区水质报告资料显示，地热水中含有大量的氯离子、碳酸根离子和偏硅酸根离子，pH 为 9.0～9.3，地热水呈碱性。虽然设置了加药装置，可有效地抑制高温结垢，但地热流体在闪蒸过程中，蒸汽会携带大量的腐蚀性离子和偏硅酸根离子直接进入汽轮机，在机组末级叶片处大量结垢，影响机组正常运行，机组需要根据腐蚀和结垢情况停机检修。据资料统计，利用同类品质的闪蒸机组平均年运行时间在 6600h，而 ORC 发电机组年运行时间可以达到 7500h 以上。ORC 发电系统中地热流体不直接进入汽轮机，机组本体不会受到地热流体腐蚀影响，可以在机组运行工况下对单个换热器做到离线检修。

ORC 发电系统中有机工质存在易燃易爆的特点，需要专门的运输工具和存储设备，对机组密封性要求高。但是经过多年的技术积累和制造革新，有机工质泄漏问题得到了很好的解决。随着 ORC 发电技术的完善，发电机组可以稳定可靠地运行，做到了无人值守，维护工程量很低。相反，闪蒸发电系统因存在大量的汽水管道，需要大量的运维工人经常巡检，设备更换频率加大，运维成本增加。特别是西藏高原地区恶劣的自然条件，ORC 发电机组无人值守的优势更加明显。综合对比，羊八井浅层地热资源推荐采用 ORC 发电技术。

4）地热井除垢系统规划

成垢机理。当地热流体从热储层通过地热井管向地面运移时，由于温度和压力降低，其中一些成分达到饱和状态，此时就有固体物质析出并沉积在井管或管道内，形成垢层。地热水垢的化学组成比较复杂，由多种化合物混合组成，主要的垢分成碳酸钙垢、硫酸钙垢、硅酸盐垢和氧化铁垢几种。井管内结垢会影响地热流体的生产与回灌；输送管道内结垢会增大流体的流动阻力，进而增加输送能量的消耗；垢层不完整处还会造成垢下管道腐蚀。西藏羊八井地热田属高温湿热型，高温流体在上升运移的过程中常伴有闪蒸现象，同时，原来溶于高温流体中的 H_2S、CO_2 等气体，由于其分压降低而不断从热水中逸出，并发生 H_3BO_3 和 H_4SiO_4 的离子化。CO_2 从水中逸出打破了原来的平衡，从而发生 $CaCO_3$ 沉淀，即结垢。因此，羊八井地热田井内结垢的主要成分均为 $CaCO_3$，通常都集中在井孔上段，深度为 40～60m 至地表。在地热田北部地区，高温流体中部分 SiO_2 析出，产生少量的硅酸盐垢。

防垢阻垢措施。羊八井地热发电站自 1000kW 机组投产以后，地热井结垢问题就暴露了出来，众多的浅层地热井都出现了严重的井管结垢问题。经分析垢主要成分是 $CaCO_3$。羊八井地热流体在地下一定深度处于稳定的未饱和状态，$CaCO_3$ 不会析出、沉淀，当高温地热流体从热储层沿井管涌出时，压力随之下降，饱和温度也相应降低，于是一部分水变成蒸汽。在有相变的这段井管内，CO_2 气体逸出，原先溶解在混合物中的溶解物随着溶解度的变化而析出成垢，并逐渐增厚，直至堵塞井管，就会影响地热流体的流通，进而影响发电。为此必须设法通井除垢，使电站恢复运行。羊八井现场工作人员设计了一种比井管直径略小的圆形重锤，用一根钢绳牵拉在井筒内上下移动，汽水混合物则不断由重锤的中空部分通过，使发电不致中断，达到了比较好的应用效果。建议采用物理和化学双重措施除垢和防垢，在井口保留物理重力除垢措施，其次在井口设置加药装置，最大限度地保障地热流体输送管路和换热设施不结垢，并对热力流体进行化学成分分析，确保回灌流体保持最佳温度，回灌管路系统不结垢。

5）地热阻垢措施实施

依据北区 13#生产井和南区 4#生产井的水质分析报告，在温度压力变化时该生产系统显示出非常严重的碳酸钙矿物垢沉积，以及在一定温度和酸碱度条件下产生的轻度硅酸盐垢。碳酸盐垢主要大面积生成于井下至地面设施，硅酸盐垢主要在地面换热设备和回灌井出现。地热井水质参数详见表 5-5。

表 5-5 地热井水质参数表

参数	北区 13#生产井	南区 4#生产井
钾含量/(mg/L)	49.32	54.79
钠含量/(mg/L)	495.9	475.4
钙含量/(mg/L)	1.68	2.32
镁含量/(mg/L)	0.00	0.06
碳酸氢根含量/(mg/L)	165.5	198.8
碳酸根含量/(mg/L)	154.2	147.3
氯含量/(mg/L)	489.6	432.4
次硫酸根含量/(mg/L)	74.52	57.44
氟含量/(mg/L)	165.50	13.25
偏硅酸根含量/(mg/L)	315.5	329.7
总硬度（以 $CaCO_3$计）	4.21	6.04
总碱度（以 $CaCO_3$计）	650.2	654.2
溶解性总固体含量/(mg/L)	1444	1588
电导率/(μs/cm)	1917	1533
pH	9.09	9.07

基于上述地热结垢类型，为了有效地阻止碳酸钙垢在该生产系统的井下结晶析出，防止硅酸盐结晶在井上和回灌系统产生，并抑制管线的腐蚀，建议在生产井注入酸性定制阻垢剂，以有效阻止碳酸钙垢晶体沉积，并有效抑制晶体结合以及分散大量晶体离子，减少晶体离子在流动中的碰撞结晶。经计算每吨水加药量为 10～30g。

通过地热流体化学成分分析，选择加药除垢并局部配合物理措施可以最大限度地减轻机组和地热流体输送管道的结垢与腐蚀问题。

2. 塔什库尔干塔吉克自治县地热

经过勘查和评价，在位于新疆帕米尔高原的塔什库尔干塔吉克自治县（简称塔县）发现两处总面积达 15km^2 的地热资源，将满足当地冬季供暖以及温泉旅游、温室大棚等开发，助力经济发展和民生改善。

受高原环境制约，塔县冬季漫长，煤炭等能源资源匮乏，只能从 1000 多千米外的乌鲁木齐、阿克苏等地运输，冬季县城煤炭价格在每吨 1600 元以上，冬季供暖成为当地政府和群众的沉重负担，严重制约了当地社会经济发展。2010 年，新疆国土资源厅（现新疆自然资源厅）组织专家在对以往地质资料研究的基础上，启动了总投资达 4762 万元的塔县地热资源勘查工作。

新疆地矿局第二水文工程地质大队经过勘查，在距离塔县县城 8km 的曲曼村，发现了面积达 $8km^2$ 的大型高温地热田，地热流体温度在 100℃左右，部分在 140℃以上。经新疆自然资源厅、新疆地矿局专家检查验收，认定曲曼地热田的地热资源范围、热储存条件仅次于西藏的羊八井，居全国第二。根据地质结构及长期测温测压分析，曲曼地热田可稳产百年以上。曲曼地热田还具有热储埋藏深度浅、易开采的特点，适用于烘干、发电、采暖、医疗、洗浴、温室等。此外，地质勘探部门还在距塔县县城西侧不到 1km 处，发现面积达 $7km^2$ 的一处低温地热田，地热流体温度约 36℃，最高温度可达 54℃，可用于温泉理疗和旅游开发。

曲曼地热田已查明地热总量达到 1.996×10^{12}MJ，塔县已投资 1.97 亿元建设采暖设施，供热面积可达 40 万 m^2，可解决周边 1.2 万人取暖问题，每年节约采暖费用 3000 万元以上。塔县还将利用地热资源开发温泉疗养旅游，在农村为牲畜过冬搭建暖圈，建设温室大棚种植蔬菜等项目，带动当地农牧民实现稳定增收和就业。

3. 北京大兴国际机场

北京大兴国际机场建设了大型耦合式地源热泵系统，在保障机场供能安全可靠的前提下，实现多能互补，地源热泵与常规能源进行了有机结合，环保、节能的社会效益与降低能源成本的经济效益实现有效统一，探索和开拓了机场未来的绿色能源新模式。

1）地埋区工程概况

大兴区位于永定河冲积平原，大兴机场地源热泵工程地埋区处于永定河冲洪积扇的下游地区，地层结构位于多层砂区，它的地层岩性主要为黏性土层和砂层互层，黏性土层数多且稳定，累积厚度较大；含水层性质为承压水，含水层渗透性与富水性一般，并且此区域地下水回灌难度大。大兴机场区域的地下水补给主要来自降水入渗和侧向径流入渗，流出方式主要是人工开采和地下径流。大兴机场区域的地埋区径流条件比较好，浅层地热利用效果好，能够增强与土壤的换热效果，适宜建立地源热泵的供能系统。根据行业专家出具的地质条件评估报告，大兴机场的地源热泵系统地埋区换热孔冬、夏季换热量取值分别为 30.88W/m 和 54.35W/m。当系统达到稳定状态时，冬季地埋管供回水温度分别为 7℃和 4.5℃，夏季地埋管供回水温度分别为 30℃和 34℃。

2）地埋区建设影响因素

地源热泵项目地埋区工程复杂，若施工过程把控不严，极易在后期出现问题。地埋区工程的地埋孔深度、直径、垂直度、地埋孔回填材料、回填速度、水平联管敷设等均有严格的要求，在施工中应保证施工质量，避免因施工不合格导致的地下管道泄漏、换热效率不足、影响地下水环境等现象。而且地埋区的建设为一次性建设，后期基本无法进行修护、完善，出现问题很难得到解决，所以必须在建设期间加大监管力度，保证按要求进行施工。

3）极寒天气下地源热泵的使用

在设计理念中，天气较冷时，用户负荷较大，应多开地源热泵进行供热，但在实际运行中发现并不满足条件。其中一个原因是大兴国际机场热泵机组设计的最高供水温度为 50℃，当回水温度升高时，热泵机组负荷会降低；若回水温度过高，热泵机组会自动停机。在极寒天气下，为保障用户服务品质，会提高供水温度，但提高供水温度势必会使回水温度有一定的升高，回水温度过高会导致机组自动停机。另一个原因是在严寒期间地埋区的供水温度会下降较快，无法满足多台机组的连续运行。

4）地埋区冬夏热量不平衡

地埋区的理想状态为冬季取热量与夏季放热量匹配，可以长期运行后不引起地埋区土壤温度的变化。根据《地源热泵系统工程技术规范》（GB 50366—2009）中的规定，地源热泵的地埋区换热系统最好每年都进行负荷计算，对冬季取热量、夏季放热量进行统计，每年对地埋区的取热量与放热量应维持平衡。但是由于气象条件及冬夏季使用功能不同，一般会出现地埋区的取、放热量不平衡，从而导致地埋区的土壤温度连年下降或者上升，造成地源热泵的性能下降，严重的时候甚至导致地源热泵系统无法正常运行，这个问题已经成为使用地源热泵系统需要面对的最大问题。

北京大兴国际机场地源热泵项目（图 5-36）是目前国内最大的多能互补地源热泵项目，其可再生能源利用主要包括太阳能光伏发电、浅层地热、污水源热量、烟气余热等。为满足项目需求和目标，北京大兴国际机场的供应商有针对性地为大兴国际机场能源站提供了定制化的解决方案，包括 2 台全降膜变频离心式地源热泵机组和 5 台全降膜变频离心式烟气回收热泵机组。工程一共建设 2 个地源热泵能源站，共安装 8 台地源热泵机组。

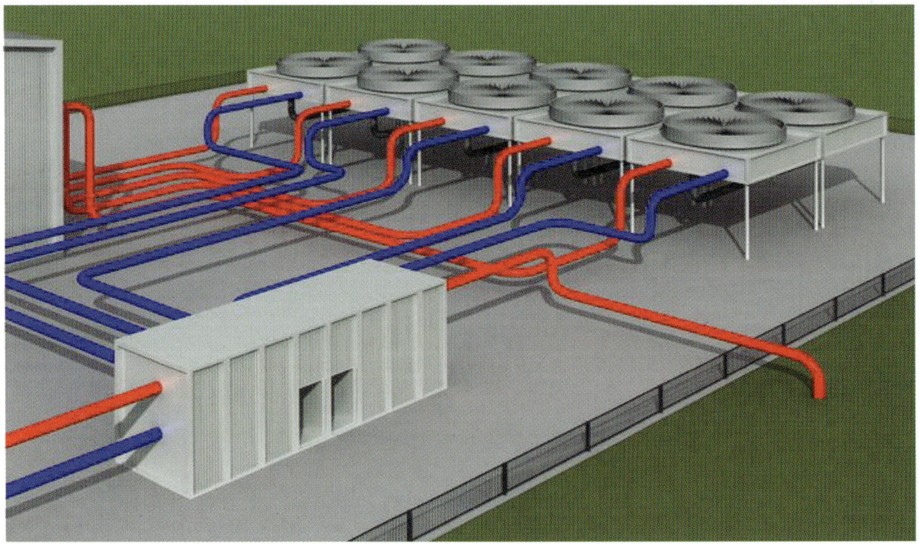

图 5-36　北京大兴国际机场地源热泵项目示意图

北京大兴国际机场地源热泵项目实际供暖面积远大于供冷面积，造成了严重的地埋区冬夏热量不匹配。冬季取热量约是夏季放热量的 1.5 倍，2020～2021 年供暖季地埋区土壤温度较 2019～2020 年供暖季降低了 1.7℃。

早在 2019 年，北京大兴国际机场建设团队就试验过，夏季通过太阳能获取热量并储存，然后在冬季把这部分热量取出来，经过大量取热后，到 1 月份供热效果就会比较差，因此团队提出了多能互补耦合式地源热泵系统的概念，即不仅靠地源热泵来供能，还靠燃气锅炉烟气余热回收、光伏等几种能源相互补充，确保供热的稳定可靠。

北京大兴国际机场地源热泵项目结合冰蓄冷和电制冷技术，辅以区域燃气锅炉调峰，有效解决了机场 257 万 m^2 配套建筑的供热制冷问题（图 5-37）。整个供热制冷系统建设 2 个地源热泵能源站，共安装 8 台地源热泵机组。整个区域设置地埋管 10500 个，其中，南区 3120 个、北区 7380 个，地埋孔深度南区 120m、北区 130～140m，孔间距 5m。

图 5-37　北京大兴国际机场温度检测仪

北京大兴国际机场还分别在 1 号能源站和 2 号能源站配套安装了 5 套锅炉烟气余热回收热泵和 1 套冰蓄冷设备，以加大设备运行期间对多种再生能源的综合利用。根据测算，北京大兴国际机场地源热泵系统每年能提取浅层地热能 56.36×10^4GJ，节省天然气 1735.89m^3，相当于 21078t 标准煤，可减少碳排放 1.58 万 t 以上，是真正意义上的绿色节能空调系统。

继北京大兴国际机场实施地源热泵系统工程之后，北京大兴临空经济区自贸区创新服务中心综合能源站也采用了地源热泵复合式能源提供冷热。据了解，该能源站融合了电力、冷热供应、屋顶光伏等资源，可实现电、冷、热、光等多种能源的集约控制和高效互补。

5.4 风光资源开发途径及建议

5.4.1 风光同场开发的建议

经过调研初步发现，吐哈盆地的植被生态情况、风光电站的所处位置、风光资源的分布具有一些特点：吐哈盆地属于沙漠绿洲生态环境，除了绿洲，剩下的基本都是风电场和光伏电站所处的位置，地面大都较为平坦，目前开发的风电场以及光伏电站大多在戈壁荒漠地区，无农、牧产业开发，地形适合同时建设风电场和光伏电站；吐哈地区太阳能资源普遍较好。一般风电在夜间大发，光伏在白天大发；部分地区在高温时段（14：00～18：00），风电机组由于高温设备保护，会自动停机，此时正是太阳能发电的高峰时段。风光同场项目可以充分发挥太阳能发电的优势，利用风电场此时段闲置的线路容量送出光伏发电电能，充分发挥风光发电时间互补的优势。

哈密已建成的有条件（主要是地形较平坦）的风电场（总面积 2676km^2）实现了风光同场，按上述容量搭配，分别可增加光电装机容量 5807MW、14530MW、50443MW。在哈密新圈划有条件的风电场建设风光同场（总面积 20629km^2），分别可增加光电装机容量 44765MW、112015MW 和 388857MW。两者合计面积为 23305km^2，可装机 50572MW、126545MW 和 439300MW。具体建议如下。

1. 精准资源评估

刘佳等（2008）认为，为确保风光同场开发项目的成功实施，精准资源评估至关重要。在风能方面，通过设置测风塔、进行长时间风测和利用风场模型进行数值模拟，能够全面了解风能资源的分布和变化趋势。同时，太阳能资源评估要借助日照测量设备、倾斜面太阳辐射测量和气象数据分析，以获取详细的太阳能辐射数据。综合分析时，运用地理信息系统（GIS）技术对风能和太阳能资源进行空间化处理，考虑风光资源的匹配度，以确定最优布局。实地验证和监测阶段应该包括实地验证数据的收集和建立持续监测系统，以确保模型和测量的准确性，并跟踪资源变化。在长远开发考虑中，需考虑气候变化对资源的影响，并随技术进步不断评估和引入新的风能和太阳能技术。这样的精准资源评估不仅有助于保证项目规划的准确性和系统设计的高效性，也为项目的长期可持续性奠定了坚实基础。

2. 一体化规划设计和互补性能力布局

在风光同场开发中，一体化规划设计和互补性能力布局是关键战略，为最大化可再生能源的综合利用提供科学依据。一体化规划设计要求综合考虑风能和太阳能资源的时空分布，通过地理信息系统等工具进行深度分析，确保项目规划具有最佳布局。此举有助于优化资源利用、提高系统效益、降低能源生产成本。在互补性能力布局方面，将风电和光伏电站有机结合，以实现在不同气象条件下的互补性发电。通过科学的系统设计，可以在风力资源相对较弱的时期，依然保持电力生产的稳定性，有效缓解间歇性发电的问题。这需要综合考虑设备的技术特性、发电曲线的匹配度以及整个系统的可靠性。专业的一体化规划和互补性布局需要多方面的专业知识，包括地质学、气象学、电气工程等领域。因此，建议企业在项目规划初期加强跨学科的专业团队合作，确保综合考虑各项因素。同时，政府可通过提供相应的政策支持，鼓励企业投资于科技研发，推动技术创新和系统优化。在未来的风光同场开发项目中，关注一体化规划设计和互补性能力布局，是实现清洁、高效、可持续能源生产的必要步骤。通过这一战略性举措，有望在充分发挥风能和太阳能的优势的同时，提高整体能源系统的效益，为清洁能源的未来发展奠定坚实基础。

3. 深度集成和优化运营

在风光同场开发中，深度集成和优化运营是关键策略，能够提高整个能源系统的效率和可靠性。通过先进的智能技术，实现风电和光伏系统的深度集成，通过智能监控和控制系统实时调整设备运行状态，最大程度地提高系统的运行效率。这涉及风力和太阳能发电的预测、电力系统的优化调度以及储能系统的智能运行等方面。深度集成的关键在于采用先进的监测技术，通过实时获取风能和太阳能的数据，使系统能够迅速适应天气变化，提高电力生成的稳定性。通过先进的电力系统集成技术，将风电和光伏电站的发电能力进行有效匹配，确保在任何气象条件下都能够实现最佳发电效果。此外，储能系统的应用也是深度集成的关键一环，通过在能源产出过剩时储存能量，在需求高峰时释放能量，优化整个系统的能源利用。为实现优化运营，需要建立健全的监控体系，对能源系统进行实时监测和数据分析。通过对风电和光伏电站的运行情况进行精准分析，可以预测潜在问题并及时调整运营策略，保障系统的可靠性。此外，借助先进的运维管理系统，实施远程监控和维护，提高设备的可靠性和可用性。政府在制定政策时应关注风光同场开发的深度集成和运营优化，通过激励措施和政策支持，推动企业投入更多资源进行技术研发和系统优化，促进风光同场开发在可再生能源领域的更广泛应用。通过深度集成和优化运营，风光同场开发项目可以更好地适应复杂多变的气象条件，提高系统的整体性能，为清洁能源的发展注入新的活力。

4. 建立多方合作机制

在风光同场开发中，强调建立多方合作机制是确保项目成功的重要战略。多方合作涵盖政府、企业、研究机构和社区等各利益相关方，其密切协作将有助于项目的顺利推进和风能、太阳能资源的综合利用。政府在制定政策时应制定鼓励合作的政策框架，提供激励措施和政策支持，以促进企业参与风光同场开发。政府还可通过创造投资友好环境、提供补贴和设定清晰的规范，为项目的可行性和成功建设提供坚实基础。在多方合作机制下，不同领域的企业可以共同研发创新技术、分享经验和资源，实现产业链的有机衔接。这有助于降低项目实施的风险，提高整体效益。研究机构在多方合作中扮演着推动创新的角色。通过深度研究风光资源的匹配度、系统集成等方面，研究机构可以为项目提供科学依据，推动技术进步，提高系统的效率。社区的积极参与是多方合作机制不可或缺的组成部分，社区的理解和支持对项目的可持续发展至关重要。建议在项目规划阶段就积极与社区沟通，倾听其需求，共同制定可行的合作方案，实现项目与社区的共赢。为保障多方合作机制的有效运作，建议建立透明、公正的合作框架，确立各方的权责，促进信息流通和共享。定期组织各方协调会议，解决项目实施中的问题，提高合作的效率和灵活性。

5.4.2 新型风力发电机

1. 风机高度对风速的影响

众所周知，同一区域，在近地面的一定高度，海拔越高，风速越大。超过一定的高度后就不一定了。例如，福建地区陆地在某几天时间内，近地面的风速仅在 2m/s 以内)，到海拔 1500m 处风速为 8m/s，海拔 3000m 处为 12m/s，海拔 5000m 处降为 10m/s。现在风机高度依然处于千米以下级别，故提高风机高度会对风能利用产生积极的影响，我国也在此技术上进行不断的尝试与突破。

2015 年 1 月，中国第一台安装柔塔的金风科技样机吊装；2021 年 12 月，中国风电柔塔刷新纪录，跨入“165m +”新时代，成为亚洲第一高柔塔。钢混塔一般指钢材和混凝土共同构成的塔架，其下部是混凝土段，上部是钢塔段，包括全混和半混。整体结构刚度大，可靠性强，有现场浇筑、现场工厂整环预制、集中工厂分片预制三种方案。

对于 160m 级别以上超高风机，全钢柔塔技术方案存在太大不确定性，同时，钢材等原材料成本上升，混塔技术成为提升风机高度与保障机组可靠性运行的另一选择。2018 年 10 月，我国首个采用 140m 钢混塔的风电场实现全场并网。此后，160m、165m、166m 风电钢混塔风机相继吊装，整机商自主研发技术取得里程碑式的突破。据了解，当前全球最高陆上风电机组达 230m，就采用了上部钢结构、下部混凝土的混塔技术方案。

桁架塔，此种塔架结构大大节省用钢量，并且可以在多种场景下应用，经济性和稳定性较好。但相比传统塔架，桁架塔螺栓用量极多，安装紧固和运维工作量等较大，且存在一定风险。2020 年 9 月，160m 预应力构架式钢管塔的风机在山东鄄城并网，一举刷新当时我国风电机组高度纪录；2021 年 10 月，全球首座 170m 超高桁架式塔架风电机组于山东项目吊装。

2015 年前，70m 级叶轮直径的风机塔筒高度在 70～80m，据中国可再生能源学会风能专业委员会（China Wind Energy Association，CWEA）报告，2018 年，风电机组平均高度为 91m，最高风电机组达 140m；2019 年，风电机组平均高度为 96m，比 2018 年增加 5m，最高风机达 147m，比 2018 年增加 7m。到 2021 年，国内的塔筒高度普遍超过 140m。

2. 传统的风力发电机发展趋势

1）风电市场面临的问题

目前，我国是世界第一大风电整机装备生产国。国家能源局数据显示，截至 2023 年 6 月底，我国风电装机容量达 3.89 亿 kW。然而，风电装机容量不断增加的同时，风电机组大规模“退役潮”渐行渐至。大批风机叶片正在步入“暮年”，如何使其有序退出，或经过改造升级重新投入使用，是我国风电市场面临的一道难题。

政策出台为产业发展指明方向。早期投运的风电场风能资源优越，但随着运行年限的增加，风电设备老化、故障率高、运维困难、安全隐患大、经济性差等问题逐渐显现。按风电场运行寿命 20 年测算，“十四五”期间面临退役的风电场规模约有上百万千瓦，“十五五”期间预计将有超过 3 万台风电机组、总规模 3000 万 kW 以上的风电场面临退役。

2023 年 6 月，国家能源局印发《风电场改造升级和退役管理办法》（以下简称《办法》），鼓励并网运行超过 15 年或单台机组容量小于 1.5MW 的风电场开展改造升级，并网运行达到设计使用年限的风电场应当退役，经安全运行评估，符合安全运行条件可以继续运营。

此次《办法》的出台，对什么项目可以改造升级或退役、改造升级方式、项目如何管理和审批、废旧设备设施如何回收利用和处置等问题给出了解决方案，为风电产业的发展指明了方向。《办法》所称风电场改造升级分为增容改造和等容改造两种，均是以大单机容量机组替代小单机容量机组，以性能优异机组替代性能落后机组，并对配套升压变电站、场内集电线路等设施进行更换或技术改造升级，即对运行情况差的风电机组，进行整体或部分拆除，并在原有机位或原场址范围内另选点位，保障原核准规模不变。增容改造项目是在满足等容改造需求后，对仍有可用机位点、有电网接入消纳条件、满足经济指标的风电机组，则鼓励增加项目规模。风机退役后，其基础、塔筒、齿轮箱和发电机可以回收利用，但大多数叶片的回收利用却面临挑战。

大量老旧风机叶片的处理给行业带来了经济性和环保性的双重压力，也引出了风电产业在“退役潮”下面临的废旧设备设施如何回收利用和处置、如何改造升级等问题。针对废旧设备设施如何回收利用和处置问题，国内尚未形成成熟的回收再利用产业链。《办法》提出发电企业应依法依规负责风电场改造升级和退役废弃物循环利用与处置。鼓励发电企业、设备厂商、科研机构等有关单位开展废旧物资循环利用研究，国家能源局会同有关部门推动退役风电设备行业标准规范制定修订工作，积极培育、引导和规范风电循环利用产业链体系建设。

2）风电场改造带来的益处

2022 年 12 月，宁夏龙源电力有限公司贺兰山“以大代小”等容技改项目首台风机顺利并网发电。该项目是全国首个备案的“以大代小”风电等容技改项目，总装机容量 79.5MW，新建 16 台 5MW 机组代替原有 80 台老旧小风电机组。项目全部投产后，预计年上网电量约 1.93 亿 kW·h，每年可节约标准煤约 5.89 万 t，减排二氧化碳约 16.07 万 t、二氧化硫约 30.9 万 t，具有良好的经济效益、社会效益和环境效益。

2023 年上半年，国家能源集团联合动力技术有限公司中标龙源电力青铜峡龙源新能源股份有限公司贺兰山“以大代小”石墩子 100MW 及小柳木 100MW 增容技改风电项目。该项目采用联合动力公司自主研发的 WindKey 风电机组载荷安全性能评估平台，对贺兰山“以大代小”项目进行了高效的迭代计算，利用先进高效的整机载荷快速评估方法，实现安全性快速评估，满足业主对于不同机型方案的反馈需求，同时满足了业主迫切的效率反馈需要。贺兰山项目方案的实施，能够实现年等效满负荷小时数达到 2700h，充分实现经济效益增长。

3）风电大机组替代小机组

风机大型化使得成本下降，这里说的成本是每千瓦时电的投资成本。大型化和轻量化可以带来单位零部件用量的持续下降。从规格尺寸上来看，风机外形、大部件没有显著变化，仅在关键部分的输出功率或载荷上存在差异，如发电机、增速机、叶片等，因此能够摊薄单位零部件的用量和采购成本。大型化后，风机数量减少，单机体积变大。

风机大型化带来的效率提升，主要源于叶片转动效能的提升。一般来说，在同等风速情况下，叶片更长，扫风面积更大，发电量相应越大；塔筒越高、切变值越大，风能利用价值也就越大。尤其随着近年来国内风电的大规模开发，风电场选址逐渐转向低风速资源分布区，大叶片和高塔筒的应用可有效降低对最低风速的要求，提升风机利用小时数，增加有效发电量。据测算，以 3MW 机组为例，若叶片加长 5m，扫风面积可增加 $0.81m^2/kW$，年利用小时数可增加 208h；在切变为 0.13 的情况下，3MW 机组的塔筒每增高 5m，年利用小时数可增加 26h。

在机组大型化已成为不可逆转的技术趋势下，2023 年 10 月中旬，国内主流风电整机厂商纷纷发布最新海陆机型，其中，三一重能股份有限公司最新的 15MW 陆上风电机组刷新全球陆上风机容量最高纪录；明阳智慧能源集团股份公司发布 22MW 海上风电机组，同样刷新全球海上风机容量最高纪录。除此之外，明阳智慧能源集团股份公司、金风科技股份有限公司、远景能源有限公司、运达能源科技集团股份有限公司也都已公布了 10MW 及以上陆上风电机组。在海上风电方面，单机容量 15MW 及以上机组已屡见不鲜，中船海装、东方电气均公布了 18MW 海上风电机组。从叶轮直径上看，海上风电机组叶轮直径最高已经达到 280m。

风机大型化已经不仅是单机容量数字，更需要风电行业全面升级。当前，国内风机快速大型化已经不只是产业链问题，还牵扯到配套工程技术各个方面。从技术角度看，目前陆上风机功率大型化尚未到瓶颈，未来风机大型化会继续发展，且海上风机的大型化也会促进陆上风机技术的发展。但陆上风机大型化的进度会受关键零部件成熟度影响，另外，吊装、运输等客观因素也会影响陆上机组的大型化，后续迭代速度会有所放缓。虽然风机快速大型化使风机价格屡创新低，但也给风机可靠性带来了巨大挑战。作为立国之本的大型装备制造业，需经历技术迭代积累、工艺优化沉淀、质量稳定提升的持续发展过程。以叶片为例，当前吊装的叶片已经超过 100m，叶片驱动设计、选材、验证、制造、运输安装，以及控制运行都应保证性能和可靠性，这给全产业链上的厂家提出了更高要求。所以风电大容量、高塔筒、长柔叶片机型以及新材料、新工艺等技术应用，都需要时间验证。

3. 新型风力发电机

1）新型漂浮式风力发电机

美国奥泰罗能源公司测试了一种新型漂浮式风力发电机（图 5-38），它的内部充满了氦气，通过导线就能将电能传输到地面，外壳由不透气的耐用面料做成，得益于这种新面料的技术，使得漂浮式风力发电机实现了低气体泄漏率。它不但不会对鸟类等野生动物造成影响，还十分智能，能在遇到时速 160km 的大风和强降雨天气时，自主停靠，等到雨后它又会重新飞上天继续发电。值得一提的是，除了电力，它还能提供网络和电话信号，甚至还能进行天气预报。相较于扇叶式风力发电机而言，其具有运输上的优势。据了解，通过集装箱运输，此装置能大幅降低风力发电的成本。

图 5-38　新型漂浮式风力发电机

2）建筑一体化风力涡轮发电机

建筑一体化涡轮发电机无外部运动部件（图 5-39），也不会产生振动。就像赛车上的翼型一样，它能捕获并放大建筑物的气流。Aeromine 装置需要的屋顶空间只有太阳能电池板所用空间的 10%，可以在任何时间和天气下产生能量。Aeromine 通常由建筑物边缘的 20～40 个单元组成，面向主要风向，其生产效率比其他可再生能源替代品高出 50%。将 Aeromine 与屋顶太阳能相结合，可以满足高达 100%的建筑物现场能源需求，同时减少对储能的需求。

图 5-39　建筑一体化风力涡轮发电机 Aeromine

3）无叶片风力振动发电机

无叶片风力振动发电机（图 5-40）的发明者是大卫 • 亚涅斯（David Yáñez），他和团队一起颠覆了传统设计。他们把创新的产品称为 Vortex Bladeless，即 Vortex 无叶片风力发电机。Vortex 无叶片风力发电机利用风力产生振动，再由振动发电。垂直固定的弧形圆柱体具有弹性，在风力作用下左右来回振动，通过风力振荡来发电。

图 5-40　无叶片风力振动发电机

优点：更加安全，尤其是对于鸟类等动物；占地面积更小，适合家庭使用，目前的一种想法是和分布式光伏互为补充，在夜晚风力更强，可以替代光伏为家庭生活提供电力；相比传统风电设备，噪声更小，甚至几乎觉察不到；减少视觉上对环境和景观的影响；由于没有转动的叶片装置，其运行维护工作更少。

4）“网球拍”无叶片风力涡轮发电机

“网球拍”无叶片风力涡轮发电机包括一个钢框架，可容纳大约 40 排水平绝缘管，使其看起来像一个大型网球拍（图 5-41）。每个管子都有几个电极和喷嘴，通过一个被称为“电喷涂”的过程将带正电荷的水释放到空气中。

图 5-41　“网球拍”无叶片风力涡轮发电机

整个系统由电池、逆变器、高压直流输电源、泵和充电系统组成。所有组件都放置在由陶瓷绝缘体支撑的金属板上。绝缘金属板充当电容器，通过去除带电液滴来充电。“网球拍”无叶片风力涡轮机的优点包括它可有许多不同的形状和尺寸，并且无活动部件，这意味着机械磨损很少，从而降低了维护成本。由于无活动部件，它也更安静，产生的振动更少，适用于城市环境。

5）Invelox 无叶片风力涡轮机

SheerWind 公司声称它们的 Invelox 无叶片风力涡轮机（图 5-42）的效率比传统风力涡轮发电机高出 600%。Invelox 可以从 1～2mi/h（1mi≈1.61km）的低风速中发电。该公司表示，它可以以每千瓦 750 美元的成本生产风力发电，包括安装费用。Invelox 无叶片风力涡轮机的工作原理是捕获过往风，并将其输送到越来越狭窄的空间中，在那里其速度成倍增加，然后使用压缩空气为小型涡轮发电机提供动力。

图 5-42　Invelox 无叶片风力涡轮发电机

5.4.3　风光发电消纳方面建议

中国风光资源密集地区与电力负荷集中地区的不匹配为可再生能源大规模发展后的消纳问题带来重大挑战，“双碳”目标下，如何促进可再生能源消纳已成为中国能源结构转型亟须解决的问题。从增加电力需求和提升负荷灵活性的创新视角出发，以新疆为例探究风光资源密集地区可再生能源消纳情况、形成原因及其破解思路。研究发现，新疆新能源新增并网规模占西北电网的 43%，位居西北地区第一位；新能源装机占比首次超过 40%，占比达历史最高。一组来自国网新疆电力有限公司的数据，展示出新疆新能源发展的良好势头。截至 2023 年 7 月中旬，新疆新能源装机容量已达 5000 万 kW。而在 2010 年，新疆还无光伏发电，风电装机容量仅为 100 万 kW。新能源产业长足发展的背后，是新疆立足风光资源优势，不断做强做优能源产业的有力举措。经济发展、人口规模、第二产业与第三产业发展、居民供暖等是新疆电力需求增长的主要驱动因素，当前工业发展对地区电力消费和可再生能源消纳的带动作用有待提升。鉴于此，风光资源密集地区应积极推动能源结构转型和产业结构电气化转型的协同机制，激励工业用户等市场主体提高负荷灵活性，鼓励最终消费端采用绿色清洁电力实现对传统化石能源的替代，进而有效促进可再生能源的消纳。

新疆不断加大相关政策支持力度，研究制定推进新能源及关联产业协同发展等多个政策文件，通过组合发力，更好地服务于企业开展项目建设，推动新能源高质量发展。乘势而上，新疆一大批“追风逐日”的新能源项目开展得如火如荼。与过去相比，许多新建项目规模大、多种能源并建，功能更为完善。这意味着，新能源集约化开发已延伸到项目建设内部。

预计到 2025 年底，新疆新能源并网装机容量有望达 11600 万 kW 以上，超过新疆能源总装机容量的一半，风光项目装机容量将成为新疆新增装机容量的主要来源。

1. *新疆风光资源消纳现状*

近年来，中国可再生能源快速发展，随之产生的消纳问题也引起越来越多的关注。国家能源局统计数据显示，2021 年，中国风电和太阳能发电装机容量已达全部发电装机容量的 26.7%，发电量占全部发电量的 11.7%。考虑到中国风光资源禀赋差异，国家发展改革委、国家能源局 2021 年以来发布了第一批和第二批大型风电光伏基地项目建设的通知。然而在供给侧可再生能源大规模发展下，中国风光资源与需求侧电力负荷在时间和空间上分布的不匹配性对风光资源地区可再生能源消纳带来了极大挑战，造成了清洁发电资源的浪费。从需求侧角度来看，可再生能源消纳问题的形成原因主要在于：一方面，可再生能源电力本地需求相对不足；另一方面，需求负荷灵活性不足使得可再生能源出力曲线与电力负荷波动曲线不匹配。鉴于此，从需求侧角度出发，提高地区电力消费需求和提高负荷灵活性是缓解可再生能源消纳问题的两大可行措施。以大型风光基地新疆为例，根据政府发展规划报告和文献对新疆未来可再生能源消纳情况进行预测，新疆 2030 年可能产生高达 2000 亿 kW·h 的弃风弃光电量。在电力需求方面，2022 年，新疆约 6.1%的用电量增长速度难以满足风光发电增速高达 11.4%和 15.4%的快速发展及其负荷波动带来的消纳问题；在电力需求灵活性方面，新疆钢铁和电解铝等工业部门具有巨大用电灵活性潜力，约占地区六大工业重点行业负荷灵活性潜力的 89.6%。在此背景下，研究如何促进风光资源密集地区电力需求增长，并提升电力需求灵活性，对促进可再生能源消纳，推动中国能源结构转型和促进“双碳”目标实现具有重要现实意义。灵活性资源分布于电力系统各个环节，而电力需求侧具有较大的灵活性潜力尚待挖掘。需求侧资源主要包括工业、商业和居民用户等。2035 年，预计住宅、商业、工业部门等灵活性需求响应项目将使中国低碳电力系统运行成本降低约 3%，每年节省约 470 亿元。与其他用户相比，能源密集型工业在负荷灵活性方面具有巨大潜力，大容量负荷特征使单个工业用户可提供兆瓦级别的灵活性。

2022 年 3 月，国家发展改革委、国家能源局印发《“十四五”现代能源体系规划》，强调加强电力需求侧响应能力建设，鼓励电解铝、铁合金等行业发挥可控负荷功能，高比例释放用电灵活性，力争 2025 年电力需求侧响应能力达到最大负荷的 3%～5%。由此看来，中国能源结构转型的优先任务是实现以清洁能源为主的工业化，工业灵活性转型已成为发展低碳经济更快捷的路径。将大型风光基地新疆作为研究样本，分析供给侧可再生能源大规模发展背景下，如何通过提高需求侧电力消费需求和提升负荷灵活性这两个关键措施，来缓解由消纳需求不足和源荷时空错配导致的风光资源密集地区可再生能源消纳问题。一方面，分析新疆未来 2025 年、2030 年可再生能源消纳情况，并依托 2003～2019 年新疆 9 个地级市面板数据，构建多元回归模型分析影响新疆电力消费的主要因素，从增加需求角度探究如何有效促进风光资源密集地区可再生能源消纳。另一方面，采用混合整数线性规划（mixed integer linear programming，MILP）模型，对“双碳”目标下新疆未来电解铝和钢铁等负荷灵活性潜力较大行业低碳转型发展的绿色电力需求情况进行预测分析，从增加灵活性负荷角度探究促进风光资源密集地区可再生能源消纳的可行路径。

2. 新疆未来可再生能源消纳情况分析

习近平总书记在中共中央政治局第三十六次集体学习时强调指出，要加大力度规划建设以大型风光电基地为基础、以其周边清洁高效先进节能的煤电为支撑、以稳定安全可靠的特高压输变电线路为载体的新能源供给消纳体系，这为新疆“十四五”期间加快推进可再生能源高质量发展指明了路径方向。加强新能源供给消纳体系建设，强化体制机制约束，有助于提高可再生能源占一次能源比重，提升新能源消纳利用水平，保障国家下达给新疆的可再生能源消纳责任权重指标顺利完成，对助力新疆“双碳”目标任务实现，推动绿色低碳发展具有十分重要的现实意义。

1）新疆可再生能源电力消纳及最低消纳责任权重指标完成情况

《国家能源局关于 2021 年度全国可再生能源电力发展监测评价结果的通报》显示，2021 年仅新疆和甘肃两省（区）未完成国家能源主管部门下达的可再生能源电力最低消纳责任权重指标，新疆非水电可再生能源电力实际消纳量 420 亿 kW·h，消纳同比增加 1.0 个百分点，较国家下达的最低消纳责任权重（非水电消纳责任权重最低预期值 13.75%）低 0.6 个百分点；可再生能源电力总量实际消纳量 712 亿 kW·h，较最低消纳责任权重（总量消纳责任权重最低预期值 22.88%）低 1.8 个百分点，同比下降 0.3 个百分点。即新疆非水电可再生能源电力消纳和最低可再生能源电力总量消纳责任权重指标任务均未完成。虽然当年未完成消纳责任权重指标的省（区、市）可以累计到下一年度一并完成，但对新疆 2022 年及“十四五”时期新能源电力消纳任务完成产生了压力。加快构建新疆可再生能源供给消纳体系，推进可再生能源电力消纳任务艰巨而繁重，可再生能源大规模发展任重而道远。

2）制约可再生能源电力消纳、未完成消纳责任权重指标的因素分析

以化石能源为主的能源结构向新能源供给消纳体系逐步转变是一项系统重塑工程，加快新疆可再生能源电力消纳，推进消纳责任权重指标任务完成面临诸多困难，主要如下。

新能源自用外送均受限、供给不协调。一是目前与新疆可再生能源发展水平相适应的新工业体系刚刚起步，工业发展用电特别是新能源发电水平受限，部分地州风力和光伏发电建设规模与本地负荷水平不匹配，区域市场消纳能力有限，推动新能源“立住、

立稳、立好”面临较大困难。二是新疆电力局部时段、局部地区电力供应紧张情况时有发生。电力外送交易发展较为缓慢，2021 年直流外送量仅达到直流通道外送能力的 50%，影响可再生能源电力消纳任务完成。三是在持续增强新能源供给能力，确保“发得出”；加快新型电力系统建设，确保“用得上”，即供给和消纳两位一体关系上还需进一步明确，需密切衔接，协调推进。

新型电力系统构建面临诸多困难和挑战。一是新能源转化为稳定电力供应的技术体系尚未形成，技术创新和经济可承受等方面面临挑战，现行体制机制尚不适应新型电力系统模式创新。二是长期以来以煤电为主的电力运行调度系统还无法完全适应新时代新能源的发展。电力系统调峰调频能力不足，还不能完全适应新能源波动性的特点和需要，特别是新疆新能源发电项目大规模并入电网，增加了电网的调峰、调频难度，配套电网规划建设滞后，无法保障风电光电项目并网运行的需求，可再生能源发电优先上网消纳等问题突出。三是新型储能蓄能形成支撑能力还需时间积累，自备电厂、电厂自备储能等主体地位需要进一步明确。

可再生能源电力消纳水平低、市场体制机制亟待建立完善。伴随风电、太阳能发电规模大幅度地增长，市场消纳空间逐渐成为可再生能源消纳的最大瓶颈，省区间和网间外送衔接不畅，消纳受限，电力企业积极性不足。可再生能源电力消纳市场化程度低，原有电力运行机制和刚性价格机制的限制难以落实节能优先调度等行政性规定。电网企业仍拥有独家买卖电的特权、电网所有权和经营输电权，垄断性还在发挥一定作用，不利于可再生能源电力消纳市场主体自由公平交易，新疆可再生能源电力消纳市场机制亟待完善。

3. 风光资源发电消纳方法

“十四五”时期，伴随国家“绿色电能、高效用电”目标提出和西部电网规划构建，新疆加快推进可再生能源消纳供给体系建设，增加绿色高载能工业体系，加快构建新型电力系统，在可再生能源大规模、高比例、市场化等方面多措并举、综合施策，从根本上解决新疆可再生能源清洁能源电力消纳难题，保障清洁能源能够高效利用，推进可再生能源进入高质量绿色发展新阶段。

1）正确处理发挥好煤电、新能源电力供给消纳的关系及作用

要坚持新能源电力集中式与分布式并举、就地消纳与送消纳并举，构建完善的可再生能源电力供给消纳体系。一是要明确既要发挥风电、光电等新能源清洁替代、引领能源低碳转型的作用，也要发挥好煤电支撑调节、安全保供作用；二是要明确新能源供给和消纳两位一体、不可偏废，既要持续增强新能源供给能力，确保“发得出”，也要加快新型电力系统建设，确保“用得上”。

2）加强政策技术创新，为加快新能源电力消纳提供支撑保障

新疆应采取有力措施，从政策、技术、机制等环节全方位推进新能源供给消纳体系建设。一要加强土地、资金等要素支撑，为推动大型风光基地建设提供政策支持。二要针对特高压输电、大电网安全、新能源并网消纳等关键核心技术，以及综合能源服务、能源大数据等新业态新模式开展深入研究，加强并网方式、控制技术、输电技术和调度技术创新应用，有效改善风电和光电的消纳问题，为建设新能源供给消纳体系提供技术

支撑。三要加强政策机制创新。落实好新增可再生能源消费不纳入能源消费总量控制，健全可再生能源电力消纳保障机制。稳妥推动新能源参与市场交易机制，提升可再生能源电力交易市场化程度。加快微电网、储能、“互联网＋”智慧能源等技术攻关，明确可中断负荷、虚拟电厂等辅助服务市场主体地位，为新能源电力准入消纳创造条件。

3）培育绿色新工业体系，推进新能源电力供给和消纳协调发展

从电力消纳看，新疆要充分利用丰富的可再生能源，大力推进绿色电力发展，统筹全国资源环境和要素禀赋，加强引导全国范围内的产业转移和产业布局，加快把部分高能耗、高碳排放企业和产业向新疆转移，用绿色电力支撑，促进可再生能源电力消纳。要大力引进领军央企、龙头民企和国际知名企业来疆投资兴业，在有条件的地州和区域建设低电价、低能耗、零排放的零碳绿电园区，降低电价成本，吸引产业聚集，形成零碳绿色新型工业体系。要支持相关技术创新和零碳产业园模式发展，制定和完善产业园相关标准，全面推动绿色产业园和产业落地，着力打造零碳产业园，切实解决新能源生产与消纳的错位问题。

4）加快构建新型电力系统，推进新能源电力消纳任务完成

加快构建新型电力系统，提高可再生能源电力消纳水平。一要在规划理念革新、硬件设施配置、运行方式、体制机制创新和路径上实现变革，探索符合新疆电力供需两侧多元化发展路径。二要加强电源侧和需求侧建设，提高新型电力系统调节能力，增强稳定性和安全性，提高新能源电力消纳效率。三要强化电网输配以及其他电源、储能的协同支撑作用，满足新能源大规模、高比例发展需要。四要加强储能设施建设，推进源网荷储一体化产业发展，实现可再生能源电力稳定可控输出。五要推动电力从“以量保利”向“电量兜底＋电力调峰＋容量备用”新路子转变，为新型电力系统、可再生能源电力消纳提供技术市场支撑。

5）加强新能源电力输送通道建设，提高电力消纳输送能力

一要认真落实国家有关风电、光伏项目并网等指导意见，破解新能源电力输出瓶颈，推进新能源并网消纳，满足新能源消纳需求。加强新能源企业电力输送通道核准与建设政策倾斜支持，鼓励接网及送出工程电网企业投资建设。二要着力优化网架结构，加强主网架建设，提升区域电网灵活柔性互联水平。加强配套电网工程建设，提高电力输送能力和新能源汇集送出能力。加强分布式智能电网建设，提高新能源供给和消纳的集成耦合能力。三要发挥好特高压输变电线路跨省区资源配置载体的重要功能，推进输电通道和调峰能力配套建设，加强特高压疆电外送输变电工程与清洁能源建设项目衔接，推动新能源基地化、规模化开发，持续拓宽新能源外送渠道。推进沙漠、荒漠、戈壁基地项目和配套外送电网工程建设，优化新能源外送通道布局。

6）完善多层次灵活性市场机制，着力提升新能源电力消纳市场化水平

促进可再生能源电力消纳，完成可再生能源电力消纳责任权重，关键要完善电力辅助服务、电力现货等电力市场的运行方式，通过市场之间的配合充分挖掘新能源消纳能力。要创新调整不同市场交易机制，稳妥推动新能源参与市场交易，提升可再生能源电力交易市场化程度。加快建立适应新型电力系统的中长期电力市场、现货电能量市场、辅助服务市场、碳交易市场，探索跨省区可再生能源增量现货市场交易，切实发挥电力

市场在平衡用电质量与推动电力消纳方面的重要作用。加快推动碳市场和电力市场协同发展，推进电能价格与碳排放成本有机结合。建立“绿证”配额购买和考核制度，用市场化机制促进新能源电力消纳，强化新能源市场供给优先权，保证大型能源消费企业完成新能源电力消费比重。

5.4.4　风光发电和智慧农业结合

1. 智能灌溉系统

智能灌溉系统（图 5-43）是风光发电和智慧农业结合的典型应用之一。以色列的Netafim 公司是该领域的先驱之一，该公司开发了一套先进的智能灌溉系统，通过整合风光发电技术，为农田提供清洁能源，实现更加智能、高效的灌溉。该系统基于先进的传感技术，实时监测土壤湿度、气象条件等因素，自动调整灌溉水量和频率，最大限度地提高了水资源利用效率。这一创新不仅降低了农业生产中的能源成本，还改善了土壤质量和作物生长状况，为农民提供了可靠的农业管理工具。在美国，一家名为 CropX 的公司也致力于推动智能灌溉技术的发展。它们的智能灌溉系统利用无线传感器、人工智能和风光发电，实现了对农田土壤的精准监测和智能控制。系统可以根据实时的土壤湿度、植物需水量等数据，自动调整灌溉方案，最大程度地减少水资源浪费，提高农业生产的经济效益。另一家位于澳大利亚的 The Yield 公司也在智能灌溉领域取得了显著的成就。它们的智能灌溉系统利用风光发电为传感器和执行器供电，通过物联网技术实现了远程监控和控制。农民可以通过手机或电脑随时随地监测土壤湿度、气象状况，并远程调整灌溉系统，从而实现了农业生产的智能化管理。这套系统在澳大利亚和其他一些国家的农业领域得到广泛应用，取得了显著的节水效果和经济效益。智能灌溉系统在全球范围内得到了广泛的应用，通过整合风光发电技术，实现了农业生产的智能、高效和可持续发展。这不仅为农业提供了先进的技术手段，同时也为解决全球水资源短缺和提高粮食生产能力作出了积极的贡献。

图 5-43　智能灌溉系统

2. 生态农业园区

生态农业园区（图 5-44）的概念涵盖了清洁能源、循环农业和可持续发展，旨在将现代农业与生态保护有机地结合起来。在挪威，一个典型的案例是位于奥斯陆的“外奥斯陆农业园”（Outer Oslo Agricultural Park）。该农业园区以清洁能源为主导，利用风力和太阳能发电系统，为园区内的农业设施提供电力。生态循环在这里得到了实质的体现，农业废弃物被有效回收利用，有机肥料的生产成为循环农业的一部分。在中国，有着类似理念的生态农业园区也崭露头角。一个显著的例子是位于上海的“生态园区示范项目”，通过充分利用太阳能和风能，为农业生产提供清洁能源。该项目通过生态农业种植方式，保护农田生态系统，降低化肥和农药的使用，从而推动了生态农业的发展。园区内建有生态湿地，用于水资源的净化和再利用，进一步提升了农业的可持续性。荷兰作为全球农业技术创新的领导者之一，提出了“循环农业”的理念，将清洁能源与农业高效结合。荷兰的一些农业园区，通过太阳能和风能设施为园区内的农业生产提供可再生能源。这些园区注重农业与自然的协调发展，推动了农业生产方式的创新，提高了资源利用效率，为全球可持续农业发展树立了榜样。生态农业园区在全球范围内的应用案例体现了清洁能源、循环农业和可持续发展的综合理念。这些园区不仅注重提高农业生产的效益，还致力于降低对环境的影响，为未来农业的可持续性发展提供了有益经验。

图 5-44　生态农业园区

3. 智能温室和温室养殖

智能温室和温室养殖技术（图 5-45）在全球范围内取得了广泛的应用，通过整合风光发电和智能控制系统，提高了农业生产的效益和可持续性。荷兰是全球领先的温室农业技术创新者之一，荷兰的韦斯特兰（Westland）地区，被誉为世界上最大的温室区域之一，农业企业采用了先进的智能温室技术。这项技术整合了自动控制系统、传感器和太阳能光伏板，以提供清洁能源。这些智能温室通过实时监测温度、湿度、光照等环境参数，自动调整通风、遮阳和灌溉系统，优化了植物生长环境。这一创新在 21 世纪初逐渐普及，大大提高了荷兰的温室农业效率，为全球农业可持续性树立了标杆。以色列的内盖夫（Negev）沙漠地区是一个极端干旱的地带，但当地农业却实现了智能温室技术的显著突破。该项目于 2015 年启动，采用太阳能发电和先进的温室设计，使农民能够在极端环境中进行高效的农业生产。这些智能温室通过自动化的灌溉系统、无人机监测以及精确控制的温室环境，实现了在沙漠中种植水果和蔬菜，为当地提供了一种抵御干旱的可持续农业模式。在中国河北雄安新区，政府于 2020 年投资建设了一个智能温室养殖示范园，推动现代农业技术的应用。该示范园整合了太阳能光伏和智能温室技术，以提高农业生产的效率和可持续性。通过先进的温室自动化系统，农民可以实时监控并调整温室内的温度、湿度、光照等环境参数，从而优化蔬菜和花卉的生长条件。这一项目不仅为当地提供了新型农业模式，还有望成为中国现代农业发展的典范。这三个智能温室和温室养殖的应用案例展示了全球范围内通过整合清洁能源和智能控制系统，推动农业生产更加智能、高效和可持续的潜力。这些创新性的解决方案为全球农业的未来发展提供了有益的经验和范本。

图 5-45　智能温室和温室养殖

4. 农业能源微网

农业能源微网是指将可再生能源、储能系统和农业设施相互整合，形成一个相对独立的能源系统，以提供可靠、清洁的能源。在世界范围内，存在着一些成功的农业能源微网应用案例。位于挪威的一家农业合作社，在 2019 年启动了一个农业能源微网项目。该微网整合了太阳能光伏和小型风力涡轮发电机，同时包括电池储能系统，为合作社内的农业设施，如灌溉系统、温室和农业机械，提供了可靠的清洁能源。此外，该微网还实现了对农场内能源的灵活调度，提高了自给自足程度，降低了对传统电力网络的依赖。美国得克萨斯州的一家农场于 2020 年启动了一个农业能源微网示范项目。该农场整合了太阳能光伏、风力发电和储能系统，形成了一个独立运行的能源微网。该微网为农场提供电力，同时支持农业机械、冷藏设施和其他能源需求，实现了能源的自主管理。此项目通过提高能源可靠性和降低成本，为农业生产创造了更为可持续的能源模式。在印度，一些农业社区也在探索农业能源微网的应用。例如，位于拉贾斯坦邦的一座农村农场，建设了一个整合太阳能和生物质能发电的农业能源微网。该微网为农场内的水泵、灌溉系统和小型加工设施提供了清洁能源，有效解决了该地区电力供应不稳定的问题，提高了农业生产的可靠性。这些农业能源微网案例体现了在全球范围内应用清洁能源和微网技术，为农业提供更可持续、独立和高效的能源解决方案的潜力。这些创新案例不仅改善了农业生产的能源可用性，还有助于降低温室气体排放，促进了农业领域的可持续发展。

5. 农业用风力发电和智能机械

在全球范围内，农业用风力发电结合智能农业机械的应用（图 5-46）呈现出多个令人瞩目的案例。这些案例不仅提高了农业生产效率，还推动了农业领域向可持续、智能的方向迈进。位于美国得克萨斯州的一座大型农场，成功整合了风力发电和智能农业机械系统。在这个案例中，高大的风力涡轮发电机组被巧妙地布置在农场周边，充分利用得克萨斯州丰富的风力资源。这些风力涡轮发电机为农业机械设备，如智能播种机和自动收割机，提供了稳定的电力来源。通过智能控制系统，农业机械能够实现更加精确的播种、收割等操作，不仅提高了生产效率，还降低了能源成本。该案例展示了风力发电与智能农业机械的协同作用，为农业生产提供了创新的解决方案。在德国巴伐利亚州的一处智能农业示范区，风力发电与智能农业机械系统的整合体现了先进的农业科技应用。风力涡轮发电机和太阳能光伏板相互协作，为农场提供电力，同时支持智能农业机械设备的运行。该区域引入了先进的智能播种机器人和自动化收割系统，能够根据土壤状况和植物生长阶段进行智能化决策。通过实时监测和数据分析，农业机械能够调整作业模式，最大程度地提高农田的产量和资源利用效率。这一示范区的成功经验为全球智能农业提供了有益的借鉴。荷兰作为农业和风能资源丰富的国家，采用风力发电与智能农业机械的结合在农业领域取得了显著成果。荷兰的一处农业风电园区充分利用风力资源，为农场提供清洁能源，并将多余的电力储存起来。这些电力不仅为农业机械提供动力，

图 5-46　农业用风力发电结合智能农业机械的应用

还用于智能温室系统，通过自动化的方式控制温室内的温度、湿度和灯光，创造最适宜的植物生长环境。这一综合性的智能农业系统既提高了农产品的质量和产量，也实现了能源的可持续利用。这三个案例凸显了风力发电与智能农业机械的创新应用，为全球农业迈向智能、可持续的未来提供了有益的经验和启示。

5.4.5 风光储氢和 CCUS 耦合

1. 风光发电与 CCUS 耦合技术

2020 年，我国基于中国科学院大连化学物理研究所开发的关键技术，建成了液态太阳燃料合成示范项目，利用太阳能发电，进一步将电能转化为方便储存和运输的化学能，为高压输电之外的太阳能利用提供了新思路。此外，美国加州理工学院研发团队设计了一种利用太阳能驱动 CO_2 还原 CO 的装置，该策略为经济高效的太阳能驱动 CO_2 还原提供了有效途径，也为太阳能到化学能的转化提供了新思路。

基于上述技术途径，提出了 CCUS 与风光互补耦合利用思路（图 5-47）。风能属于可再生清洁能源，技术相对成熟且成本不断下降，虽然稳定性差，但若将其与无需连续供电的 CCUS 技术耦合，整个流程碳排放较少，可以加快 CCUS 产业链的发展，促进规模化减排的分步部署。同样，太阳能作为一种新兴的可再生能源，与 CCUS 技术耦合利用，产生的热能可直接用于 CO_2 化学法捕集工艺的能量供应，产生的电能可为 CCUS 工艺提供能源动力，捕集的 CO_2 可通过加氢等化学转化形成醇类有机燃料。将风光技术与 CCUS 耦合，有效降低传统 CCUS 技术的能耗和排放，实现全流程的负排放，为 CCUS 技术可持续发展提供技术支撑。

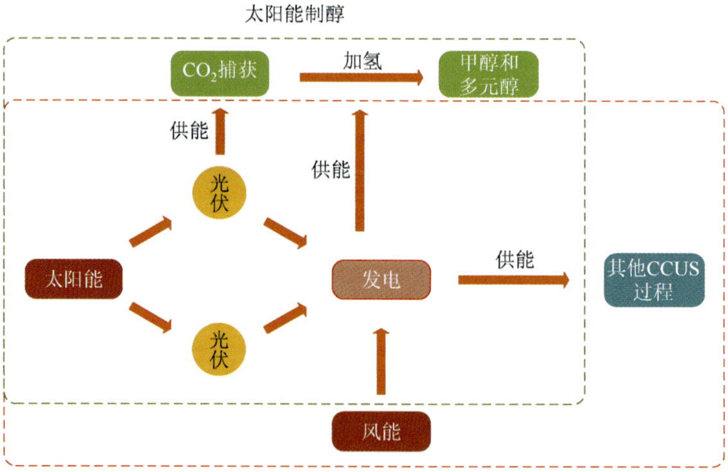

图 5-47　CCUS 与风光互补耦合利用

2. CCUS 与氢能技术耦合

目前，生产低碳氢的方法主要有两种。一种是利用可再生电力和电解工艺将氢从水中分离出来，产生绿氢。另一种则是目前在大力发展的蓝氢，即通过煤制氢、天然气制氢、化工尾气制氢等方式生产氢气，并将制氢工业废气（CO_2）捕集后，通过地质利用、物理利用、化学利用、生物利用和封存等方式，实现近零碳排放。通过将 CCUS 技术与氢能产业耦合，将灰氢变为蓝氢，补充氢能的供应，逐渐实现由灰氢 + CCUS 耦合技术向绿氢技术过渡，这是目前发展的热点。CCUS 与氢能互补耦合利用思路如图 5-48 所示。未来，随着可再生能源占比的提高、电解槽成本的降低，绿氢将逐渐占据主导地位，需要更深入地研究如何将绿氢与 CCUS 技术相耦合。此外，由于炼化和氯碱等行业常产生大量多余氢气，未来技术成熟后，有望与 CO_2 发生化学反应，低成本制取甲醇或多元醇。通过 CCUS 技术捕集在制氢过程中排放的 CO_2，一方面可以采用捕集或资源化利用的方式，另一方面可与制得的 H_2 通过化学合成等技术得到具有高附加值的有机化学品，从而产生经济效益。

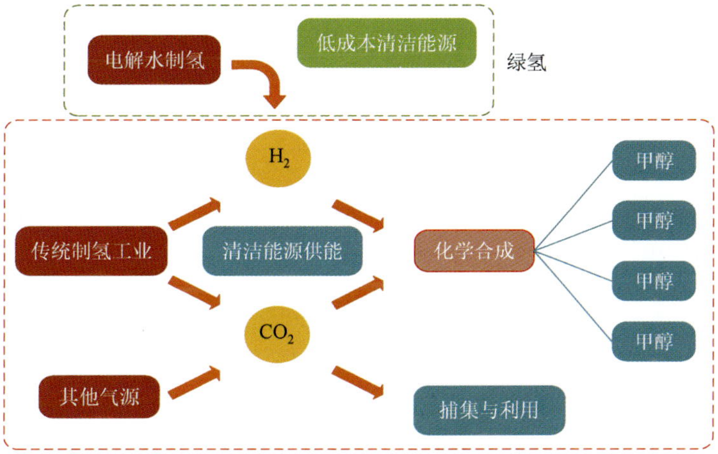

图 5-48　CCUS 与氢能互补耦合利用思路

3. 技术产业及 CCUS 未来发展概况

“双碳”目标背景下，我国大力发展清洁能源，但短期内，煤炭仍是我国火力发电的主要能源。近年来，煤电行业的发展存在很多问题，如利用小时降低，电力交易成交价格降低，规划建设规模较电力需求偏大等。因此，考虑到资源、环境等各方面的影响，遏制煤电无序增长是未来趋势。

近年来，可再生能源快速发展，但由于风力与光伏的不稳定，以及没有平衡好可再生能源的开发能力和对富余电力消纳水平的关系，我国出现了严重的弃风弃光现象。对于弃风弃光的问题，目前可以通过储能技术和分布式能源系统来解决。风光制氢方面，国内部分高校已开展研究，利用氢能耦合 CO_2 排放的研究处于探索阶段。《氢能产业发展中长期规划（2021—2035 年）》提出，到 2030 年，形成较为完备的氢能产业技术创新体系、清洁能源制氢及供应体系，可再生能源制氢广泛应用。到 2035 年，形成氢能产业体系，构建涵盖交通、储能、工业等领域的多元氢能应用生态。

国际能源署（IEA）在2020年发布的《世界能源展望2020》报告中指出，为实现2070年全球净零碳排放，需利用CCUS技术进行CO_2储存和消纳。2020年以来，发达国家加快部署CCUS技术和示范项目，不断扩展应用领域。与国外发达国家相比，中国CCUS工作起步较晚，减排任务艰巨。因此，必须加强新技术的研发，建立CCUS产业集群，与煤电、可再生能源形成共建，推动CCUS产业化和可持续性。

技术发展划分为三个阶段。

1）第一阶段（2021～2025年）

煤电消纳，稳定电网。近年来我国电力市场需求增速下降、东西部不均衡。同时，经济结构调整，导致使用电负荷峰谷差加大，电力利用效率下降。第一阶段应加速上网煤电的合理调配，通过“源-网-荷”优化匹配来实现将闲时富余网电经多能互补系统灵活调度送到有电能需求的负荷点。为消纳余电，可采用电-热、电-氢转换集成方法或抽水蓄能、蓄电池蓄电等储能手段；为提供用户负荷，可采用热-电、氢-电转换蓄水发电、蓄电池放电手段，将存储的能量转换为电供应。当用户需求存在峰谷差异时，在综合能源系统中引入蓄能手段，可有效地缓解因不同步而造成的供需矛盾，以此来提高多能互补系统的变工况调节能力。首先，构建区域微网，进而实现电网、储能等之间无缝切换，提高能源利用率。其次，推行全国范围内电力余缺调剂。应在全国范围内平衡供需，如新疆地区煤电资源丰富，但当地工业发展水平低，可继续加大煤电东送的形式将当地煤电资源输出到东部地区。

2）第二阶段（2026～2030年）

弃风弃光高效利用。我国清洁能源发展迅速，发电也面临并网和消纳问题，如2014年，我国因弃水弃光弃风的损失电量超过300亿kW·h。可将新能源发电纳入多能互补系统，通过输配电网的改造和新型储能技术的推广应用，实现就地消纳分布式电源接入和外部输入新电源电能，并依靠外输通道，把富余新能源发电跨省消纳，弃风弃光难题有望根本解决。第二阶段在前期消纳上网煤电的基础上，大力发展风能、太阳能等清洁能源发电规模，并基于多能互补网络，提高清洁能源的比重和消纳能力。在我国，严重的弃风弃光现象主要集中在新疆、青海、甘肃等西北地区以及四川、吉林地区，可通过建设太阳能发电场、风力发电场，以及水电站，大力扶持当地工业发展，并借助特高压电网将西部电力资源运输到东部地区，可以解决东部地区的用电难题。

3）第三阶段（2031～2035年）

风光制氢，耦合碳减排。未来，被认为最具发展潜力的资源就是氢能，它对解决能源危机、环境污染以及全球变暖等问题影响巨大。但是目前的技术主要依靠化石能源制氢（如煤气化、天然气裂解和甲醇重整），获得氢气的同时会释放出大量温室气体，属于灰氢，并未实现真正的能源清洁化，严重制约氢能发展，想要实现真正的清洁能源，就必须解决氢能产业发展过程中的CO_2排放问题。目前，全球大力发展氢能和太阳能等清洁能源，但能源利用率偏低，且可能在生产过程中排放CO_2。CCUS技术本身需要消耗能源，使用清洁能源为CCUS供能，并对产生的CO_2进行捕集、利用或封存，可实现互补耦合。将风光资源制氢产业与CCUS技术耦合起来，不仅能推动传统化石能源的可持续发展，而且能促进可再生能源产业的快速发展，为我国高碳能源资源禀赋的稳步转型提供战略缓冲期，为国家“双碳”目标实现提供有力支撑。

第 6 章 吐哈盆地清洁能源资源开发对当地经济社会发展的影响

开发清洁能源资源，充分用好清洁能源资源的同时，其目标是服务于当地的经济建设和人民生活，所以应积极探索和展望未来清洁能源资源最为现实和可能的开发利用方式，以及对环境的影响。

6.1 哈密富油煤深加工与所需绿电容量的测算

6.1.1 哈密富油煤资源概况

哈密市位于新疆东部，是我国富油煤资源高度富集的地区（图 6-1）。富油煤是指焦油产率大于 7%的煤炭资源，哈密的富油煤焦油产率为 10%～15%，最高接近 20%，是世界上少有的特殊高-富油煤种。富油煤不仅是煤，更是煤基的油气资源，具有重要的战略价值和经济价值。

图 6-1 哈密富油煤

据统计，哈密市域煤炭预测资源量达 5708 亿 t，占全国预测能源量的 12.5%，居新疆第一位，其中富油煤资源量超 2500 亿 t，居全国第一。哈密已探明的石油总资源量为 5.7 亿 t，煤层气预测资源量约 1.63 万亿 m^3。哈密还拥有丰富的新能源资源，年日照时数可达 3160～3380h，是全国日照最充足的地区之一。此外，哈密辖区内新能源建设区域多为荒漠、戈壁地貌，地势平坦，适合大规模基地式集中连片开发建设。哈密拥有三塘湖-淖毛湖风区、十三间房风区及东南部风区，占全疆九大风区中的三个。70m 高度风功率密度等级大于等于 200W/m^2 的技术开发量为 3 亿 kW。

为了充分发挥哈密的能源资源优势，哈密正在加速打造“国家级现代综合能源产业化示范基地”，构建清洁无污染、可持续发展的绿色可再生能源产业体系，走出一条生态优先、绿色低碳的发展道路。哈密已被列为国家煤制油气战略基地、国家千万千瓦级风电基地、百万千瓦级光伏基地、全国规模最大的风光火电打捆外送基地。哈密还将推进煤炭分质利用、煤炭热解提质、煤炭加氢液化、煤炭间接液化、煤制天然气等工艺技术的创新和应用，实现煤炭的高端化、多元化、低碳化转型升级，提高煤焦油回收率和附加值，增加油气资源供应，缓解油气对外依存度，保障国家能源安全。哈密还将利用富油煤资源制备高端精细化学品、先进碳材料等新产品，拓展煤化工的产业链和价值链，提升煤化工的竞争力和效益。

6.1.2　富油煤制油的电力需求分析

富油煤制油（图 6-2）是指利用煤加氢液化或煤热解等工艺，将富油煤中的煤焦油转化为液体燃料和化学品的过程（图 6-3）。富油煤制油的主要产品包括汽油、柴油、煤油、液化气、芳烃、甲醇、乙二醇等，具有广泛的市场需求和应用前景。

图 6-2　富油煤制油

图 6-3　煤基通用柴油炼制

1. 富油煤制油的电力需求

1）煤炭预处理

煤炭预处理是指将煤炭进行破碎、筛分、干燥、分级等操作，使其达到制油工艺的要求。煤炭预处理的主要电力设备包括破碎机、输送机、筛分机、干燥机等。

2）煤加氢液化

煤加氢液化是指在高温高压的条件下，利用催化剂和氢气，将煤炭中的煤焦油转化为液体燃料和化学品的过程。煤加氢液化的主要电力设备包括加氢反应器、分离器、压缩机、泵、换热器等。

3）煤热解

煤热解是指在无氧或缺氧的条件下，利用热能，将煤炭中的煤焦油转化为气体和液体的过程。煤热解的主要电力设备包括热解炉、冷却器、分离器、压缩机、泵、换热器等。

4）产品精制

产品精制是指对制油过程中产生的气体和液体进行进一步的分离、纯化、稳定、调和等操作，使其达到市场或应用的标准。产品精制的主要电力设备包括蒸馏塔、吸收塔、吸附塔、反应器、压缩机、泵、换热器等。

5）公用工程

公用工程是指为制油过程提供水、气、电、热等辅助服务的系统。公用工程的主要电力设备包括水处理设备、空分设备、锅炉、发电机、冷却塔、风机、泵等。

根据国内外富油煤制油的典型工艺和参数，测算其电力需求（表 6-1）。

表 6-1　富油煤制油的电力需求测算

工艺流程	电力需求/(kW·h/t)
煤炭预处理	10
煤加氢液化	200
煤热解	100
产品精制	50
公用工程	40
合计	400

从表 6-1 可以看出，煤加氢液化的电力需求最大，其次是煤热解，产品精制和公用工程较小，煤炭预处理的电力需求最小。

2. 风光发绿电

为了保障富油煤制油的低碳化开发利用，必须寻找一种清洁、可再生、低碳的电力来源，以替代传统的化石能源发电。哈密地处我国西北干旱地区，具有典型的大陆性气候特征，风光资源丰富，是风光发绿电的理想区域。风光发绿电是指利用风能和太阳能发电，将风光资源转化为电能的过程。风光发绿电具有以下优点。

1）清洁

风光发绿电不需要消耗任何化石能源，也不会产生任何污染物和温室气体，是真正的清洁能源。

2）可再生

风光发绿电依赖于自然界的风能和太阳能，这些能源近乎无限且不会枯竭，是一种可再生能源。

3）低碳

风光发绿电的碳排放强度极低，远低于化石能源发电，是一种低碳能源。

4）经济

风光发绿电的成本逐年降低，已经达到或接近于化石能源发电的水平，甚至在某些地区具有成本优势，是一种经济能源。

5）协调

风光发绿电可以与富油煤制油形成协调发展的关系，一方面，风光发绿电可以为富油煤制油提供稳定的电力支撑，降低其碳排放和环境影响，提高其低碳化水平；另一方面，富油煤制油可以为风光发绿电提供灵活的负荷调节，缓解其间歇性和波动性，提高其可靠性和效率。

因此，利用哈密的风光资源，为富油煤的开发利用提供风光发绿电，是一种符合国家能源战略和绿色发展理念的选择，也是一种具有重要意义和价值的创新举措。对此进行深入的分析和测算，为哈密富油煤的高效开发利用和风光发绿电的规划设计提供科学的依据和参考。

6.1.3　富油煤制油所需风光发绿电容量估算

风光发绿电是指利用风能和太阳能发电的一种清洁能源，具有节能减排、可再生、分布式等特点，是未来能源发展的重要方向之一。然而，风光发绿电也面临着诸多挑战，如风光资源的时空变化、风光发电系统的复杂性、风光发电的并网问题等。为了有效地规划、设计、运行和管理风光发电系统，需要对风光发电系统的容量进行合理的测算。

风光发电系统的容量是指风光发电系统在一定条件下能够提供的最大电功率，反映了风光发电系统的发电能力和可靠性。风光发电系统的容量测算方法主要有以下几种。

1）按照风光发电系统的装机容量测算

这种方法是根据风力发电机和光伏组件的额定功率相加得到风光发电系统的装机容量。这种方法简单易行，但是忽略了风光发电系统的运行效率和风光资源的时空变化，可能导致风光发电系统的容量被高估或低估。例如，如果风力发电机的额定功率为 100kW，光伏组件的额定功率为 50kW，那么风光发电系统的装机容量为 150kW。然而，这并不意味着风光发电系统能够同时提供 150kW 的电功率，因为风力发电机和光伏组件的实际输出功率取决于风速和太阳辐射的大小和变化，而且还要考虑风光发电系统的损耗和效率。

2）按照风光发电系统的峰值小时数测算

这种方法是根据风光发电系统在一年中能够达到的最大峰值小时数来测算风光发电系统的容量。峰值小时数是指风光发电系统在一年中以其装机容量运行的时间总和。这种方法考虑了风光发电系统的运行效率，但是需要有足够的历史数据来估计峰值小时数，而且也没有考虑风光资源的时空变化，可能导致风光发电系统的容量被高估或低估。例如，如果风光发电系统的装机容量为 150kW，峰值小时数为 1000h，那么风光发电系统的容量为 150（kW）×1000（h）= 150（MW·h）。然而，这并不意味着风光发电系统能够在任何时刻提供 150kW 的电功率，因为风光发电系统的输出功率会随着风速和太阳辐射的变化而波动，而且还要考虑风光发电系统的并网限制和调度策略。

3）按照风光发电系统的动态模型测算

这种方法是根据风光发电系统的动态模型，考虑风光发电系统的各个组件的特性和风光资源的时空变化，通过数值仿真或优化算法来测算风光发电系统的容量。这种方法是最准确和最科学的方法，但是也最复杂和最耗时，需要有专业的软件和人员来进行。例如，可以利用 Modelica 语言建立风光储系统的动态描述和分层优化模型，用于优化风光储系统的储能容量；也可以利用 MATLAB 或其他工具进行风光发电系统的动态仿真，用于评估风光发电系统的容量和性能。

风光发绿电的容量测算方法是风光发电系统规划、设计、运行和管理的重要依据，不同的方法有不同的优缺点和适用范围。一般来说，按照风光发电系统的装机容量测算方法适用于初步的估算，按照风光发电系统的峰值小时数测算方法适用于粗略的评估，按照风光发电系统的动态模型测算方法适用于精确的分析。在实际应用中，需要根据风光发电系统的具体情况和目标，选择合适的方法和参数，以得到合理的风光发电系统的容量测算结果。

如果以年处理 3 亿 t 的富油煤制油为例，测算需要 6400 万 kW 以上的风光发绿电容量，保障富油煤的清洁利用，可以参考以下公式：

风光发绿电容量 = 富油煤制油所需电力/风光发电的平均容量系数

其中，富油煤制油所需电力可以根据富油煤的含油率、煤制油的工艺和效率等因素进行估算，一般在 0.3～0.5kW·h/kg 的范围内；风光发电的平均容量系数是指风光发电的实际发电量与理论发电量的比值，受风光资源的时空分布、风光互补、储能调节等因素的影响，一般在 0.1～0.2。

假设富油煤的含油率为 10%，煤制油的效率为 80%，富油煤制油所需电力为 0.4kW·h/kg，风光发电的平均容量系数为 0.15，那么，风光发绿电容量的测算结果为

$$\text{风光发绿电容量} = 3\times10^{11}(\text{kg})\times10\%\times80\%\times0.4(\text{kW·h/kg})/0.15 = 6400\ \text{万 kW·h}$$

6.2　高载能产业及加工链

电解铜、电解铝等载能产业是指利用电解法从铜、铝等金属矿物中提取纯净金属的产业，以及对提取出的金属进行加工、应用的产业。电解铜、电解铝等载能产业具有重要的经济价值和社会价值，不仅可以满足各行各业对金属材料的需求，还可以促进能源转型，实现低碳发展。

电解铜、电解铝等载能产业的上游是金属矿产资源，主要分布在吐哈盆地和中亚地区。吐哈盆地是中国最大的油气田之一，也是中国最大的铜、铝、锂等金属矿产资源基地之一。中亚地区包括哈萨克斯坦、吉尔吉斯斯坦、塔吉克斯坦、乌兹别克斯坦和土库曼斯坦等国

家，拥有丰富的铜、铝、锂等金属矿产资源，是世界上重要的金属矿产供应地。

电解铜、电解铝等载能产业的中游是金属冶炼和加工，主要涉及电解金属、变形铝材、铝合金、铜加工材等产品。电解金属是利用电流通过含有金属离子的溶液或熔融物，使金属离子还原为金属的方法，是提取铜、铝等金属的主要工艺之一。变形铝材是指通过挤压、轧制、拉伸等方法，使铝或铝合金改变形状和尺寸的产品，如铝板、铝带、铝箔、铝管、铝棒、铝型材等。铝合金是指在铝中加入一种或多种合金元素，以改善铝性能的合金，如硬度、强度、耐腐蚀性、导电性等。铜加工材是指通过挤压、轧制、拉伸等方法，使铜或铜合金改变形状和尺寸的产品，如铜板、铜带、铜管、铜棒、铜线等。

电解铜、电解铝等载能产业的下游是金属应用，主要涉及电力、建筑、交通、新能源等领域。电力领域是电解铜、电解铝等载能产业的重要消费领域之一，铜和铝因良好的导电性能，被广泛应用于电线、电缆、变压器、开关、接触器等电力设备中。建筑领域是电解铜、电解铝等载能产业的另一个重要消费领域，铜和铝因轻质、耐腐蚀、美观等特点，被广泛应用于建筑结构、装饰材料、门窗、管道等建筑部件中。交通领域是电解铜、电解铝等载能产业的新兴消费领域之一，铜和铝因高强度、低密度、可回收等特点，被广泛应用于汽车、火车、飞机、船舶等交通工具的制造和维护中。新能源领域是电解铜、电解铝等载能产业的潜在消费领域之一，铜和铝因优异的导电性能和储能性能，被广泛应用于风力发电、太阳能发电、锂电池等新能源设备和材料中。

电解铜、电解铝等载能产业的发展，不仅需要充足的金属矿产资源，还需要大量的电力。金属冶炼和加工是高耗能的工业过程，需要消耗大量的电力。根据统计，2019 年，中国电解铝行业的电力消耗约为 3.6 亿 kW·h，占全国工业用电量的 4.5%。电解铝行业的电力成本占其总成本的 40%以上。因此，电解铜、电解铝等载能产业的发展，需要寻求低成本、清洁、可再生的电力来源。

吐哈盆地和中亚地区不仅是金属矿产资源的富集区，也是风光发电资源的富集区。吐哈盆地位于新疆西南部，地处昆仑山、阿尔金山、唐古拉山、喜马拉雅山等高山之间，地形复杂，气候多样，具有丰富的风能和太阳能资源。中亚地区位于欧亚大陆的中心，地处内陆，气候干旱，日照时间长，风速大，也具有丰富的风能和太阳能资源。根据统计，中亚地区的风能资源量约为 2.5 亿 kW，太阳能资源量约为 3.5 亿 kW，是世界上最具开发潜力的风光发电基地之一。

为了实现电解铜、电解铝等载能产业和风光发电的协同发展，需要进行以下几方面的工作。

（1）加强资源勘探和开发，提高金属矿产资源的供给能力。吐哈盆地和中亚地区的金属矿产资源虽然丰富，但开发程度不高，存在很大的潜力。需要加大对金属矿产资源的勘探力度，完善资源评估和储量核算，制定合理的开发计划和政策，保障金属矿产资源的稳定供应。

（2）加快风光发电项目的建设和运营，提高清洁电力的供给能力。吐哈盆地和中亚地区的风光发电资源虽然丰富，但利用率不高，存在很大的发展空间。需要加大对风光发电项目的投资和支持，优化项目选址和设计，提高项目建设和运营的效率和质量，保障清洁电力的稳定供应。

（3）优化电解铜、电解铝等载能产业的布局和结构，提高金属冶炼和加工的效率和质量。电解铜、电解铝等载能产业的布局和结构应根据金属矿产资源和清洁电力的分布和特点，进行合理的规划和调整，实现资源和能源的最优匹配，减少运输和转换的损耗，提高金属冶炼和加工的效率和质量。

（4）拓展电解铜、电解铝等载能产业的应用领域和市场，提高金属产品的附加值和竞争力。电解铜、电解铝等载能产业的应用领域和市场应根据国内外的需求和趋势，进行创新和拓展，开发高性能、高品质、高附加值的金属产品，满足不同行业和领域的需求，提高金属产品的附加值和竞争力。

总之，电解铜、电解铝等载能产业和风光发电是一种具有互补性和协同性的产业组合，有利于实现金属资源和能源的高效利用，促进经济发展和环境保护，为构建美丽中国和美丽世界作出贡献。

6.2.1 电解铜和电解铝加工链

电解铜和电解铝加工链是现代工业中不可或缺的重要环节，提供了许多必需的材料和产品。从电线到汽车零部件，从电子设备到建筑材料，铜和铝的应用无处不在，而电解加工则是将这些金属原料转化为所需形态和规格产品的关键技术。

铜是一种优良的导电材料，因此广泛用于电力传输、电子设备和通信技术等领域。电解铜加工链的第一步是从铜矿中提取铜精矿，并通过冶炼和浮选等工艺步骤将其提炼为高纯度的铜。随后，将铜作为阳极，通过电解过程，在电解液中将铜离子还原成固态铜，沉积在阴极上。经过精密控制的电解条件，可生产出各种形态的铜产品，如板材、棒材、线材等。最终产品经过质量检验和包装，投入市场供应。

铝是一种轻便且耐腐蚀的金属，广泛应用于航空、汽车、建筑等领域。铝的提取主要是通过巴氏过程和霍尔-埃罗特过程等，从铝土矿中提取出铝金属。接下来的加工步骤与电解铜类似，铝作为阳极在电解液中被还原成固态铝，并沉积在阴极上。通过调控电解条件和工艺参数，可以获得各种规格和形态的铝产品，如铝板、铝型材等。最终产品经过严格的质量检验和包装后，供应给各个行业和领域。

电解铜和电解铝加工链的高效运转离不开先进的技术和严密的管理。在加工过程中，需要精密控制电解条件、电解液的成分和浓度等参数，以确保产品的质量和性能达到要求。同时，对电解液的处理和循环利用也是降低生产成本和减少环境污染的重要举措。此外，质量检验和包装环节的严格把控，也是保证最终产品符合标准和客户需求的关键环节。

总的来说，电解铜和电解铝加工链是现代工业中的精密“舞曲”，推动了相关行业的发展和进步。通过不断优化工艺和管理，电解铜和电解铝加工链将继续发挥重要作用，创造更加美好的未来。

6.2.2 电解铜和电解铝耗电量分析

电解铜和电解铝是两种常见的金属电解过程，它们在工业生产中具有重要作用。然而，它们的耗电量却有着显著的差异。一般而言，电解铝的耗电量比电解铜要低得多，这主要是有以下几个原因。

首先，化学反应的电位差异。电解是利用外加电流使金属离子在电解液中还原成金属的过程。铝的电位较低，因此在电解过程中，需要的电流较小，耗电量也就相应减少。相比之下，铜的电位较高，需要更大的电流才能将其从电解液中析出，因此其耗电量较高。

其次，反应的热力学性质不同。电解铝所需的反应能量较低，因此在反应过程中产生的热量较少，不需要大量的能量来维持反应的进行。而电解铜则需要更多的能量来推动反应，因为铜的还原反应所需的能量更高，这也导致了电解铜耗电量较大。

此外，电解铝的反应速率相对较高。铝的离子在电解液中移动速度较快，因此在相同时间内可以产生更多的金属，从而减少了整个电解过程所需的时间和能量。

最后，电解铜过程中还常常伴随有氧化反应的发生，而氧化反应会进一步增加耗电量。相比之下，电解铝过程中的氧化反应相对较少。

综上所述，电解铜和电解铝的耗电量差异主要源于其化学性质、热力学性质以及反应速率等方面的差异。电解铝所需的能量相对较低，反应速率较快，因此耗电量较小；而电解铜则需要更多的能量来推动反应，同时反应速率较慢，导致其耗电量较大。

因此，电解铜比电解铝需要更多的电能，这也是电解铜的成本比电解铝高的一个重要原因。

6.3　清洁能源资源开发带动相关产业发展

6.3.1　清洁能源发展趋势

清洁能源不会对环境造成污染和破坏，或者说对环境影响很小。清洁能源的开发利用，可以减少温室气体和其他污染物的排放，降低对化石能源的依赖，提高能源利用效率，改善能源结构，促进能源转型。

清洁能源具有以下几个特点。

（1）环境友好。清洁能源的开发利用，不会产生或者产生很少的二氧化碳、二氧化硫、氮氧化物等温室气体和污染物，不会对大气、水、土壤等环境要素造成损害，有利于保护生态系统的平衡和多样性。

（2）资源丰富。清洁能源的资源量很大，分布广泛，可再生性强，不会因为开采而枯竭，能够满足长期的能源需求。例如，全球水能资源量约为 4.3 万亿 kW·h/a，风能资源量约为 2.74×10^4 万亿 kW·h/a，太阳能资源量约为 1.8×10^4 万亿 kW·h/a，生物质能资源量约为 2.7×10^4 万亿 kW·h/a，地热能资源量约为 1.42×10^4 万亿 kW·h/a，海洋能资源量约为 8.7×10^4 万亿 kW·h/a。

（3）技术先进。清洁能源的开发利用，需要运用高新技术，如智能控制、信息通信、大数据、人工智能、物联网等，提高能源的开发效率、利用效率和管理水平，促进能源技术的创新和进步。

近年来，随着我国经济社会的快速发展，能源需求不断增长，能源结构不断优化，清洁能源的开发利用取得了显著成效，清洁能源产业呈现出快速增长的态势。根据国家能源局的数据，截至 2020 年底，我国清洁能源发电装机规模已增至 10.83 亿 kW，首度超过煤电装机规模，水电、风电、光伏和在建核电装机规模均居世界首位。2020 年，我国清洁能源发电量达到 2.2 万亿 kW·h，占全社会用电量的比重达到 29.5%，较 2012 年增长 9.5 个百分点，我国非化石能源占一次能源消费比重达 15.9%，如期实现 2020 年非化石能源消费占比达到 15%的庄严承诺。

6.3.2　清洁能源开发对相关产业的影响和作用

清洁能源的开发利用，不仅是能源领域的重大变革，也是产业结构的重大调整，对相关产业的发展产生了深远的影响和作用。本节将从采矿业、设备生产制造业、废弃风机叶片及光伏板回收加工业、锂电池回收产业四个方面，分析清洁能源开发对这些产业的影响和作用。

1. *采矿业*

采矿业（图 6-4）是指开采和加工矿产资源的产业，包括金属矿、非金属矿、煤炭等。清洁能源的开发利用，对采矿业的影响是双向的，既有利于采矿业的转型升级，也带来了新的挑战和需求。

图 6-4　采矿业

清洁能源的开发利用，可以降低对化石能源的依赖，减少煤炭等高污染、高耗能的矿产资源的开采和消费，有利于改善采矿业的环境效益和社会效益，促进采矿业的绿色发展。同时，清洁能源的开发利用，也可以增加对新能源材料的需求，如锂、钴、镍、铜、铝、硅等，有利于拓展采矿业的市场空间和增加采矿业的经济效益，促进采矿业的创新发展。

清洁能源的开发利用，也对采矿业提出了新的要求和挑战，如保障新能源材料的供应稳定性和安全性，提高新能源材料开采和加工的效率和质量，降低新能源材料的成本和价格，解决新能源材料的资源分布不均和国际竞争等问题。这些问题需要采矿业加强技术研发和创新，加强国际合作和交流，加强资源管理和规划，以适应清洁能源产业的发展需求和趋势。

2. 设备生产制造业

设备生产制造业（图 6-5、图 6-6）是指生产和制造各种机械设备和零部件的产业，包括电力设备、风力设备、太阳能设备、生物质能设备、地热能设备、核能设备等。清洁能源的开发利用，对设备生产制造业的影响是正向的，主要表现在以下几个方面。

图 6-5　风力设备生产

图 6-6　太阳能设备生产

（1）增加了设备生产制造业的市场需求。清洁能源的开发利用，需要大量的设备和零部件，如水轮机、风机、光伏组件、发酵罐、地热井、核反应堆等，这些设备和零部件的生产和制造，为设备生产制造业提供了广阔的市场需求，推动了设备生产制造业的规模扩张和产值增长。

（2）促进了设备生产制造业的技术进步。清洁能源的开发利用，需要高效、可靠、智能、安全的设备和零部件，这些设备和零部件的生产和制造，需要运用先进的技术和工艺，如数字化、智能化、自动化、网络化等，这些技术和工艺的应用和创新，促进了设备生产制造业的技术进步和水平提升。

（3）增强了设备生产制造业的国际竞争力。清洁能源的开发利用，是全球能源领域的共同目标和趋势，各国都在积极发展清洁能源产业，这为设备生产制造业提供了国际市场的机遇和挑战，设备生产制造业需要不断提高自身的质量和性能，降低自身的成本和价格，增强自身的品牌和信誉，以提高在国际市场的竞争力和影响力。

3. 废弃风机叶片及光伏板回收加工业

废弃风机叶片及光伏板回收加工业是指对清洁能源设备和零部件在使用寿命结束后进行回收、拆解、再利用、再制造等处理的产业，包括废弃风机叶片、废弃光伏组件、废弃电池等。清洁能源的开发利用，对废弃风机叶片、光伏板等零部件回收加工业的影响是正向的。

余丹等（2023）认为废弃风机叶片（图 6-7、图 6-8）数量急剧增加，传统的填埋和焚烧处理已经不能满足要求，寻求更好的回收再利用方式已经非常紧迫。复合纤维材料不仅仅运用于风电产业，还广泛用于航空、汽车以及运动产业等，其数量巨大，所以解决废弃复合纤维材料的回收再利用问题和制定、实施有关标准体系是复合纤维材料行业的一项重要课题。废弃风机叶片主要包含玻璃纤维、碳纤维等复合纤维材料，探索回收废弃风机叶片复合纤维材料的高值化再利用技术，是一个值得关注的问题。废弃风机叶片长度的平方与风机叶轮捕获的风能和产生的电能成正比，为了提高发电效率，叶片的长度在进一步增大，叶片材料的力学性能进一步提高。改变风机叶片的设计和材料可能会带来更大的可回收潜力。故研究新型复合纤维材料，提高风机叶片自身力学性能、延长使用寿命以及有利于回收也是一个值得关注的问题。

图 6-7　废弃风电叶片再生制造的板材

图 6-8　废弃风机叶片处理

随着大规模的集中式和分布式光伏发电项目投运，废弃光伏组件的处理问题日益凸显（图 6-9）。废弃的光伏组件处理不当不但导致环境污染，还会造成资源浪费。对于大型集中式光伏电站来说，电池使用寿命一般为 25 年，但气候条件等外部因素会加速电池转化效率的降低甚至失效。对于分布式光伏发电项目来说，光伏组件作为电子产品进入市场，产品质量参差不齐导致大量组件可能达不到退役期就提前被淘汰。从第一批光伏特许权项目以及金太阳工程和光伏建筑一体化项目投产算起，我国首批大规模投产的光伏组件已运行近 16 年，预计 2025 年光伏组件开始大量报废，2030 年左右将迎来高峰。以 2016 年光伏组件原材料的价格计算，到 2030 年，通过光伏组件回收技术可获取的原材料累计价值可达 4.5 亿美元，到 2050 年，累计将超过 150 亿美元，相当于生产 6000 万块新组件所需原材料的价格。此外，由于光伏组件供不应求和原材料价格上涨的问题愈发严重，实现废弃太阳能电池板的高价值回收必将成为光伏行业需要关注的重点问题。按照产品结构来说，光伏组件虽然属于电器电子产品，但回收重点与一般的电器电子产品不同。一方面，一般的废弃电器电子产品注重拆解和回收，而光伏组件因含有更多的可再生利用资源，回收过程应更注重处理和产品的再利用；另一方面，一般的废弃电器电子产品的处理企业比较分散，而光伏组件处理企业应在电站集中的地方布局。结合我国固废处理新政策，光伏组件回收需要从光伏组件全生命周期的角度实现减量化、资源化、无害化发展。

图 6-9　光伏板回收

目前，回收废弃风机叶片的方法有机械法、热回收、化学回收以及高压碎裂和直接再利用。由于废弃风机叶片质量重、体积大、强度高，不论采用什么方法进行处理，均应采用机械切割和冲击、剪切、挤压、摩擦、低温或湿式破碎等措施，将其变成方便运输或者就地处理的大小和形状，再根据处理方案进一步进行处理。

1）机械法

机械法是利用机械破碎机将复合纤维材料切成碎片，可作为填充物、增强剂或者原材料用于生产新塑料或用于水泥生产。一般会经过两个阶段，第一阶段为了方便运输和拆卸金属部件，将复合纤维材料切割成 50～100mm 的碎片，第二阶段将使用高速磨机进一步切割成 10～50mm 的碎片。在机械回收方法下，废弃复合纤维材料的力学性能急剧恶化，因此机械法回收生产的可回收材料只能用于设计要求不高的产品。但机械法比较环保、工艺简单、经济可靠，能商业规模化。目前，机械回收的废弃风机叶片复合纤维材料已成功运用到家具制造、阻尼隔音材料以及代替木材纤维等产业。

2）热回收

热回收方法目前大量运用的主要有两类：传统热解和微波热解。传统热解是在无氧环境下加热需要分解的废物。高温加工可以将玻璃纤维或碳纤维从聚合物基体中分离出来，主要产生可燃气体和石油。但是操作温度越高，纤维降解的程度越高，复合纤维材料的力学性能退化越严重。微波热解与传统热解的主要区别在于采用微波对材料进行加热导致分解。它的操作温度比传统热解低，致使复合纤维材料的降解程度降低，但力学性能更好，同时降低了操作过程的能量需求。随着进一步探索，热回收除了上述两种方法，流化床也是一种可行的方法。但是总体来说，热回收很难从废料中回收单体进行再利用，回收到的材料力学性能显著降低，过程所需能耗高。

3）化学回收

化学回收法是一种利用催化剂或者添加剂组成的溶剂来分解聚合物中存在的化学交联键的方法，它主要用于实验室环境，目前不具有工业规模。在高温高压环境下，水和醇可以作为分解含有玻璃纤维复合纤维的溶剂和反应物，通过水解使之降解为更小的碎片。化学回收法可细分为溶剂解离法、电化学法、超/亚临界流体法。化学回收不仅仅可以回收到纤维，还可以回收到单体，同时回收到的纤维质量较好。但是该方法相对来说更具危险性，包括化学用品的潜在危险、对环境的危险以及极端实验条件的危险。高温高压的反应条件也意味着对反应器的要求更高，必须能承受高温、高压、高腐蚀。

4）高压碎裂

高压碎裂是使复合纤维材料在短时间内受到两个电极之间重复的电脉冲放电而解体。该方法源自岩土开发技术，并已在实验室和中等规模生产上运用。该方法相对于其他方法来说，更加清洁，纤维上的树脂含量低，纤维百分比高，但是回收过程需要的能耗高。

5）直接再利用

废弃风机叶片直接再利用，将其重新改造成新的产品是最简单、最经济的方法。叶片可以在风电场直接加工，也可以直接销售给加工厂。目前的改造成品有游乐设备、街道标识、公共场所造型、家具等（图 6-10、图 6-11）。

图 6-10　鹿特丹的维卡多游乐场

6-11　深港城市/建筑双城双年展——落叶生座椅

4. 锂电池回收产业

锂电池回收产业是近年来备受关注的一个领域。随着电动汽车、智能手机和可再生能源的普及，锂电池作为重要的能量存储装置，已经成为现代生活不可或缺的一部分。然而，随着锂电池的广泛应用，废旧电池的处理和回收也日益引起人们的关注。

锂电池回收产业的兴起源于对环境保护的迫切需求。废旧锂电池中含有有害金属和化学物质，如果随意丢弃或处理不当，可能对环境和人类健康造成严重危害。因此，通过回收和处理废旧锂电池，不仅可以减少对环境的污染，还可以最大限度地利用其中的有价值材料。

锂电池回收的过程通常包括收集、分拣、拆解和处理几个阶段。首先，需要从各种来源收集废旧锂电池，包括废弃的电动车辆、手机、笔记本电脑等。然后，对收集到的电池进行分类和分拣，以便后续处理。接着，通过专业设备对电池进行拆解，分离出其中的有价值材料，如锂、钴、镍等。最后，对这些材料进行处理，以便进行再利用或销售。

锂电池回收产业不仅有助于环境保护，还能够实现资源的再利用。废旧锂电池中包含的金属材料是有限资源，通过回收和再利用，可以减少对自然资源的需求，并降低生产新电池所需的成本和能源消耗。同时，锂电池回收产业也为经济发展提供了新的机遇，通过回收废旧锂电池，企业可以获得废物处理费用以及从回收材料中获得收入，实现经济效益和可持续发展的双赢。除了环境保护和资源再利用外，锂电池回收产业还推动了相关技术的发展和创新。针对不同类型的锂电池，需要不同的回收技术和设备，因此，随着产业的发展，相关的回收技术也在不断改进和创新，以提高回收效率和资源利用率，推动产业向更加智能、高效的方向发展。

根据研究机构 EVTank 和伊维经济研究院联合发布的《中国锂离子电池回收拆解与梯次利用行业发展白皮书（2024 年）》（以下简称《白皮书》），废旧电池逐渐通过正规渠道回收，其中 2023 年实际回收量达到 62.3 万 t。随着正规企业间的联盟逐步建立，未来锂电池回收渠道的完善将使退役锂电池得到更加妥善的处理。

综上所述，锂电池回收产业在环境保护、资源再利用、经济发展和技术创新方面都具有重要意义，是一个发展潜力巨大的产业。政府、企业和社会各界应共同努力，推动锂电池回收产业的健康发展，为构建资源节约型、环境友好型社会作出积极贡献。

根据《白皮书》的数据，从不同类别来看，2023 年实际回收的三元锂电池及废料为 24.9 万 t，而磷酸铁锂电池废料的回收量为 36.3 万 t，占比提升至 68%。

越来越多的企业开始建立磷酸铁锂电池回收产线，这使得锂回收率提高并应用了磷酸铁回收技术，有望进一步提升经济效益。相比之下，其他类型的电池如 LMO(锰酸锂)/LTO(钛酸锂)/LCO(钴酸锂)的实际回收量仅为 1.1 万 t，占比较小。在竞争格局方面，邦普循环、赣锋锂业、格林美等排名前十的企业共占据了市场份额的 62.3%，市场的集中度正在进一步提高。

截至 2023 年 12 月，中国共有 156 家白名单企业参与锂离子电池的梯次利用和回收拆解业务。这些企业的总名义产能为 379.3 万 t/a，其中梯次利用产能为 157.0 万 t/a，回收拆解利用产能为 222.3 万 t/a。

根据各企业的规划目标，到 2028 年，中国的锂离子电池回收产能将增加到 1024.2 万 t/a。然而，根据实际回收量数据，当前整个行业的名义产能利用率仅为 16.4%。

6.3.3 储能开发对当地经济社会发展的影响

近年来，国际能源格局正在发生重大变革，能源系统从化石能源占绝对主导向低碳多能融合方向转变的趋势已经不可逆转。为应对这一发展新趋势，世界各主要经济体均密集出台相关政策，以抢占能源资源和技术竞争的战略制高点。中国也制定了能源革命的重大战略，对延续数十年的能源生产、能源消费和能源管理体制进行变革，对能源生产和消费技术进行创新。其中，储能技术创新是践行和落实能源革命的关键环节，其目的在于解决风能和太阳能等可再生能源大规模接入、多能互补耦合利用、终端用能深度电气化、智慧能源网络建设等重大战略问题。这些战略问题的突破，需要实现跨时间、跨地域管理，以及调配各种形式的能源，也需要各种规模的储能（电）技术作为支撑。

储能技术可以改变电能生产、输送和使用必须同步完成的模式，提高电网运行的安全性、经济性和灵活性，成为支撑可再生能源发展的关键技术之一。储能是构建新型电力系统的重要技术和基础装备，是实现“双碳”目标的重要支撑。国家能源局和有关部门先后发布了《“十四五”新型储能发展实施方案》和《“十四五”能源领域科技创新规划》，为新型储能创新方向和规模化发展提供了指导意见。

1）电化学储能

A. 电化学储能技术的重大需求

储能（电）技术可分为物理储能技术和电化学储能技术。其中，电化学储能技术不受地理地形环境的限制，可以对电能直接进行存储和释放，且从乡村到城市均可使用，因而引起新兴市场和科研领域的广泛关切。电化学储能技术在未来能源格局中的具体功能如下：①在发电侧，解决风能、太阳能等可再生能源发电不连续、不可控的问题，保障其可控并网和按需输配；②在输配电侧，解决电网的调峰调频、削峰填谷、智能化供电、分布式供能问题，提高多能耦合效率，实现节能减排；③在用电侧，支撑汽车等用能终端的电气化，进一步实现其低碳化、智能化等目标。如图 6-12 所示，以储能技术为先导，在发电侧、输配电侧和用电侧实现能源的可控调度，保障可再生能源大规模应用，提高常规电力系统和区域能源系统效率，驱动电动汽车等终端用电技术发展，建立“安全、经济、高效、低碳、共享”的能源体系，成为我国落实“能源革命”战略的必由之路。

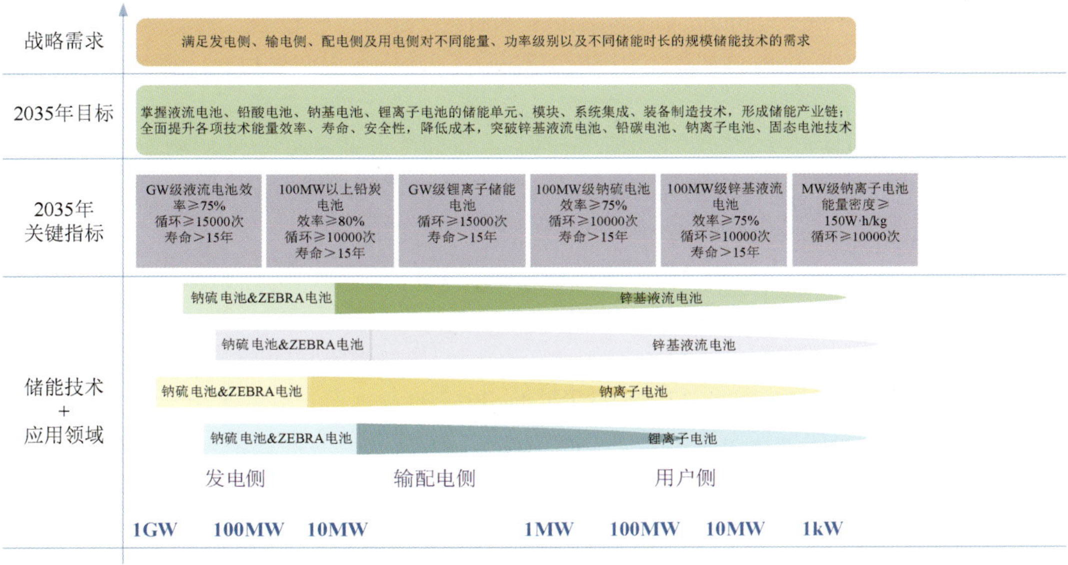

图 6-12　电化学储能发展历程

注：ZEBRA 电池即指钠-氯化镍电池

电化学储能技术尽管已有 200 多年，但从来没有一个历史时期比 21 世纪更引人注目。电化学储能技术共有上百种，根据其技术特点，适用的场合也不尽相同。其中，锂离子电池一经问世，就以其高能量密度的优势席卷整个消费类电子市场，并迅速进入交通领域，成为支撑新能源汽车发展的支柱技术。与此同时，全钒液流电池、铅炭电池等技术经过多年的实践积累，正以其突出的安全性能和成本优势，在大规模固定式储能领域快速拓展应用。此外，钠离子电池、锌基液流电池、固态锂电池等新兴电化学储能技术也如雨后春笋般涌现，并以越来越快的速度实现从基础研究到工程应用的跨越。目前，电化学储能技术水平不断提高、市场模式日渐成熟、应用规模快速扩大，以储能技术为支撑的能源革命的时代已经悄然到来。

B. 国内外电化学储能政策

为了抢占能源竞争战略的制高点，主要发达国家和地区都加强了顶层设计战略主导，能源科技战略推陈出新。①美国。2018 年 4 月，美国针对涵盖新能源和新能源汽车产业的“中国制造 2025”加征 500 亿美元关税；同年 9 月，美国能源部为储能联合研究中心投入 1.2 亿美元（周期 5 年），以推进电池科学和技术研究开发。②欧盟。2018 年 5 月，欧洲电池联盟发布战略行动计划，提出六大战略行动，将启动预计规模为 10 亿欧元的新型电池技术旗舰研究计划，打造一个创新、可持续、具有全球领导地位的电池全价值链；同年 6 月，欧盟在“地平线 2020”计划（支持能源和交通领域电池研究，经费 1.14 亿欧元）基础上制定了“地平线欧洲”框架计划，明确支持“可再生能源存储技术和有竞争力的电池产业链”，其中气候、能源和交通领域的研发经费为 150 亿欧元。③日本。2018 年 7 月，日本经济产业省发布了《第五期能源基本计划》，提出降低化石能源依赖度，举政府之力加快发展可再生能源；经济产业省下属的新能源与工业技术开发组织（The New Energy and Industrial Technology Development Organization，NEDO）通过了“创新性蓄电池-固态电池”开发项目，联合 23 家企业、15 家日本国立研究机构，并投入 100 亿日元，用以攻克全固态电池商业化应用的瓶颈技术，为在 2030 年左右实现规模化量产奠定技术基础。④德国。2018 年 9 月，德国公布《第七期能源研究计划》，计划在未来 5 年投入 64 亿欧元，支持多部门通过系统创新推进能源转型，明确支持电力储能材料的研究。美、日、欧通过前瞻性布局和重金投入推动电池技术研发，无疑将加快电化学储能的规模化应用步伐。

中国对电化学储能技术也进行了规范和指导。2015 年 5 月，国务院印发《中国制造 2025》；2016 年 4 月，国家能源局颁布《2016 年能源工作指导意见》；2016 年 10 月，工信部发布《节能与新能源汽车技术路线图》；2016 年 11 月，国务院印发《“十三五”国家战略性新兴产业发展规划》（国发〔2016〕67 号）。2017 年，国家发展改革委、财政部、科技部、工信部、能源局联合发布《关于促进储能技术与产业发展的指导意见》。上述文件明确提出加快全钒液流电池、锂离子电池、铅炭电池等电化学储能技术的发展。与此同时，科学技术部、国家自然科学基金委员会、中国科学院也对电化学储能技术和应用示范进行立项支持。然而，这些研究支持相对分散，其实际效果还有待考察。值得一提的是，从 2013 年至今，中国政府对电动汽车行业的补贴已达数百亿美元，有效促进了锂离子电池技术和产业链的发展。然而，对于在大规模储能领域的关键技术应用，尚无相应的补贴政策。

C. 国内外电化学储能技术的发展趋势

在能源革命的黄金时代，各类电化学储能技术需针对其细分市场进行差异化发展。然而无论对于哪一种储能技术，其必须满足三个基本要求：安全性高、全生命周期的性价比高，以及全生命周期的环境负荷低。目前，技术成熟度较高的锂离子电池、全钒液流电池和铅炭电池等电化学储能技术都基本实现市场运营，在不断发展的能源格局中迭代发展。在未来，这些技术有望占领绝大部分电化学储能市场。

（1）锂离子电池。锂离子电池的种类有很多，比较有代表性的是以锰酸锂、钴酸锂、磷酸铁锂、镍钴锰三元材料、镍钴铝三元材料为正极的商品化电池体系。其中，锰酸锂成本低、循环稳定性差，可用于低端电动汽车、储能电站以及电动工具等方面。钴酸锂成本高、能量密度高，主要应用领域为消费类电子产品。镍钴锰三元材料与钴酸锂结构类似，但较之具有更长的循环寿命、更高的稳定性、更低的成本，适用于电动工具、电动汽车及大规模储能领域。磷酸铁锂具有相对较长的循环寿命、相对较高的安全性、相对较低的成本，已大规模应用于电动汽车、规模储能、备用电源等领域。

国际上研发锂离子电池储能系统的公司主要包括美国的特斯拉公司、A123Systems 公司（现在已被中国万向集团收购），日本三菱重工公司，韩国三星公司、LG 公司；国内的代表厂商有比亚迪、中航锂电、力神等公司。特别是美国特斯拉公司，其依托日本松下公司的电池技术和独有的电池管理技术，在电动汽车领域和储能领域迅速崛起。2017 年，其在澳大利亚的南部建成了世界上最大规模的 100MW/129MW·h 储能电站，并成功运行。

尽管如此，锂离子电池由于能量密度很高、大量使用有机电解液，其发生的燃爆事故层出不穷，需要选择合适的应用模式，并在大规模应用场合严格监控。而且，随着新能源汽车电池逐渐退役，未来亟待发展退役动力电池的梯次利用回收技术，使能源的使用形成闭环。

经过多年的发展，中、日、韩三国的锂离子电池电芯产值已占据全球市场的 90%以上，锂离子电池行业三国鼎立的竞争格局已经形成。未来，锂离子电池需要在降低成本的基础上继续大幅提高安全性，以实现在大规模储能领域的普及使用。

（2）钠基电池。钠基电池主要包括高温钠硫电池、ZEBRA 电池和室温钠离子电池。钠硫电池是一种适用于大规模固定式储能的技术。日本 NGK 公司是世界上最大的钠硫电池生产企业。自 1983 年开始，NGK 和东京电力公司合作开发钠基电池。1992 年实现第一个钠硫电池示范储能电站，至今已有 30 余年的应用历程，其中包括全球规模最大的 34MW 风力发电储能应用示范项目，保证了风力发电平稳输出。在我国，中国科学院上海硅酸盐研究所和上海电力公司合作于2014年实施了国内首个1.2MW·h钠硫储能电站工程化应用示范项目。ZEBRA 电池的主要研发企业为美国通用电气公司，2011 年通用电气公司斥资建造了年产能 1GW·h 的 ZEBRA 电池制造工厂，所生产的 Durathon 电池自 2012 年开始实现了商业应用。高温钠基电池存在短路燃烧的风险，其运行安全性仍需进一步验证。

室温钠离子电池的工作原理与锂离子电池类似，但其具有原材料来源丰富、成本低廉、无过放电、安全性好等优点，2010 年以来受到国内外学术界和产业界的广泛关注。国内外有 10 余家企业（英国法拉第公司，美国 Natron Energy 公司，法国 TIAMAT 公司，日本岸田、丰田、松下、三菱等公司，以及我国中科海钠、浙江钠创新能源、辽宁星空等公司）对相关技术进行研发，并取得了重要进展。其中，依托中国科学院物理研究所技术的中科海钠公司已经研制出 120W·h/kg 的软包装钠离子电池，循环 2000 周后的容量保持率高达 80%。2019 年 3 月，中科海钠与中国科学院物理研究所联合推出 30kW·h/100kW·h 钠离子电池储能电站，实现用户侧的示范应用。钠离子电池技术的开发成功有望在一定程度上缓解由于锂资源短缺引发的储能电池发展受限问题。

（3）铅炭电池。铅炭电池（或先进铅酸电池）是传统铅酸电池的升级产品，通过在负极加入特种炭材料，弥补了铅酸电池循环寿命短的缺陷，其循环寿命可达到铅酸电池的4倍以上，是目前成本最低的电化学储能技术。并且，由于铅炭电池适合在部分荷电工况下工作、安全性好，因而适合在各种规模的储能领域应用。在国际上，美国桑迪亚国家实验室、美国 Axion Power 公司、国际先进铅酸电池联合会、澳大利亚联邦科学与工业研究组织、澳大利亚 Ecoult 公司和日本古河电池公司等机构均开展了铅炭电池的研发工作，并成功将该技术应用在数兆瓦的储能系统中，可满足中小规模储能和大规模储能市场的需求。

中国在铅炭电池研究、开发、生产与示范应用方面也取得了长足的进步。比较有代表性的是南都电源、双登电源等铅酸电池企业，它们通过与中国人民解放军军事科学院防化研究院、哈尔滨工业大学等单位合作，开发出自己的铅炭电池技术，并在国内成功实施了多个风光储应用示范项目，如浙江的鹿西岛 6.8MW 并网新型能源微网项目，珠海的万山海岛 8.4MW 离网型新能源微网项目，无锡的新加坡工业园 20MW 智能配网储能电站等。2018 年，中国科学院大连化学物理研究所与中船重工风帆有限责任公司合作，开发出拥有自主知识产权的高性能、低成本储能用铅炭电池，开展了光伏储能应用示范。

目前，尽管铅炭电池的循环寿命比铅酸电池有大幅提高，但是比起锂离子电池来说还有明显不足。如何进一步提高铅炭电池寿命，以及如何进一步降低铅炭电池成本，成为其后续发展亟待解决的关键问题。

（4）液流电池。液流电池是一类较独特的电化学储能技术，通过电解液内离子的价态变化实现电能存储和释放。自 1974 年泰勒（Thaller）提出液流储能电池概念以来，中国、澳大利亚、日本、美国等国家相继开始研究开发，并研制出多种体系的液流电池。这些液流电池根据正负极活性物质不同，可分为铁铬液流电池、多硫化钠溴液流电池、全钒液流电池、锌溴液流电池等体系。其中，全钒液流电池技术最为成熟，已经进入了产业化阶段。全钒液流电池使用水溶液作为电解质且充放电过程为均相反应，因此具有优异的安全性和循环寿命（>1 万次），在大规模储能领域极具应用优势。

在国际上，日本住友电工的技术最具代表性，其 2016 年在日本北海道建成了15MW/60MW·h 的全钒液流电池储能电站，主要在风电并网中应用。在中国，中国科学院大连化学物理研究所的技术最具代表性，其在 2008 年将该技术转入大连融科储能技术发展有限公司（以下简称融科储能）进行产业化推广。融科储能于 2012 年完成了当时全球最大规模的 5MW/10MW·h 商业化全钒液流电池储能系统，已经在辽宁法库 50MW 风电场成功并网并安全可靠稳定运行至今，该成果奠定了我国在液流储能电池领域的世界领军地位。2014 年，融科储能开发的全钒液流储能电池储能系统成功进军欧美市场，开始全球战略布局。2016 年，国家能源局批复融科储能建设规模为 200MW/800MW·h 的全钒液流储能电池调峰电站，用于商业化运行示范。目前，全钒液流储能电池依然存在能量密度较低、初次投资成本高的问题，正在通过市场模式和技术创新予以完善。在未来，还需要开发具有更低成本的长寿命液流电池技术，以实现技术的迭代发展。

D. 我国电化学储能技术的发展战略

当前，我国的能源革命还处于初期阶段，相应的储能市场体系还不完善，有必要通过补贴的方式迅速培养出完整的市场和产业链。在推动能源生产革命和消费革命的过程中，要充分发挥市场对资源的调配作用，使各类电化学储能技术依据其技术特点统筹发展。在关键技术攻关方面，仍应继续加强对研发的投入，并充分调动国内产学研优势力量进行联合攻关。

对于液流电池技术，需要进一步支持全钒液流电池降低成本，开展百兆瓦级系统的应用示范并推广应用；同时，加强高能量密度、低成本锌基液流储能电池的研究，突破其规模放大技术，开展示范应用，推进其产业化。对于铅炭电池技术，战略发展的重点在于实现炭材料的国产化，进一步提高铅炭电池的性价比，并在器件量产的基础上，推动储能系统集成技术的发展和应用领域的拓展。对于锂离子技术，未来需要发展不易燃的电解液和固态电解质以提高其安全性，结合退役动力电池梯次利用以大幅降低其成本，并实现废旧锂离子电池的无害化处理。与此同时，需要重点开发耐低温的锂离子电池，以实现在我国北方地区的普及应用。除此之外，需要布局新兴钠离子电池技术的应用示范。虽然钠离子电池能量密度不及锂离子电池，但钠离子电池的原材料储量丰富、成本低廉，在大规模储能领域的优势明显。未来需要进一步降低成本，提升循环寿命，全面评测钠离子电池的电化学及安全性能，尽快建立钠离子电池正极材料、负极材料、电解质盐的产业链，开展兆瓦级系统的应用示范，推进其产业化。

2）重力储能

重力储能是通过重力势能与电能的转换来实现能量存储与释放的储能方式，其技术路线多样。早在 1968 年，我国建成的第一座抽水蓄能电站——河北省岗南 11MW 混合式抽水蓄能电站便是重力储能的应用方式之一。随着对技术不断探索，目前已衍生出了活塞式重力储能、废弃矿井重力储能、斜坡式重力储能以及塔式重力储能等多条技术路线。其中塔式重力储能具有较强的综合优势和国际国内应用示范基础，可填补目前新型储能中同时适应大规模、高效率、安全稳定、低成本等储能需求的技术空白。

A. 重力储能的应用示范基础

国际示范项目运行效果良好。2017 年，瑞士可再生能源公司 Energy Vault 基于抽水蓄能原理提出了重力储能的解决方案。根据产品和场景需求的不同，重力储能可实现 4～50h 的充电和放电。该公司于 2020 年在瑞士提契诺州（Ticino）推动了 5MW/35MW·h 示范项目的建设，通过核心软件系统的智能化控制，可实现 5MW 电力的持续稳定供应，实测能量转换效率达到 75.3%。2021 年，Energy Vault 基于瑞士示范项目对重力储能技术进行优化，能量转换效率将达到 80%～85%。2022 年，中国天楹股份有限公司与 Energy Vault 签订技术许可使用协议，将重力储能技术引入中国，并推动在江苏如东县建设 25MW/100MW·h 的重力储能示范项目。

B. 重力储能的技术优势

（1）能量转换效率高。重力储能与抽水蓄能的技术原理相近，目前已经验证的重力储能系统能量转换效率可达到 75.3%，超过抽水蓄能 75%的转换效率，建设中的新型重力储能技术设计转换效率可达到 80%～85%。

（2）系统寿命长。重力储能系统设备主要由机械构件和重力模块构成，项目耐久性好，项目运行期间基本无容量衰减情况，技术系统寿命与建筑寿命一致，可达 50 年以上。

（3）经济性较好。在建的江苏如东县的 25MW/100MW·h 重力储能示范项目，初步测算全生命周期平准化度电储能成本约 0.3～0.4 元，且进一步降本空间较大，有望成为最具经济性的储能技术。

（4）具有较大转动惯量。与抽水蓄能一样，重力储能利用具有转轴的机械设备（同步发电机、涡轮机等）来实现能量转换，可为电力系统提供大量的惯性响应，提升系统的频率抗扰动能力，为系统重建功率平衡争取时间。对于未来以新能源为主体的新型电力系统来说，这是非常宝贵的。

（5）建设规模灵活。重力储能系统结构采用模块化的设计和建设方式，具有完全解耦的功率和能量，占地面积小，极大地拓展了重力储能技术对不同应用场景下项目规模需求差异化的适应能力。

（6）环境友好。重力储能不存在化学品泄漏和污染的风险，其提升模块可利用粉煤灰、报废的风力涡轮机叶片等建造，在降低重力储能项目建设成本的同时消纳固废垃圾，带来环境效益和经济效益。

C. 重力储能的丰富应用场景

重力储能的技术特性，使其可为电源侧、电网侧、用户侧等电力系统各个环节的储能需求提供解决方案。在“双碳”目标背景下，重力储能将在众多应用场景发挥重要作用。

（1）清洁能源大基地建设场景。我国可再生能源已进入大规模、高比例、高质量发展的新阶段。《“十四五”可再生能源发展规划》明确提出，在内蒙古、青海、甘肃等西部北部沙漠、戈壁、荒漠地区，加快建设一批生态友好、经济优越、体现国家战略和国家意志的大型风电光伏基地项目。为保障电力供应的稳定可靠，需要发挥储能的调峰调频、应急备用、容量支撑等多元功能。重力储能在适应大规模大容量储能需求场景中优势明显，可代替抽水蓄能在清洁能源大基地建设中发挥重要作用。

能源基地、五大海上风电基地以及多能互补清洁能源基地建设带来的储能市场将超过 1 亿 kW，为重力储能提供了广阔的市场空间。

（2）退役火电机组替代场景。火电是新中国成立以来支撑工业和国民生活最主要的能源形式，2023 年我国火电装机容量约为 13.9 亿 kW。火电机组设计寿命一般为 40 年，20 世纪 80 年代开始大规模发展的火电设施目前面临退役问题。

2021 年，国家发展改革委、国家能源局发布的《关于加快推动新型储能发展的指导意见》提出，“探索利用退役火电机组的既有厂址和输变电设施建设储能或风光储设施”。我国火电厂普遍处于城区或城市周边地带，对安全性、土地集约性等要求高，重力储能安全性高，占地面积小，还可在一定程度上缓解城市固废处理问题，符合城市绿色发展理念，且重力储能建筑体与火电厂冷却塔高度相仿，不存在限高或影响城市景观的问题，长远来看，这将是重力储能助力能源转型和推动城市实现“双碳”目标的又一个重要领域。

（3）风光储氢一体化项目场景。在全球碳减排的背景下，各国对于发展氢能产业的热情空前高涨，由于具有可助力众多领域深度脱碳的优势，可再生能源制氢（绿氢）进入快速发展的新时期。

我国风能、太阳能资源主要集中在“三北”（东北、华北和西北）地区，当地产业基础相对薄弱，电力消纳水平有限，在电力外输通道难以满足大规模可再生能源电力并网外输的情况下，通过制氢实现可再生能源的消纳是将新能源转化为新产品的新思路。

重力储能模块化建设和中长时储能的特性可满足不同规模、不同模式的可再生能源制氢项目需求，从成本和稳定保障能力来看，重力储能在可再生能源制氢电力供应方面具备较大优势。随着绿氢相关技术发展、投资和生产成本降低、应用领域拓展以及生态效益的市场化，绿氢的生产消费规模必将呈爆发式增长，行业研究显示 2050 年我国的氢气需求将增长到每年 8100 万 t，重力储能技术将为风光储氢一体化发展提供保障。

（4）尾矿综合治理场景。根据《国土资源情报》数据统计，截至 2018 年底，我国尾矿累计堆存量约为 207 亿 t，年排放量在 15 亿 t 以上，尾矿利用增速高于排放增速，利用量小于新增量，大量的尾矿以“固体废弃物”的形式存储于尾矿库中，我国尾矿综合利用率仅为 20%，与发达国家 80%的利用率差距较大，整体处于起步阶段。重力储能技术通过在材料科学领域的关键创新，可利用尾矿渣、粉煤灰、固废垃圾等作为重力提升模块的主要原料，实现循环利用，缓解尾矿渣等固废带来的环境问题。此外，重力储能可结合光伏，利用尾矿区电力基础设施，打造“光 + 储 + 生态”的尾矿区生态综合治理耦合修复模式，在获取经济效益的同时创造生态效益。

（5）与数据中心产业耦合发展场景。数据中心是数字社会的核心基础设施，耗电量相对较大，2021 年，全国数据中心总消耗电量达到 940 亿 kW·h，占全社会用电量的 1.13%，是一般建筑的几十倍。2022 年国家启动“东数西算”工程，提出 8 个国家算力枢纽节点和 10 个国家数据中心集群的建设规划，将东部算力需求有序引导到西部，缓解东部能源紧张问题，也为西部开辟一条发展新路，促进东西部协同联动。

数据中心的发展离不开能源，在“双碳”目标背景下，数据中心与可再生能源的结合将成为影响数据中心发展的关键因素。数据中心对电力的稳定性、可靠性要求较高，重力储能的技术优势可缓解可再生能源的波动性、不稳定性问题，可为数据中心提供安全高效的绿电保障；同时重力储能建筑体的中部闲置空间可作为数据中心机房，实现空间的高效利用；数据中心还可为重力储能智慧能源管理系统提供数据管理服务，实现两者的深度耦合发展。

（6）城市综合应用场景。城市不间断电源（uninterruptible power supply，UPS）是保障城市基本生产生活和核心机构能源安全的重要基础设施，为政府、银行、医院、交通枢纽等城市核心机构提供能源安全保障。重力储能在中长时储能、安全性、转动惯量、项目寿命等方面的技术优势，可作为城市 UPS 广泛用于对电力可靠性依赖度高的行业和设施，且重力储能的模块化设计使得其土地集约优势明显，在城市级 UPS 领域相比其他技术和产品具有明显优势。

此外，重力储能系统作为建筑体，其内部空间和外观具有较强的可塑性，借助重力储能建筑体打造城市景观，形成地标建筑和城市名片，通过增加灯光秀、投影表演等附加功能，以震撼的视觉盛宴展现城市发展或文化、历史等内容，打造独具特色的能源与文旅产业融合发展的新高地、新亮点，创造经济价值和社会价值。

3）压缩空气储能

截至 2017 年底，我国储能装机为 28.9GW，约占全国电力总装机的 1.6%，远低于世界 2.7%的平均水平。预计到 2050 年，我国储能装机将达到 200GW 以上，占发电总量的 10%～15%，市场需求巨大且迫切。压缩空气储能具有规模大、效率高、成本低、环保等优点，被认为是最具发展潜力的大规模储能技术之一。

传统压缩空气储能系统是基于燃气轮机技术开发的储能系统。在用电低谷，将空气压缩并存于储气室中，使电能转化为空气内能存储起来；在用电高峰，高压空气从储气室释放，进入燃烧室同燃料一起燃烧，然后驱动透平发电，如图 6-13 所示。

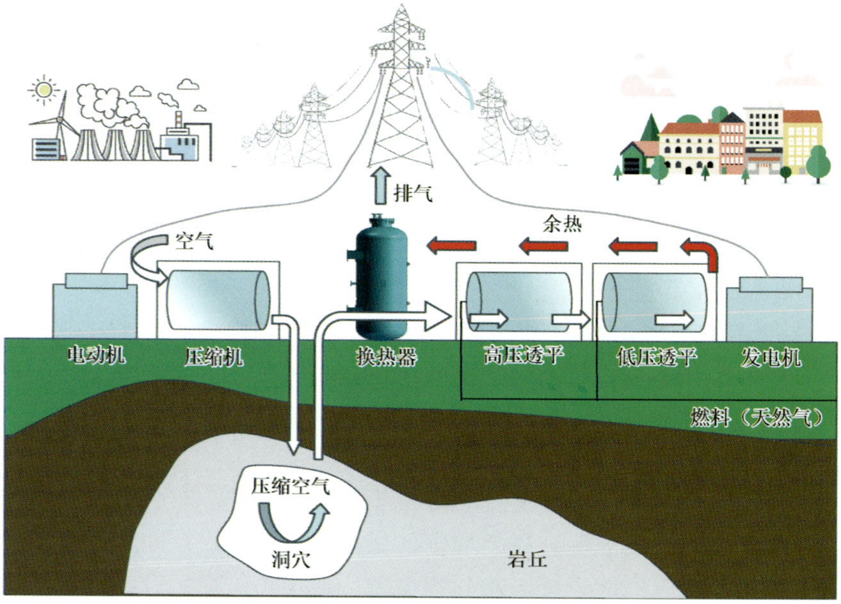

图 6-13　传统压缩空气储能系统原理示意图

压缩空气储能系统目前已在德国（Huntorf 290MW 储能电站）和美国（McIntosh 110MW 储能电站）得到了商业应用。但是传统压缩空气储能系统存在三个主要技术瓶颈：一是依赖天然气等化石燃料提供热源；二是需要依赖大型储气洞穴，如岩石洞穴、盐洞、废弃矿井等；三是系统效率较低，Huntorf 和 McIntosh 储能电站效率分别为 42%和 54%。

为解决传统压缩空气储能的技术瓶颈问题，近年来，国内外学者开展了新型压缩空气储能技术研发工作，包括绝热压缩空气、蓄热压缩空气储能及等温压缩空气储能（不使用燃料）、液态空气储能（不使用大型储气洞穴）、超临界压缩空气储能和先进压缩空气储能（不使用大型储气洞穴、不使用燃料）等。目前，国际上已建成兆瓦级新型压缩空气储能系统示范的机构有多家，如英国 Highview 公司（2010 年 2MW 液态空气储能系统）、美国 SustainX 公司（2013 年 1.5MW 等温压缩空气储能系统）、美国 General Compression 公司（2012 年 2MW 蓄热式压缩空气储能系统）和中国科学院工程热物理研究所（2013 年 1.5MW 超临界压缩空气储能系统和 2016 年 10MW 先进压缩空气储能系统）等。其中，中国科学院工程热物理研究所于 2016 年建成国际首套 10MW 先进压缩空气储能示范系统，系统效率达 60.2%，是全球当时效率最高、规模最大的新型压缩空气储能系统。2022 年 9 月，中国科学院工程热物理研究所研发的国际首套 100MW 级先进压缩空气储能系统正式投入使用，顺利并网发电。

A. 压缩空气储能类型

（1）绝热压缩空气储能系统。该系统在储能时，通过压缩机将空气压缩至高温高压状态后，利用储热系统将压缩热储存起来，空气降温并储存在储罐中。释能时，将高压空气释放，利用储存的压缩热使空气升温，然后推动膨胀机做功发电。该系统回收压缩热再利用，使效率得到了提高，同时去除了燃烧室，实现了零排放，但压缩过程能耗较高，由于压缩机出口的空气温度高，对设备材料要求高。

（2）蓄热压缩空气储能系统。该系统同绝热压缩空气储能系统的区别在于该系统在压缩过程中换热及储热，绝热压缩空气储能在全部压缩过程结束后储热。相较于绝热压缩空气储能系统，蓄热压缩空气储能系统的储热温度及储能密度较低，但其压缩机耗能减小，且对压缩机材料要求不高。该系统的缺点在于增加了多级换热及储热，系统初投资有所增加。

（3）等温压缩空气储能系统。该系统采用一定措施（如活塞、喷淋、底部注气等），通过比热容大的液体（水或者油）提供近似恒定的温度环境，增大气液接触面积和接触时间，使空气在压缩和膨胀过程中无限接近于等温过程，将热损失降到最低，从而提高系统效率。此外，该系统不需要补燃，摆脱了对化石燃料的依赖，但未摆脱对大型储气洞穴的依赖。

（4）液态空气储能系统。该系统是将电能转化为液态空气的内能以实现能量存储的技术。储能时，系统驱动空气分离及液化装置，产生液化空气，储存于低温储罐中；释能时，将低温储罐中液态空气加压吸热，随后驱动透平发电。空气的液化存储，大幅减小了存储装置尺寸，从而不需要大型储气室。

（5）超临界压缩空气储能系统。2009 年，中国科学院工程热物理研究所在国际上原创性地提出先进超临界压缩空气储能技术，可以同时解决传统压缩空气储能系统的三大技术瓶颈。其工作原理是：储能时，系统利用电力驱动压缩机将空气压缩到超临界状态，在回收压缩热后利用存储的冷能将其冷却液化，并储于低温储罐中；释能时，液态空气加压回收冷量达到超临界状态，并进一步吸收压缩热后通过透平膨胀机驱动电机发电。该系统利用液态空气存储提高了储能密度，解决了对大型储气室的依赖；利用压缩热回收解决了对化石燃料的依赖，并进一步提高了系统效率。

B. 压缩空气主要应用领域

（1）电力系统调峰。目前，每日的用电负荷是波动变化的，且峰谷差日趋增大。压缩空气储能作为大规模容量型储能技术，可将用电低谷多发出的电能储存起来，在用电高峰释放，实现电力系统削峰填谷，减少发电装机及电网容量，提升电力系统效率和经济性。

（2）可再生能源。可再生能源具有间歇性、不稳定性，直接发电并网对电网冲击很大，故弃风、弃光现象严重。压缩空气储能可将间断、不稳定、不可控的可再生能源发电储存，再按照需求平稳、可控地释放，具有平滑波动、跟踪调度输出、调峰调频等功能，实现可再生能源发电大规模并网。

（3）分布式能源系统。分布式能源系统是未来高效、低碳、高安全性能源系统的主要发展趋势。但其相较于大电网，具有负荷波动大、系统调节能力差、故障率高等缺点。压缩空气储能可作为负荷平衡装置及备用电源，有效解决上述问题，提高系统的供电可靠性、稳定性，并可实现黑启动及孤网运行。

（4）电力系统调峰。压缩空气储能电站可以同燃气轮机电站、火电站或抽水蓄能电站一样起到电力系统调频的作用。当该电站与其他储能技术如超级电容、飞轮、化学电池等相结合时，调频速度会更快、更有效。

（5）其他应用。压缩空气储能在其他领域也有广泛应用，如为汽车、高尔夫球车等移动设备提供动力；作为不间断电源（UPS），为数据机房、精密仪器制造、医疗设施、国防设施等提供保障性电源；经膨胀机做功发电后释放的空气由于温度低且经过净化，可用于空调系统为建筑提供新风和冷量。

C. 压缩空气储能挑战及前景

（1）技术性能需要进一步提升。目前，新型压缩空气储能最高效率为 60%左右，同 300MW 级抽水蓄能的效率 70%～75%相比尚有提升空间；大多数规模为 10MW，其单位成本为 6000～10000 元/(kW·h)和 1500～2500 元/(kW·h)，仍有下降空间。

（2）系统规模需进一步增大。大规模化是压缩空气储能技术的发展趋势，也是其降低成本和提升性能的主要途径。现已实现应用的新型压缩空气储能技术规模偏小（1～10MW），还不能完全满足规模化和经济性的要求。因此，迫切需要启动更多大规模的新型压缩空气储能技术研发，100MW 级新型压缩空气储能技术的效率可以提高到 70%，其单位成本可降为 4000 元/kW 左右，即 1000 元/(kW·h)左右。

（3）示范和应用亟须加强。新型压缩空气储能技术的示范系统数量少，不能满足技术发展和大规模应用的示范需求，迫切需要政府、企业加强政策引导、加大资金支持。目前尚未形成系统的电价补偿和激励政策，抽水蓄能的有关政策也不适用于压缩空气储能，全球商业运行的电站较少，一定程度上影响了压缩空气储能技术的推广和应用。

随着能源革命的逐步深入，储能技术不断发展，大规模压缩空气储能示范项目陆续建成，压缩空气储能产业也将进入发展快车道。相信在政府正确组织和领导下，在良好的政策环境下，在科研机构和企业的共同努力下，压缩空气储能技术一定会持续健康发展，快速实现大规模应用。

4）机械储能

随着可再生能源的普及和电力系统的快速发展，储能技术已成为解决能源供需不平衡、提高电力系统稳定性、促进能源可持续发展的重要手段。机械储能作为其中的一种主要形式，具有储存量大、转换效率高、可持续利用等优点，因此在许多领域具有广泛的应用前景。以下将从机械储能的基本概念、技术原理、应用领域、发展现状与挑战以及未来发展趋势等方面进行全面解析。

机械储能是一种将多余能量转化为机械能储存起来，在需要时再转化为电能或热能的技术。从 19 世纪初的抽水蓄能开始，机械储能技术已经经历了漫长的发展历程。随着技术的不断进步，压缩空气储能、飞轮储能、超级电容储能等新型机械储能技术也不断涌现。机械储能技术的应用范围也越来越广泛，涉及电力系统、可再生能源、工业生产等多个领域。

A. 电力系统

机械储能技术在电力系统中的应用主要集中在负荷调节、能量转换和稳定性提升等方面。通过合理配置机械储能设备，可以有效地平抑负荷波动，提高电力系统的稳定性和可靠性。此外，机械储能技术还可以配合可再生能源发电，提高电力系统的能源利用效率。

B. 可再生能源

在可再生能源领域，机械储能技术的应用可以有效解决可再生能源发电的间歇性和不稳定性问题。通过将多余能量储存起来，可以在可再生能源发电不足时进行补充，提高电力系统的稳定性。同时，机械储能技术还可以实现能量的多级转化，提高能源利用效率。

C. 工业生产

在工业生产领域，机械储能技术可以应用于工艺过程的优化和节能减排。通过合理利用机械储能技术，可以降低工业生产过程中的能源消耗，减少环境污染。例如，利用超级电容储能技术对工厂中的大型设备进行能量回收和再利用，可以显著降低工厂的能源消耗。

机械储能作为解决能源供需不平衡、提高电力系统稳定性、促进能源可持续发展的重要手段，在多个领域具有广泛的应用前景。然而，机械储能技术在某些领域仍面临一定的技术、经济和环境挑战，但随着技术的不断进步和政策支持力度的加大，未来机械储能市场有望迎来更加广阔的发展空间。

6.3.4　新疆独立储能建设方案

2023 年 7 月 10 日，新疆发展改革委发布《关于组织上报 2023 年独立新型储能建设方案的通知》(以下简称《通知》)。

《通知》提出，新疆发展改革委已经根据电力顶峰需求测算出 2023 年独立新型储能建设规模。国网新疆电力有限公司提出了独立新型储能推荐布局，供各地参考。各地、州、市根据本次下发建设规模，制定本地区 2023 年独立新型储能建设方案，明确拟建设储能项目规模、布局和时序等。

《通知》明确，鼓励各地新建共享储能，积极探索建设构网型储能。喀什、和田、克州、塔城、阿勒泰、巴州等地构网型储能比例原则上不低于年度独立新型储能规模的 20%。

支持同一区域内已建成的配建储能设施，在具备单独计量、独立控制条件后，通过技术手段改造转为独立储能（含共享储能）。

与此同时，《通知》还在附件 4 中详细阐述了构网型储能除应满足常规储能各项指标外，还应满足以下技术要求。

（1）构网型电化学储能系统应具有构网控制功能，能为系统提供惯量和短路容量，在稳态、暂态过程中，构网变流器机端电压的幅值和相角应具有一定维持能力，能够分担电网不平衡功率，功率响应时间不大于 5ms。

（2）构网型电化学储能系统支持的惯性时间常数最大值不小于 20s，并可根据接入系统的需要灵活调整。

（3）构网型电化学储能系统交流侧电流在 110%额定电流下应能长期持续运行；在

120%额定电流下，持续运行时间应不少于 2min；且具备 300%额定电流 10s 短时过载能力。

（4）构网型电化学储能系统应具备一次调频功能，一次调频功率响应时间支持小于 0.2s，并能够根据接入系统的需要进行灵活调整；一次调频有功功率调节偏差不大于 2%。

（5）构网型电化学储能系统应具备主动电压调节功能，电压阶跃响应时间应不大于 100ms，并能够根据接入系统的需要进行灵活调整。

（6）构网型电化学储能系统应能够接收并响应调度发送的自动发电控制（AGC）、自动电压控制（AVC）指令。

（7）构网型电化学储能系统应具有自主阻尼抑制功能，当系统出现 0.2～2.5Hz 的低频振荡时，储能应能够抑制振荡，有功变化量最大值应在 10%～30%额定功率区间内。

（8）构网型电化学储能系统应具备黑启动功能，在黑启动期间，各个变流器之间应无明显环流、振荡问题，电流有效值最大偏差应不大于 5%。

（9）构网型电化学储能系统应具有一定的频率电压耐受能力，在±2Hz 频率偏差以内可维持运行；储能机端电压应能够在 0～130%范围内根据系统的需要进行灵活调整。

（10）构网型电化学储能系统涉网参数由电网调度部门统一管理，系统并网前应完成关键涉网参数网源参数协调工作，并完成现场参数实测。

6.4　增加就业岗位测算

1. 清洁能源开发利用会创造更多的就业机会

向清洁能源经济快速转型，将创造数百万个薪资更高的工作岗位。在目前下行的就业环境下，能源系统的脱碳，可能是唯一一个足以使每个人重返工作岗位的解决方案。这些工作将在本国地理上高度分散，并且很难被转移到海外。

简单地说，在制造、安装和维护方面，清洁能源技术比化石能源技术需要更多的劳动力。安装并运营一个风电场所需的人力，要比钻探一口井并使它不断产生恒定数量的能源所需的人力要多。可再生能源的开发需要更多的劳动力和维护工作。为了顺利过渡到零碳能源，必须同化石能源行业的工作人员一起行动，但这些人并没有想象的那么多。

据国际能源署发布的年度报告《世界能源就业 2023》，2022 年，全球能源行业就业人数已增至 6700 万人，比新冠疫情前增加 350 万人。其中，一半以上的就业增长来自五个行业：太阳能光伏、风能、电动汽车和电池、热泵、关键矿产开采。在这五个行业中，太阳能光伏是迄今为止最大的雇主，创造了 400 万个就业岗位；电动汽车和电池行业增长最快，自 2019 年以来新增就业岗位超过 100 万个。

同期，化石燃料行业的就业岗位也出现增长，但反弹幅度较小。目前，清洁能源行业就业岗位占能源行业就业岗位总数的一半以上。报告预测，清洁能源行业的岗位需求将持续增长。到 2030 年，清洁能源行业将创造 3000 万个新就业岗位。

国际能源署署长法提赫·比罗尔介绍，清洁能源转型加速正在创造大量新就业机会，但这些就业岗位的填补速度还不够快。政府、行业和教育机构需要制订计划，提供能源领域所需的专业知识，以满足不断增长的需求，特别是制造和建设有助于实现能源和气候目标的清洁能源项目。

2. 2019 年全球能源行业就业情况

2019 年，能源行业在全球有 6500 万人就业，占全球就业的 2%，在燃料供应、电力部门和终端使用领域的分布相对平均（图 6-14）。

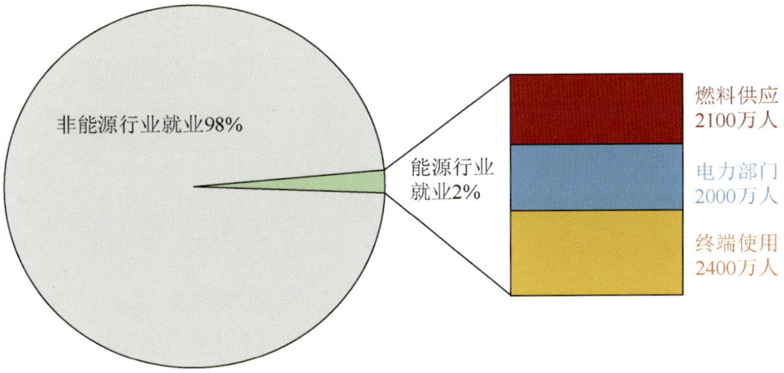

图 6-14　2019 年能源行业就业占全球就业的比例（按能源部门分列）

中国拥有最多的能源工人，数量接近 2000 万，约占中国就业人口的 2.5%。在中东和欧亚大陆，能源劳动力占整个经济就业的比例相对较高，平均为 3.6%。北美有 790 万能源工人，相当于总就业人数的 3.4%；欧洲有 750 万能源从业人员，占总就业人数的 2.4%（图 6-15）。

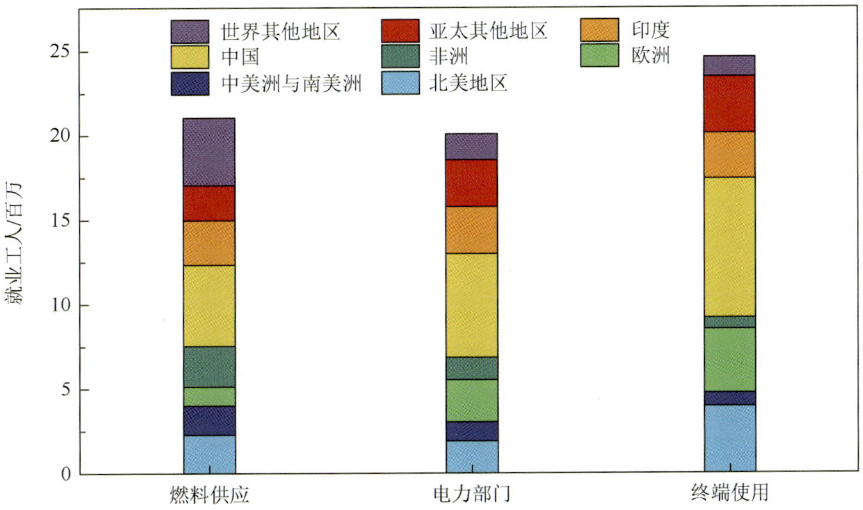

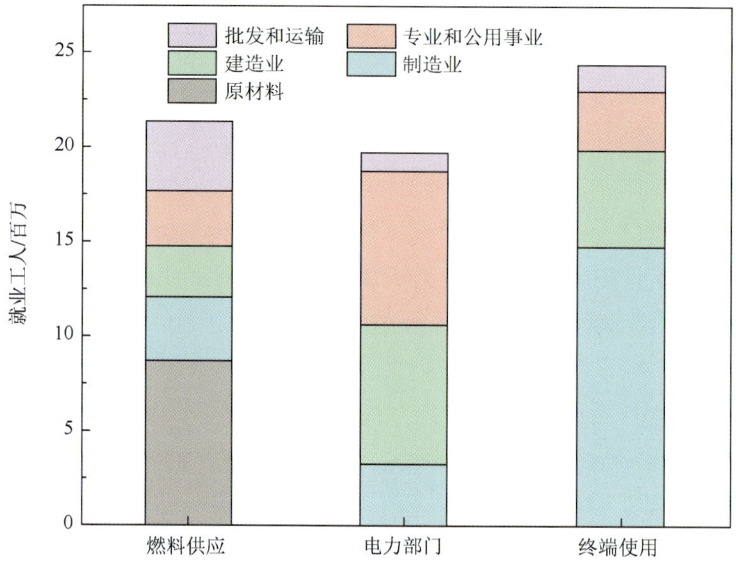

图 6-15　2019 年按地区和能源部门分类的能源行业就业情况

以中国为例，亚洲整体受快速扩张的能源基础设施和在全球清洁能源制造能力中占据很大份额的推动，拥有能源行业规模最大、增长最快的劳动力队伍（图 6-16）。

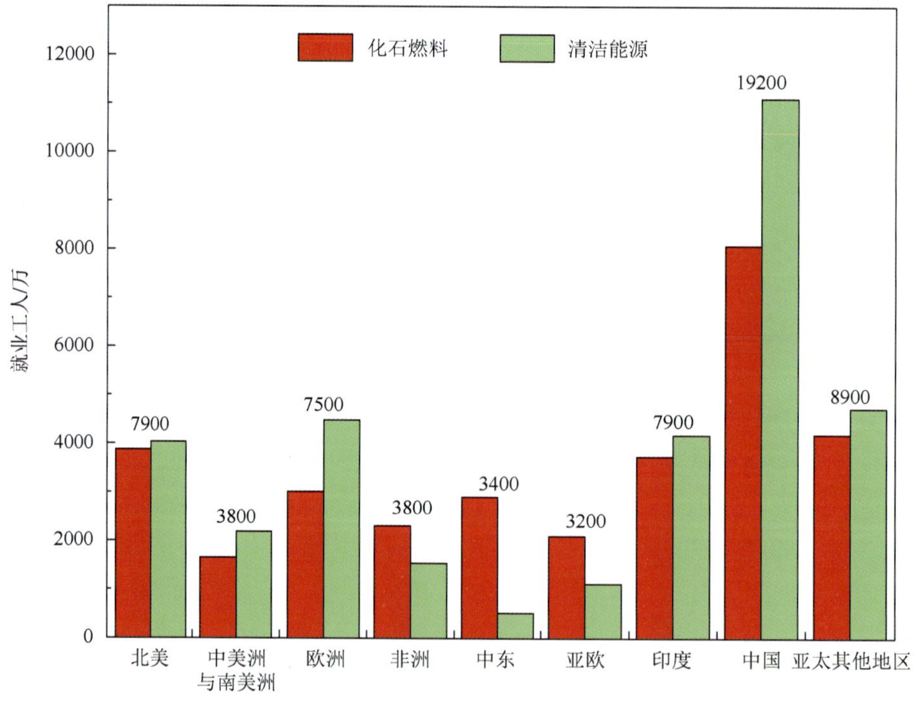

图 6-16　2019 年各地区化石燃料和清洁能源部门的就业情况

值得注意的是，2019 年，新行业的就业水平已经可以与传统能源行业相媲美（图 6-17）。

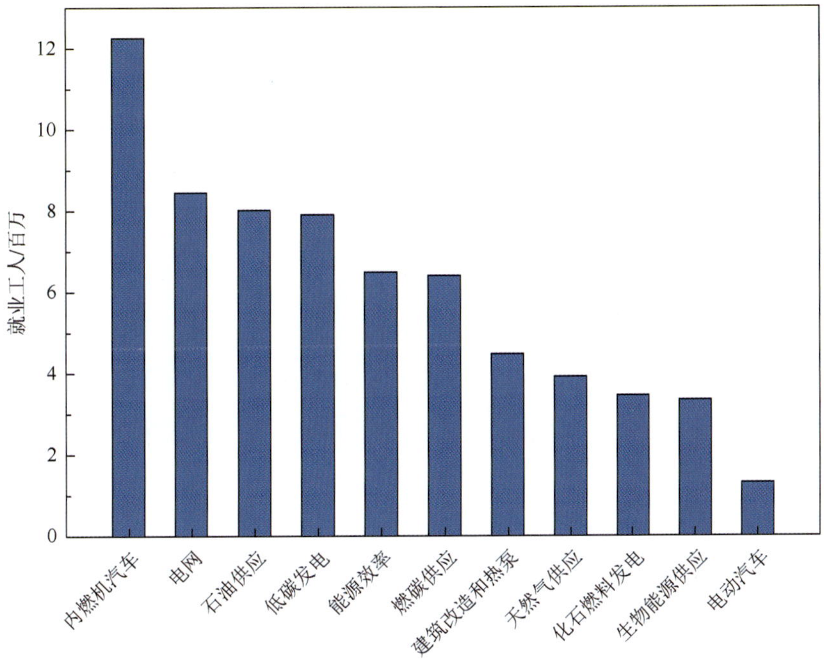

图 6-17　2019 年全球部分能源部门的就业情况

3. 2022 年全球能源行业就业情况

2019 年全球经济受新冠疫情影响严重，能源行业亦是如此。2021 年，能源行业就业人数出现“反弹”，报告预测就业数字将在 2022 年呈现进一步增长，因为推动能源行业就业的因素在增加。但报告指出，需要注意全球市场的投资走向，以及增加的经济活动中有多少就业机会和资金流向工人。

报告估计，2021 年能源行业的总就业人数比 2019 年增加了约 130 万人，清洁能源几乎占了能源行业就业增长的全部。自 2019 年以来，主要的新制造设施已经上线，最显著的是太阳能和电动汽车。与清洁能源技术相关的就业份额稳步增长，并向市场证明其在疫情期间具有更强的抵御能力（图 6-18）。清洁能源就业包括生物质能源供应、核能和可再生能源发电、电网和存储、电动汽车制造和能源效率方面的工人。报告根据国际能源署相关的能源平衡和投资数据，在假设劳动强度和新投资创造就业的潜力保持多年不变的前提下，对 2020～2022 年的就业情况进行了估算。由于 2019 年的新冠疫情，相关劳动力市场中断，使 2020 年就业情况难以评估。因此，报告对 2020 年的估计是指示性的。

报告指出，2022 年能源总需求也比 2021 年新冠疫情前的水平更高，产量的增加推动了对工人的更大需求，尤其是清洁能源领域的就业需求将持续增加。但报告也指出，各国应注意技术人才的培养，重视新能源行业的工人培训。机械自动化、疫情和市场需求变动等情况会对能源就业人员的学历、技能有更高的要求。未来，45%的劳动力需要某种程度的高等教育，如大学学位或职业证书。

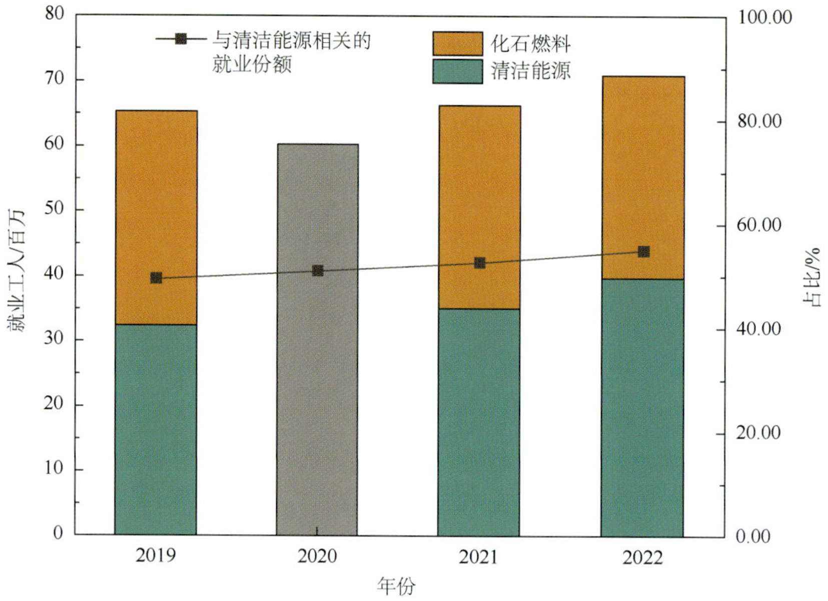

图 6-18　2019～2022 年化石燃料和清洁能源部门的就业情况

最后，报告根据《2021 年世界能源展望》对未来能源行业就业的两种可能性作出预测［已宣布的承诺情景（APS），即所有已宣布的气候承诺都及时和充分实现；2050 年净零排放情景，即 2100 年，各国将全球表面温度变暖控制在 1.5℃］。报告认为，在任意两种情况下，就业增长都足以抵消传统化石燃料供应行业的衰退。同时报告预测，到 2030 年，亚太地区清洁能源及相关行业的就业人数将增加 1300 万，而在特定地区，如新西兰，这一数字将翻番。

6.5　对于“双碳”目标实现的贡献与环保意义

全球变暖趋势日益明显，全球温度和 CO_2 浓度上升（图 6-19），为应对全球气候变化，我国于 2012 年提出了“绿色发展、循环发展、低碳发展”的基本发展路径。“十三五”期间，我国将能源强度、碳强度列入考核目标，2019 年我国超额完成 2020 年碳强度比 2005 年下降 40%～45%的指标。

实现“双碳”目标，是我国积极应对气候变化的国策，是基于科学论证的决策，是从我国国情出发的行动目标，也是高瞻远瞩的长期发展战略。低碳转型与保障能源安全、推动经济高质量发展并行不悖，是实现经济、能源、环境、气候的共赢，将深刻推动经济和社会进步。

1. 为什么要提出“双碳”目标

实现碳中和是我国贯彻新发展理念，推动高质量发展的必然要求。我国向全世界宣布碳中和目标，除了响应《巴黎协定》约定，积极应对气候变化，彰显大国责任和担当外，在加速我国经济和能源转型方面具有高瞻远瞩的战略意义。

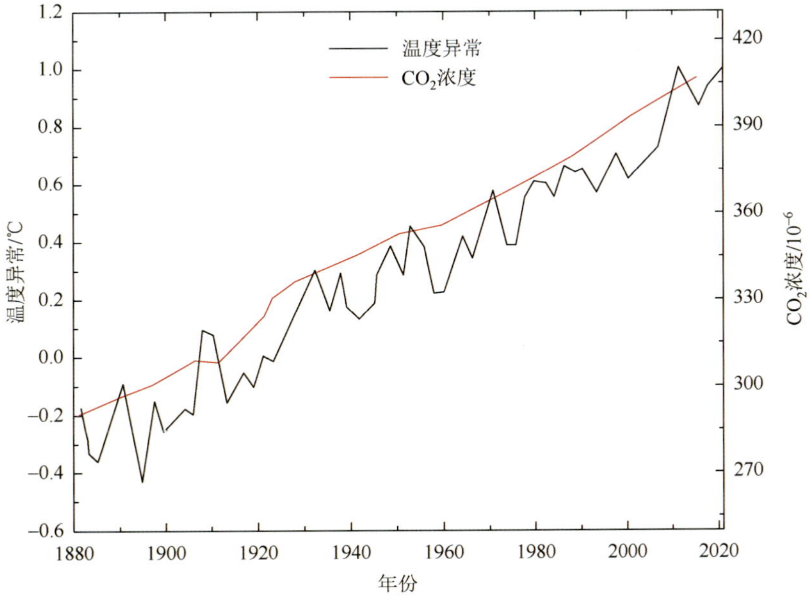

图 6-19　全球温度和 CO_2 浓度变化（1880～2020 年）

“双碳”目标对我国绿色低碳发展具有引领性、系统性，可以带来环境质量提升和产业发展的多重效应。着眼于降低碳排放，有利于推动经济结构绿色转型，加快形成绿色生产方式，助推高质量发展。

突出降低碳排放，有利于传统污染物和温室气体排放的协同治理，使环境质量提升与温室气体控制产生显著的协同增效作用。强调降低碳排放人人有责，有利于推动形成绿色简约的生活方式，降低物质产品消耗和浪费，实现节能减污降碳。

2. 实现碳中和的意义

目前，全球地表平均温度增幅已经超过 1℃，中国升温幅度高于全球平均升温水平。如果继续以目前的速率升温，全球升温幅度可能会在 2030～2052 年达到 1.5℃。

全球升温已经导致气候风险越来越高，气候变化是人类面临的全球性问题。因此，多数发达国家在实现碳排放达峰后，明确了碳中和的时间表。例如，芬兰确认在 2035 年实现碳中和，瑞典、奥地利、冰岛等国家在 2045 年实现净零排放；欧盟、英国、挪威、加拿大、日本等将碳中和的时间节点定在 2050 年。一些发展中国家如智利，也计划在 2050 年实现碳中和。温室气体排放有多种，但主要是二氧化碳，占 73%。近年来，中国积极实施应对气候变化的国家战略，采取调整产业结构、优化能源结构等方式节能，提高能效。通过推进碳市场建设、增加森林碳汇等一系列措施，温室气体排放得到有效控制。中国采取行动积极应对气候变化，尽早达峰迈向近零碳排放，这不仅是国际责任担当，也是美丽中国建设的需要和保障。

3. 实现“双碳”目标会带来的变化

第一，政策体系发生很多新的变化。特别是以“1 + N”为代表的政策框架，对深入落实“双碳”目标起到非常重要的全局指导作用。

第二，全民“双碳”意识发生非常大的变化。在习近平主席宣布了“双碳”目标之后，全国上下掀起了一股学习、讨论“双碳”的热潮。在这一过程中，人们极大地提高了对中国确立“双碳”目标这一工作的理解和认识，同时增强了对于实现“双碳”目标的信心。

第三，意识提高带来的行动变化，特别是低碳产业的发展。比如光伏企业、风电企业、逆变器的生产企业等都在考虑如何在“双碳”进程中寻找新的机会、采取新的行动，同时为“双碳”目标的实现作出贡献。

这些行动促进中国的低碳产业在近年来得到了迅速的发展，特别是风光产业。例如，近两年热谈的出口“新三样”等，也是能源转型中挑大梁的产业。除此之外，还有热泵、制氢的电解槽、重要矿物质冶炼等。企业的行动和措施多了，产品就多了，产业链也多了，这些行业都将蓬勃发展起来。从全球经济发展的大潮来看，面对疫情和复杂的国际地缘政治形势的影响等，中国的经济受到了较大影响，而这些产业的发展将中国推到一个竞争优势非常明显的地位。例如，光伏、电池等产能大部分在中国，而且性能很好，这使得中国在全球绿色供应产业链上的地位凸显出来。“双碳”目标的提出，给了全社会一个明确的指导和预期，中国的产业瞬间依托上述产业、市场和体制等优势走到了引领的位置，迸发出巨大的能量。例如，2023 年，中国的风光装机容量发生了井喷式的增长，上半年新增装机容量就有 1.6 亿 kW，全年超过 2.8 亿 kW；新销售的车辆 30%左右都是电动车，保守估计，中国电动车保有量近 2300 万辆，到 2030 年将或达到 1 亿辆保有量；此外，国际能源署在 2023 年初发布的报告中归纳出 9 种以上代表未来转型的绿色低碳技术，这些技术的产能少则 40%～50%、多则 90%都在中国。这一切都表明绿色低碳产业在中国的蓬勃发展，这对经济增长率、GDP、就业、出口都做出重要贡献。

第四，国际环境的变化对中国低碳技术贡献全球低碳转型带来挑战。中国通过产能将全球的太阳能、风能、电动车等 9 种技术成本降低。原本，通过国际贸易与合作，可以使欧洲、北美、发展中国家等以很低的成本共享技术，加快全球低碳转型步伐。然而，地缘政治关系的日渐复杂，带来了新的贸易壁垒，也引发了新的贸易纠纷，对推广这种绿色低碳技术带来了新的挑战延缓了全球绿色低碳转型的步伐。面对气候危机的紧迫性，这些人为的壁垒显然是非常不合时宜的。

6.6　清洁能源资源开发对环境的影响

6.6.1　清洁能源资源开发趋势

清洁能源，即绿色能源，是指不排放污染物、能够直接用于生产生活的能源，它包括核能和“可再生能源”。清洁能源的准确定义应是：对能源清洁、高效、系统化应用的技术体系。含义有三点：第一，清洁能源不是对能源的简单分类，而是指能源利用的技术体系；第二，清洁能源不但强调清洁性，同时也强调经济性；第三，清洁能源的清洁性指的是符合一定的排放标准。

随着世界各国对能源需求的不断增长和环境保护的日益加强，清洁能源的推广应用已成必然趋势。在某些自然条件较好的地区，未来太阳能光伏发电成本可以降为 60～120 美元/kW·h。美国传统的天然气循环发电站成本最低，为 50～60 美元/kW·h。除了均化成本之外，电站规模、储存电力的潜力等因素也同样十分重要。对某些均化成本超过 200 美元/kW·h 的地区来说，可再生能源发电已经具备了价格优势。据预测，未来全球范围内风能、太阳能发电的成本将会越来越趋于经济合算。

此外，随着高性能、低成本和耐用的储能电池的研发，电力储能技术将有望使中、小规模输电网络满足偏远农村地区的用电需求。印度和俄罗斯核电装机容量增加最多。全世界核电发电量将从 2003 年的 2.5 万亿 kW·h，增加到 2030 年的 3.3 万亿 kW·h。水电及其他清洁能源发电均有望提高。到 2030 年，联网的水电和其他清洁能源发电装机容量将比 2003 年增加 5.53 亿 kW。其中，大部分的增长来自亚洲国家的大型水电。中国将是水电装机容量增加最多的国家，印度、老挝和越南都有开发水电的计划。而受高油价等因素影响，用燃油发电占全世界发电的比例将从 2003 年的 10%降低到 2030 年的 7%。2023 年，全球新增可再生能源装机容量达到 562 GW，较 2022 年增长了 60%以上。在投资方面，2024 年清洁能源技术和基础设施投资创历史新高，达到 2 万亿美元，加速了可再生能源的部署。在技术成本方面，风能和太阳能已成为许多市场上最优惠的电力来源，推动了其快速普及。在区域差异方面，中国、欧洲和东南亚地区在可再生能源领域发挥引领作用，但发展中国家面临更高的成本和项目风险。

不论是从经济社会走可持续发展之路和保护人类赖以生存的地球生态环境的高度来审视，还是从利用一些特殊用途解决现实的能源供应出发，发展新能源均具有重大战略意义。

新能源是人类社会未来能源的基石，是化石能源的替代能源。在当今的世界能源结构中，人类所利用的能源主要是石油、天然气和煤炭等化石能源。2024 年，我国能源消费总量达到 59.7 亿 t 标准煤，比上年增长 4.3%，非化石能源消费占比首次超越石油，增至 19.7%。在“强惯性”和“新动能”共同作用下，预计我国能源消费总量将持续增长，于 2030 年后进入平台期，在此期间，非化石能源对总量的增长贡献率有望超过 80%。从 2035 年到 2060 年，我国能源消费总量将从约 69.4 亿 t 标准煤的峰值降至 59.5 亿 t 标准煤左右。

由此可见，在人类开发利用能源的历史长河中，以石油、天然气和煤炭等化石能源为主的时期，仅是一个不太长的阶段，它们终将走向枯竭，而被新能源所取代。人类必须未雨绸缪，及早寻求新的替代能源。研究和实践表明，新能源资源丰富、分布广泛、可以再生、不污染环境，是国际社会公认的理想替代能源。根据国际权威部门的预测，到 2060 年，全球新能源的比例将会发展到占世界能源构成的 50%以上，成为人类社会未来能源的基石，世界能源舞台的主角，目前大量燃用的化石能源的替代能源。

新能源清洁干净、污染物排放很少，是与人类赖以生存的地球生态环境相协调的清洁能源。化石能源的大量开发和利用，是造成大气和其他类型环境污染与生态破坏的主要原因之一。如何在开发和使用能源的同时，保护好人类赖以生存的地球生态环境，已经成为一个全球性的重大问题。全球气候变化是当前国际社会普遍关注的重大全球环境问题，它主要是由发达国家在其工业化过程中燃烧大量化石燃料产生的 CO_2 等温室气体的排放所造成的。因此，限制和减少化石燃料燃烧产生的 CO_2 等温室气体的排放，已成为国际社会减缓全球气候变化的重要组成部分。

自从工业革命以来，约 80%温室气体造成的附加气候强迫是由人类活动引起的，其中 CO_2 的作用约占 60%，而化石燃料的燃烧是能源活动中 CO_2 的主要排放源。据估算，我国能源活动引起的 CO_2 排放量约为 5.8 亿 t 碳，约占全球化石燃料 CO_2 排放量的 9.76%。观测资料表明，在过去 100 年中，全球平均气温上升了 0.3～0.6℃，全球海平面平均上升了 10～25cm。如对温室气体不采取减排措施，在未来几十年内，全球平均气温每 10 年将可升高 0.2℃，到 2100 年全球平均气温将升高 1～3.5℃。近年来，由于城市汽车大幅度增加，燃用汽油产生的汽车尾气已成为城市环境的重要污染源。

新能源污染物排放很少。目前各种发电方式的碳排放率[g/(kW·h)]：常规燃煤电为 304，煤气化联合循环发电为 270，燃气联合循环发电为 118，带烧天然气备用机组的太阳能热发电为 47，地热发电为 2.5，光伏发电和风力发电则为 0。由此可见，新能源是保护生态环境的清洁能源，采用新能源以逐渐减少和替代化石能源的使用，是保护生态环境、走经济社会可持续发展之路的重大措施。

全球电力普及率已从 2015 年的 87%提高到 2021 年的 91%，但仍有 6.75 亿人（主要集中在部分最不发达国家和非洲撒哈拉沙漠以南地区）尚未用上电。由于无电，这些人大多仍然过着贫困落后、日出而作、日落而息、远离现代文明的生活。这些地方，缺乏常规能源资源，但自然能源资源丰富，人口稀少，并且用电负荷不大，因而发展新能源是解决其供电问题的重要途径。

另外，有些领域，如海上航标、高山气象站、地震测报台、森林火警监视站、光缆通信中继站、微波通信中继站、边防哨所、输油输气管道阴极保护站等在无常规电源等特殊条件下，其供电电源由新能源和可再生能源提供，不消耗燃料，无人值守，最为先进、安全、可靠和经济。

6.6.2　清洁能源开发对环境的影响

1. 风电开发对环境的影响

随着近几年风电的高速发展，风电场对局部生态环境及自然景观等的影响也日益受到人们的关注，主要体现在风机的视觉污染、噪声、鸟类安全及电磁干扰等方面。

在过去 100 年中，美国莫哈维沙漠的温度上升了大约 2℃，气候变暖使鸟类的种群丰富性急剧衰减。曾发表在英国《皇家学会生物学分会学报》上的论文称，气候变化正在影响鸟类免疫系统，致使鸟类出现新的疾病。

风电通过取代化石燃料减缓气候变化，可以大大改善鸟类的生存环境，进而降低全球鸟类的死亡率。依据国际可再生能源署和国际能源署的情境分析，全球每年至少需要新增 180GW 风电装机，才能实现将温升控制在相对于工业化前水平 2℃以内。事实上，风电不会对鸟类种群构成威胁，其利远大于弊。根据美国鱼类及野生动植物管理局统计，按原因分类的北美年度鸟类死亡率由高到低排序分别是：家猫（24 亿只），建筑玻璃（5.99 亿只），汽车碰撞（2.15 亿只），电力线碰撞（2550 万只），通信塔（660 万只），油坑（75 万只）和风力发电机（23.4 万只）。计算可知，真正因风电导致鸟类死亡的数量只占全部的 0.007%。

当前，风电行业也正在通过高精度光学技术与人工智能结合探测鸟类活动、改变机组叶片颜色等方式，致力于进一步降低鸟类死亡率。

风电环保贡献远大于其带来的微小且可修复影响，因环保问题而抵触风电无疑是因噎废食，必将因小失大。在国内，个别不规范行为在无形中被放大成为风电行业的“通病”，模糊了风电的环境友好形象。

以某 5 万 kW 容量的山地风电场为例，按年平均等效满发 2000h 计算，该风电场年发电量为 1 亿/kW·h，相当于再造林木 5.6 万 m^3；该风电场开发建设工程总占地约 300 亩，若按每亩地 100 棵成材树木（直径 0.3m，高 2.5m），每棵树木 0.18m^3 计算，那么该风电场可能会对 0.54 万 m^3 的林木造成一定影响（后期可修复）。

一年即可再造约 5.6 万 m^3 的林木，与一次性对 0.54 万 m^3 林木产生影响相比，开发风电项目显然利大于弊。如果按风电场 25 年寿命周期计算，建设开发风电场对林木造成的影响量仅相当于风电场全生命周期林木再造量的 0.4%。并且，这些征地大多用于道路建设，对于提升项目周边居民交通水平、森林防火与区域经济也具有积极意义。

事实上，风电开发与生态环保完全可以做到和谐共处，融合发展。目前国内绝大部分风电场都能够严格按照环评要求施工建设，风电项目引发的生态环保问题也完全可以通过前期规划、科学施工和后期修复解决。

研究认为，风机的存在使自然风速降低，但增加了湍流，因此风与农作物的相互作用会更多，可以增加农作物的水分蒸发，而且将更多二氧化碳下移到农作物中。湍流也会增加植物运动，从而更好地进行光合作用。在夜晚，空气潮湿容易结露，而风电机组可以将较热空气向下输送，因此露水的形成会被延迟，同时也会更快被蒸发掉，潮湿时间越短，影响农作物生长的真菌和霉菌病原体也就越少。

另外，风电机组产生的压力波动有助于将二氧化碳从土壤中抽出，可以向农作物“喂食”更多二氧化碳，有助于农作物进行光合作用。

当前风电普遍使用的是圆锥塔筒，其地下基础部分深埋至少 2m，不会影响耕种，露出地面的承台部分占地不足 100m^2。以单机容量为 5MW 的陆上风电机组计算，开发 1 亿 kW 风电装机容量需安装 2 万台机组，占地 200 万 m^2，即 3000 亩。而一座 100 万 kW 的火电厂大约占地 1500 亩。因此，开发 1 亿 kW 风电装机容量的实际占地面积仅与两个 100 万 kW 火电厂相当。

若采用桁架式塔架基础（类似巴黎埃菲尔铁塔），支撑塔架的四个角各占地 1.5m^2 左右，总占地面积只有 6m^2，且塔架下面空间非常宽阔，可以行驶拖拉机与收割机，不影响机械化耕种。采用这种塔架技术，使用 5MW 机组，开发 1 亿 kW 风电装机容量需用地 12 万 m^2，即 180 亩，仅相当于十几个足球场的大小。可以说，风电是接近“零用地”的发电技术。

研究表明，如果选址合理，海上风电场对海洋生物产生的负面影响甚微，而且有利于生物多样性。荷兰瓦赫宁根大学的汉·林德博姆教授曾利用两年时间，对在荷兰北海海上风电场区域生活的鸟类、鱼类和海洋哺乳动物进行了调查研究。研究显示，建立风电场后，有关海域的生物种类增加了 37 种。增加的原因是，风电场给鱼类和海洋哺乳动物提供了一个休息区，甚至是避难所。

丹麦在 1991 年建成的世界首个海上风电场，在经过了多年的数据研究后证实，海上风电的运行确实会使该海域的生物多样性以及生物总量均有所增加。丹麦技术大学在 2020 年的《丹麦海上风能关键环境问题后续行动报告》中指出，位于同一区域内的多个风电场的累积效应可能更有利于鱼类群落的生存。

2. 光伏开发对环境的影响

自面世以来，光伏就面临着“骗补”“高度依赖国家补贴”“高耗能”“高污染”“生产过程耗电量大于发电量”等指责。那么，光伏生产过程能耗情况、污染情况及全生命周期发电量究竟如何？其产生的绿色电力，能否“抵消”生产过程的能耗？其环境影响如何？

1）光伏对环境的影响

A. 光伏系统生产、运行过程能耗情况

2016 年，全球光伏产业以多晶硅为主，中国光伏行业协会按照当时的技术水平进行了多晶硅光伏产品生产、应用过程的能耗（EP）计算。结果显示，包含高纯多晶硅提炼、铸锭、切片，最后制成电池、组件等过程，并考虑生产过程损耗后，光伏组件生产过程的能耗约为 1.05kW·h/W。再加上逆变器等系统平衡零部件生产能耗约 0.36kW·h/W，运输、系统施工安装及其他能耗约 0.11kW·h/W，整套光伏系统生产、应用过程平均能耗仅 1.52kW·h/W。

随着技术水平不断进步、单晶取代多晶成为主流技术路线，上述各环节能耗情况也发生了一定变化，但整体上讲不影响计算结果。

B. 光伏系统运行过程发电量

根据国家能源局发布的 2019 年光伏发电并网运行情况，2019 年全国光伏系统平均利用小时数为 1169h，同比增长 54h。也就是说，1W 光伏系统每年可发电 1.169kW·h。

按照2016年技术水平，多晶硅光伏产品生产、应用过程的能耗（EP）合计 1.52kW·h/W。这意味着，光伏系统生产过程消耗的能量只需 1.3 年左右即可全部回收，而光伏系统的寿命远远超过回收周期。

以核心零部件（组件）为例，其生命周期通常为 25 年，双玻组件的寿命可以达到 30 年。事实上，按照组件厂商提供的质保条款，即使在 25 年或 30 年后，光伏组件发电效率仍可达到原本的 80%水平，依然在源源不断地生产清洁电力。按照 25 年系统寿命、考虑组件设备衰减后，结合上述全国平均利用小时数，计算得出：1W 光伏系统在全生命周期中累计可发电 26.43kW·h，相当于生产过程能耗的 17.39 倍。

随着生产规模持续扩大，各项技术不断进步，光伏产品生产能耗将不断下降，能量回收周期还会继续缩短。因此，将光伏行业称为“高耗能”、指责其“生产过程耗电量大于发电量”是不成立的。

C. 光伏生产、建设、运行过程污染情况

光伏产品生产过程需要用到氯气和多种酸碱，中间产物包含四氯化硅、氯化氢（盐酸）、氮氧化物、硝酸盐等。如果生产工艺不达标、未经处理直接排放，确实有污染环境的可能。

但近年来，光伏企业涉嫌污染环境的报道极少出现。一个重要原因是，生产过程的原料使用都是封闭循环的，管控不力只会导致企业生产成本增加，在市场竞争中处于不利地位。为了自身发展，光伏企业必须做好回收再利用工作，避免氯气、氯化氢等以“废气”形式排出。

至于各种中间产物，除了光伏企业直接利用的部分，其余也都是重要的化工原料或产品。2020 年 2 月新冠疫情暴发后，某光伏企业累计向江苏省徐州市疫情防控指挥部捐赠 50t 次氯酸钠（84 消毒液主要成分）。该企业负责人介绍，生产多晶硅产生的氯气会回收利用，无法全部回收的则用氢氧化钠溶液吸收，次氯酸钠就是这一过程的副产品。正常情况下，企业月产 1000 多吨次氯酸钠，全部供给下游净化剂生产厂家，主要用途是工业应用或自来水杀菌消毒。这一案例实际上也佐证了光伏生产过程的污染完全可控，且可以充分利用，变废为宝。

D. 光伏建设、运行过程污染情况

光伏电站建设施工期间，可能会产生粉尘污染、噪声污染、固体废物、永久性占地和水土流失等。挖填土方、汽车运输、建筑原料堆放和混凝土的混合均会产生粉尘；机器的使用和作业中不可避免会产生噪声；设备的安装及土地的开挖与回填均会产生固体废物；从工程建设开始，施工处土地由农业或荒地变成了工业用地，其土地利用类型被改变；如果施工处遭到多次地表扰动，则会加剧水土资源的破坏从而引发较严重的水土流失。这些都对设计、施工单位相关能力提出了较高的要求。从实际建设情况看，由于光伏电站场区多数位于人烟稀少的郊外，建设周期较短，对环境的影响相对较小。

2）光伏的环境效益

A. 节能减排

如果采用燃煤发电，需要消耗宝贵的煤炭资源，同时产生大量的二氧化碳、二氧化硫、氮氧化物等，对生态环境造成破坏。

根据中国华电集团、国家电力投资集团、国家能源投资集团三家大型电力企业 2019 年供电煤耗情况计算得出，发出 1kW·h 电力，大约需要燃烧 301g 标准煤。

以光伏发电替代燃煤发电后，根据国家能源局统计数据，2019 年全国光伏发电量达 2243 亿 kW·h，相当于节省标准煤 6751.43 万 t，同时减少二氧化碳排放 1.9 亿 t、二氧化硫排放 118.28 万 t、氮氧化物排放 37.15 万 t，并减少粉尘排放 46.44 万 t。

B. 防风固沙、植被恢复

根据甘肃省治沙研究所的相关研究，沙漠、戈壁光伏产业对于防沙治沙具有十分显著的生态功能，其对于防沙治沙的生态功能主要表现在：一是转化太阳辐射，调节沙漠、戈壁的热力平衡，削弱沙尘暴和大风；二是风障功能和沙障功能；三是集雨促进植物生长。发展沙漠、戈壁光伏产业，不仅具有显著的经济效益，而且具有防沙治沙的生态功能。我国沙漠、戈壁面积广大，发展沙漠、戈壁光伏产业前景广阔。沙漠、戈壁光伏产业有望成为继造林治沙、沙障压沙之后的第三条防沙治沙新途径。

已有的各种防沙治沙措施中，植物治沙是其中最理想的措施，然而，沙漠地区一般降水稀少，水资源缺乏，许多地区多年平均降水量低于200mm，远远小于蒸发量，不能满足造林治沙对水分的需要。换言之，如此低的降水量只能使很稀疏的植被存活，而低盖度的植被对防沙固沙的作用是相当有限的。因此，光伏有利于转化太阳能，调节沙漠、戈壁的热力平衡。

关于光伏系统的集雨功能，甘肃省治沙研究所介绍，雨水降落到光伏板后即会沿倾斜板面向下落到光伏板下沿地面，使得光伏板下沿地面80cm宽的范围内土壤含水率提高30%～60%，亦即光伏板形成了集雨面。光伏板倾斜边下沿地面不仅植物密度大、植株高，而且植物多样性也有明显增加。对4个光伏电站的调查结果显示，光伏电场内的植株高度平均为18.2cm，较光伏电场外围高6.4cm；植物盖度平均增加16.62%，较光伏电场外围高9.6%；植被投影盖度平均为10.3%，较光伏电场外高7.0%；植物种类平均为7.1种，较光伏电场外围多3.6种。

此外，清洗光伏板的废水也可以促进光伏电场内的植被生长。在西北沙漠、戈壁地区，降水稀少，气候干燥，利用光伏板集雨功能和清洗光伏板的废水，对于促进植物生长、增加植被盖度和保护光伏电站具有重要意义。

近年来，我国一直在大力推动光伏、风电等新能源项目的发展，尤其是光伏发电，更被认为是“碳中和”的主力军。这是因为相对于风电来说，光伏电板更具灵活性，它可以依势而建，“上高原”“排丘陵”“水上漂”，甚至是家家户户的房顶，都是可以应用的。很多地方创新的“渔光互补”“林光互补”“农光互补”等，更是在保护生物多样性的基础上，助力乡村振兴。不过，即使光伏项目这么火，但还是有相当一部分人不看好光伏行业，甚至觉得它是“垃圾”电。

光伏行业的弊端如下。

（1）成本高但发电量低，投资回报慢。相较于火电来说，光伏本身的建设成本比较高，但发电量低，一千瓦时电几千块钱造价不说，平时的光照利用率也就35%左右，这等于又在建设成本上增加了3倍。这样的投资成本对比低利用率，显然投资回报是比较慢的。

（2）技术更迭频繁，光电转化率不高。光伏项目的低利用率不只在它受到光照时间的限制，更在于它受到本身技术的限制。当下，光伏发电相关行业的技术更迭比较频繁，企业一旦跟不上，就会很容易失去市场。同时，理论上光电转化效率可以无限地逼近100%，但现在的转化率上限值才达到33%左右，所以说技术发展还有非常大的空间。

（3）后期维护成本高。光伏板毕竟是裸露在外部环境当中的，所以外部环境的雨雪风霜、沙尘暴等都会对其产生影响，需要再次冲洗后进行发电，这些后期的维护工作的成本，也是不容忽视的一大部分。

3. 地热能开发对环境的影响

地热能作为一种能源形式，已经存在了相当长的时间，在减少对化石燃料依赖的背景下，地热能越来越受到关注。在讨论这种转变的有效性之前，了解地热能对环境的影响非常重要。

与化石燃料作为主要能源的长期影响类似，若大规模转向地热能，也会产生长期影响。简单来说，地热能是一种主要来源于地球深处的热能。这些能量大部分来自地球核心，另一部分则由某些材料的放射性衰变产生。地球有能力生产大量这种能源，但如何收集和使用这些能源将对环境产生深远影响。在考虑地热能对环境的影响时，必须首先考虑其转化过程及其使用效率。地热热泵或其他直接应用，对环境几乎没有负面影响。

因此，尽管人们可能会质疑地热能是否环保，实际上它是减少化石燃料总体使用的好方法。它还能通过降低污染水平，对环境产生积极影响，而污染通常是由其他不太环保的能源直接造成的。关键问题在于地热能如何影响环境。简而言之，地热能提供了一种更安全的替代方案，可以保护有限的资源，同时维持世界的运转。例如，地热发电的排放水平极低，这意味着释放到大气中的碳和二氧化硫量将远低于传统方法。全球变暖是一个严重的问题，并且随着人口的增长只会加剧。如果有方法可以在不燃烧燃料的情况下产生能量，那么人类的发展将能够更加安全地进行。传统能源生产工厂排放的化合物会引发酸雨，主要是硫化物。而地热能作为一种天然能源，更容易处理自然产生的有害硫化物。实际上，大部分净化后的硫化物与废水一起被重新注入地球，从而提供无限可再生的能源。

为更深入地探讨这个主题，需要了解地热能对环境的具体影响，以及这对未来意味着什么。大多数地热发电站利用水和蒸汽发电，并将其重新注入地球。这种自然循环是更新资源并保持排放量最低的最有效、最环保的方式。许多地热能源还兼作风景名胜，如黄石国家公园的喷气孔和间歇泉都有法律保护。

地热能不仅是可再生的，而且主要是自然副作用的产物。最常见的地热发电站位于热点附近或热点上，这些热液发电站利用了地质区域的自然热能。这些区域富含热熔岩，产生极热的水。水和蒸汽被转化为动力，而不是浪费自然产生的能量。对于这种类型的发电站，环境影响是完全良性的。发电站能够利用每秒产生的电力，而不是破坏自然来建立能源。干热岩地热或增强型地热发电站是另一种类型的发电站，尽管它比现代化石能源发电站更好，但更具侵入性。这种类型的发电站需要深入地表钻探以获得大量地热能。

虽然在减少污染方面这种类型的发电站是更好的选择，但也存在一些缺点。发电站使用二元蒸汽、闪蒸蒸汽或直接蒸汽将开采的能源转化为可用电力。与其他形式的转换不同，这些方法需要冷却技术，从而产生一定量的废物。传统能源生产方法使用各种化学品和成分，这些化学品无论管理得多么好或多么安全，都会逐渐污染环境，许多废物永远不会分解，或者需要数十万年才能重新融入地球，这会对整个环境构成威胁。而地热能对环境的影响要温和得多，也更有益。发电站用水进行回注和冷却，每产生1MW·h的能源就要消耗4000gal（1gal≈3.785L）的水。尽管用水量大，但发电站可以利用地热流体运行，而不是依赖有限的淡水资源。发电站设有封闭的水库，水在其中被使用然后重新注入，从而防止地面沉降和地下水污染。尽管蒸发过程中会损失一些水分，但用于更新水库的水通常是废水，不可饮用，因此更高效，排放也更少。

除了水之外，地热发电站的空气排放也存在巨大差异。它们主要在闭环系统中运行，这意味着转化过程中产生的气体留在工厂内，然后重新注入地下。这对大气很有利，因为二氧化碳、甲烷、硼、氨和硫化氢等可以从环境中排出。这些化学物质会导致全球变暖，并增加人类患肺病和心脏病的风险。使用地热能时，酸雨几乎不存在，这意味着湖泊、溪流和森林将不会受到破坏和酸化。

地热发电站的主要缺点是存在硫、汞、砷、氟等有害物质的排放。然而，汞过滤技术可以有效减轻这种排放污染。地热发电站会使用洗涤器捕获少量空气排放物，并将这些物质转化为水状污泥。尽管污泥有毒，但有毒组分的浓度远低于传统能源发电站产生的污染物。根据类型和场地选择的特点，地热发电站相比于其他类型的发电站可能需要更大的用地面积，但其所转换的电力是自然来源的，且在运行过程中对土地几乎没有破坏。地热发电站可以通过使用自我更新的水库，让地面沉降最小化或完全消除，这在减少环境影响方面是一个优势。

参 考 文 献

巴倩，刘志愿，李周，等，2024. Bi_2Te_3 基材料热电性能优化策略[J/OL]. 材料导报，[2024-10-05]. http://kns.cnki.net/kcms/detail/50.1078.tb.20240910.1344.018.html.

曹邵文，周国庆，蔡琦琳，等，2022. 太阳能电池综述：材料、政策驱动机制及应用前景[J]. 复合材料学报，39（5）：1847-1858.

郭鑫，2015. 高性能 Bi_2Te_3 基材料高温高压制备与热电性能调制[D]. 长春：吉林大学.

胡国武，陈维铅，2023. 太阳能光热发电技术及其发展现状研究[J]. 甘肃科技纵横，52（11）：20-25.

雷佳杰，卿山，陈鹏飞，等，2020. Al_2O_3-H_2O 纳米流体池内沸腾强化传热实验的曲面响应优化[J]. 节能技术，38（3）：206-212.

李偲，王亚军，李子祥，等，2023. 干热岩发电发展现状与挑战[J]. 科技资讯，21（13）：151-154.

李涛，2018. 考虑新能源接入的吐鲁番地区电网规划研究[D]. 北京：华北电力大学.

梁德婧，曹海霞，2019. 浅谈地源热泵技术及其应用[J]. 物理教师，40（9）：78-80.

刘佳，何清，刘蕊，等，2008. 新疆太阳辐射特征及其太阳能资源状况[J]. 干旱气象，26（4）：61-66.

刘羽，张显峰，吕扬，2014. 基于风云卫星数据的新疆太阳能资源潜力评价方法研究[J]. 太阳能学报，35（7）：1295-1303.

秦春艳，2021. 新疆风电产业发展现状及对策建议[J]. 企业改革与管理（14）：219-220.

饶松，高腾，肖红平，等，2022. 中国油区地热开发利用进展[J].科技导报，40（20）：65-75.

王明华，2023. 绿氢耦合现代煤化工发展路径研究[J]. 中国煤炭，49（5）：102-107.

王振波，吴子华，柏胜强，等，2024. 热电发电技术回收工业余热分析[J]. 上海第二工业大学学报，41（1）：19-29.

王转转，欧成华，王红印，等，2019. 国内地热资源类型特征及其开发利用进展[J]. 水利水电技术，50（6）：187-195.

谢和平，昂然，李碧雄，等，2018. 基于热伏材料中低温地热发电原理与技术构想[J]. 工程科学与技术，50（2）：1-12.

余丹，孙永斌，杨琦，等，2023. 风机叶片回收技术现状与展望[J]. 南方能源建设，10（4）：113-121.

张春雁，窦真兰，王俊，等，2023. 电解水制氢-储氢-供氢在电力系统中的发展路线[J]. 发电技术，44（3）：305-317.

张金平，周强，王定美，等，2023. 太阳能光热发电技术及其发展综述[J]. 综合智慧能源，45（2）：44-52.

张长东，2015. 高效清洁煤气化联合循环区域热电油气联产项目[R]. 济南：山东联合能源技术有限公司.

张世焕，任战利，马团校，等，2000. 吐鲁番-哈密盆地现今地温与油气关系研究[J]. 地质科学，35（4）：432-440.

致　谢

本书的写作得到了中国气象局乌鲁木齐沙漠气象研究所、国网新疆电力有限公司、金风科技股份有限公司、国网新疆电力有限公司电力科学研究院、中国能源建设集团新疆电力设计院有限公司等单位的大力协助。新疆大学的张立文、斯钦塔娜、程康乐、刘国奥、赵东、张浩、艾纯玉、郑杰凯、张华彧、陈燚、王云龙、刘举成、田海东等研究生同学参与了其中大量的资料整理和搜集工作，特此表示衷心感谢。